中国近岸结构及岩土技术与实践

蔡正银　著

南京水利科学研究院出版基金资助

科学出版社

北　京

内 容 简 介

本书针对我国码头、防波堤和海上风电基础等常用近岸结构面临的结构-地基土相互作用关键技术问题，提出基于状态相关的近岸地基土静止土压力理论、砂土本构理论及近岸地基土-结构接触理论，并以此为基础，详细论述了结构-地基土状态相关系列理论在深水板桩结构、桶式基础防波堤结构及海上风电筒型基础方面的推广和应用，对于指导我国近岸结构及岩土技术与实践具有重要参考价值。

本书可供从事近岸工程新结构形式研发、地基土-结构相互作用数值模拟、智能化监测的科研工作者参考使用。

图书在版编目（CIP）数据

中国近岸结构及岩土技术与实践 / 蔡正银著. -- 北京 ：科学出版社, 2025. 1. -- ISBN 978-7-03-080893-6

Ⅰ. TU4

中国国家版本馆 CIP 数据核字第 2024MV0860 号

责任编辑：周　丹　沈　旭/责任校对：郝璐璐
责任印制：张　伟/封面设计：许　瑞

科学出版社 出版
北京东黄城根北街 16 号
邮政编码：100717
http://www.sciencep.com

北京华宇信诺印刷有限公司印刷
科学出版社发行　各地新华书店经销
*
2025 年 1 月第 一 版　开本：720×1000　1/16
2025 年 1 月第一次印刷　印张：17 1/2
字数：351 000

定价：169.00 元
（如有印装质量问题，我社负责调换）

序

我国沿海地区人口密集,城市群和大型港口星罗棋布,GDP 占全国的 60%以上,成为国民经济的支柱与对外贸易的重要窗口,在推进"一带一路"高质量共建和"交通强国"战略实施等方面发挥着重要的作用。随着科技的不断进步,近岸结构的建设,特别是码头、防波堤和海上风电基础等关键基础设施,已成为支撑海洋经济、促进能源转型和维护国家安全的重要基石。在此背景下,《中国近岸结构及岩土技术与实践》一书的问世,无疑是对这一领域理论探索与实践经验的深度整合与精彩呈现,具有重大的学术价值和实践意义。

该书汇聚了作者及其研究团队近 20 年的智慧与心血,他们深耕于中国近岸结构与岩土工程技术的前沿,通过长期的理论研究与工程实践,积累了宝贵的经验与深刻的洞见。该书针对我国码头、防波堤和海上风电基础等常用近岸结构面临的地基土-结构相互作用关键技术问题,全面、系统地阐述了基于状态相关的近岸地基土静止土压力理论、砂土本构理论及近岸地基土-结构接触理论,形成了近岸地基土-结构状态相关系列理论,研究成果为近岸新结构的工程示范和推广应用提供了强有力的技术支撑。此外,形成的深水板桩码头建设技术突破了板桩码头深水化技术瓶颈,创建了板桩结构土压力理论,解决了板桩结构土压力的"遮帘效应""筒仓效应""卸荷效应"等一系列关键技术难题,将我国板桩码头建设水平从 3.5 万吨级提升至 20 万吨级;形成的淤泥质海域深水防波堤及护岸建设技术突破了淤泥质海域深水防波堤建设技术瓶颈,创建了桶式基础结构土压力理论,解决了"波浪-桶式基础结构-地基"静动力相互作用关键技术难题,为我国长达 4000 km 深水软基海岸线上的堤防建造找到了全新的解决方案;形成的海上风电筒型基础承载特性及一体化设计建造关键技术,突破了结构-土非线性基础数值仿真及土体弹塑性大变形模拟技术瓶颈,解决了复杂海洋环境下多种荷载叠加模拟及结构-地基静动力相应反演技术难题,目前已推广应用到江苏响水、大丰、如东及广东阳江等多个国家大型海上风场建设中,其经济、社会和环境效益显著。

总之,《中国近岸结构及岩土技术与实践》是一部集学术性、实用性和前瞻性于一体的佳作,它的出版必将对中国乃至世界近岸结构与岩土工程技术的发展与进步产生深远的影响。我相信，随着该书的广泛传播，必将有更多的学者、工程师和决策者从中汲取智慧与力量，共同开创近岸结构与岩土工程技术的新篇章，为我国工程技术创新做出更大的贡献。

中国工程院院士

2024 年 12 月

前　言

我国拥有着绵延万里的海岸线，近岸海域蕴藏着丰富的资源，也承载着国家经济发展的重任。近岸结构作为连接陆地与海洋的纽带，在港口运输、能源开发、海洋资源利用等方面发挥着重要作用。码头、防波堤和海上风电作为近岸结构的三个主要组成部分，其技术水平直接关系到国家海洋战略的实施和海洋经济的可持续发展。

近年来，我国近岸结构工程建设迎来了前所未有的发展机遇。一大批技术复杂、规模宏大的近岸结构工程相继建成，标志着我国近岸结构工程技术水平迈上了新的台阶。然而，在工程实施过程中涉及诸多岩土工程问题，特别是在复杂海洋环境条件下的设计理论、施工技术和装备研发等方面，仍需不断探索和创新。

本书共分七章，第 1 章主要对我国近岸工程的实践历程及难点、挑战进行论述，并提出未来近岸结构及岩土技术的创新发展方向；第 2 章主要针对近岸工程中面临的静止土压力问题进行研究，提出状态相关近岸地基土静止土压力理论，并首次提出可充分考虑颗粒粒径、相对密实度影响的砂土静止土压力系数南京水利科学研究院模型；第 3 章重点对复杂应力路径下的石英砂及珊瑚砂的应力-应变关系及变形特征开展研究，并以此为基础构建状态相关砂土本构理论；第 4 章主要基于自主研发的大型多功能轴对称界面剪切仪，提出砂土-结构界面的循环剪切强度演化、阻尼比表征模型及考虑循环软化和阻尼比效应的界面动本构模型，为后续近岸工程新结构的应用提供理论基础；第 5 章对深水板桩结构在粉砂、淤泥及珊瑚砂三种主要地质条件下的研发与应用进行实例分析；第 6 章列举桶式基础椭圆形对称防波堤和桶式基础偏心非对称防波堤两种新结构的稳定性计算方法及应用实例；第 7 章介绍海上风电筒型基础在贯入阻力及静动力承载特性方面的创新与实践。

本书的出版得到了南京水利科学研究院出版基金的大力支持。本书的编写得到了中国工程院龚晓南院士的关心和指导，在此谨致以衷心的感谢！

全书由蔡正银组织编写、修改并定稿。参与编写的还有关云飞（第 1 章）、朱洵（第 2 章、第 4 章和第 7 章）、曹永勇（5.3 节）、杨立功（6.1 节）、吴志强（5.2 节）、侯贺营（3.2 节）、韩迅（6.2 节）、侯伟（5.1 节）、曹培（3.1 节）等。

中国近岸结构及岩土技术与实践，涉及多学科交叉，本书的出版仅为抛砖引玉，希望更多的科研工作者参与到该项研究工作中。由于作者水平有限，书中难免存在不足之处，引用文献也可能存在挂一漏万的问题，恳请各位读者不吝指正。

作　者

2024 年 11 月

于南京清凉山麓

目　　录

第1章　我国近岸工程实践概况 ………………………………………………………1
　1.1　近岸工程实践历程与趋势 ……………………………………………………1
　　1.1.1　近岸码头工程 ………………………………………………………………1
　　1.1.2　近岸防波堤工程 ……………………………………………………………2
　　1.1.3　近岸海上风电工程 …………………………………………………………3
　1.2　近岸工程的难点与挑战 ………………………………………………………7
　　1.2.1　近岸结构-地基土相互作用数值仿真 ……………………………………7
　　1.2.2　近岸结构-地基土相互作用物理模拟 ……………………………………8
　　1.2.3　近岸结构-地基土相互作用现场监测 ……………………………………9
　1.3　近岸结构及岩土技术的创新发展与方向 …………………………………10
第2章　状态相关近岸地基土静止土压力理论 ……………………………………13
　2.1　砂土静止土压力系数离心测试技术 ………………………………………13
　　2.1.1　离心模拟的基本原理和相似准则 ………………………………………13
　　2.1.2　离心模型试验静止土压力系数测定 ……………………………………14
　　2.1.3　试验结果分析 ……………………………………………………………20
　2.2　砂土静止土压力系数计算模型 ……………………………………………22
　　2.2.1　砂土三轴固结排水试验 …………………………………………………22
　　2.2.2　砂土静止土压力系数计算模型的建立 …………………………………24
　2.3　相对密实度、颗粒粒径和颗粒级配对砂土 K_0 的影响分析 ……………26
　　2.3.1　离散元模拟 ………………………………………………………………26
　　2.3.2　相对密实度对砂土 K_0 的影响分析 ……………………………………32
　　2.3.3　颗粒粒径对砂土 K_0 的影响分析 ………………………………………34
　　2.3.4　颗粒级配对砂土 K_0 的影响分析 ………………………………………37
　2.4　状态相关近岸地基土静止土压力传递机制 ………………………………38
　　2.4.1　相对密实度对静止土压力系数的影响分析 ……………………………38
　　2.4.2　颗粒粒径对静止土压力系数的影响分析 ………………………………44
　　2.4.3　砂土颗粒微结构受力传递机制 …………………………………………48
第3章　状态相关砂土本构理论 ……………………………………………………54
　3.1　不同应力路径下砂土状态相关本构模型 …………………………………54
　　3.1.1　砂土状态相关剪胀理论 …………………………………………………54

　　3.1.2　砂土屈服准则 ·· 55
　　3.1.3　砂土流动法则 ·· 56
　　3.1.4　砂土硬化规律 ·· 56
　　3.1.5　砂土状态相关本构模型及数值实现 ························ 57
　3.2　考虑颗粒破碎的珊瑚砂状态相关本构模型 ···················· 63
　　3.2.1　珊瑚砂临界状态 ··· 64
　　3.2.2　珊瑚砂状态参量 ··· 69
　　3.2.3　珊瑚砂剪胀方程 ··· 70
　　3.2.4　珊瑚砂状态相关本构模型 ······································ 71
　　3.2.5　珊瑚砂三轴试验模拟 ·· 72
第4章　状态相关近岸地基土-结构接触理论 ·························· 76
　4.1　大型砂土-钢界面循环剪切特性试验 ···························· 76
　　4.1.1　试验概况 ··· 76
　　4.1.2　试验结果分析 ··· 78
　4.2　砂土-钢界面摩擦特性及非线性损伤静力接触模型 ········· 85
　　4.2.1　试验概况 ··· 85
　　4.2.2　砂土状态对界面摩擦系数的影响 ····························· 87
　　4.2.3　桩表面粗糙度对界面摩擦系数的影响 ······················ 89
　　4.2.4　桩-土界面非线性损伤接触模型 ······························ 91
　4.3　砂土-钢界面动剪切模量、阻尼比影响因素及表征模型 ······ 94
　　4.3.1　剪切位移幅值的影响 ·· 94
　　4.3.2　相对密实度的影响 ··· 98
　　4.3.3　粗糙度的影响 ··· 99
　4.4　砂土-钢界面循环软化特性及表征模型 ························· 101
　　4.4.1　基本模型 ·· 101
　　4.4.2　相对密实度的引入 ·· 103
　　4.4.3　粗糙度的引入 ·· 104
　4.5　考虑循环软化及阻尼比效应的界面动力接触模型 ·········· 105
　　4.5.1　基本假定 ·· 105
　　4.5.2　考虑循环软化的骨架曲线构造 ······························· 107
　　4.5.3　考虑阻尼比修正的滞回圈构造 ······························· 109
　　4.5.4　相对密实度的引入 ·· 112
　　4.5.5　粗糙度的引入 ·· 115
　　4.5.6　模型验证 ·· 117

第 5 章　深水板桩结构的创新与发展·· 120

　　5.1　粉砂质地区深水板桩码头的研发与应用 ································· 120

　　　　5.1.1　5 万～20 万吨级板桩码头新结构 ································ 120

　　　　5.1.2　深水板桩码头离心模拟技术 ····································· 121

　　　　5.1.3　深水板桩码头土压力模型和计算方法 ························· 123

　　　　5.1.4　深水板桩码头结构土压力现场监测 ························· 127

　　5.2　淤泥质地区深水板桩码头的研发与应用 ························· 129

　　　　5.2.1　淤泥质地区深水板桩码头新结构 ························· 129

　　　　5.2.2　固化淤泥地基板桩码头组合结构受力变形机理 ········· 131

　　　　5.2.3　复合地基板桩组合结构的设计与计算 ····················· 142

　　　　5.2.4　框桶式码头结构的承载力计算方法 ························· 146

　　　　5.2.5　淤泥质地区深水板桩码头结构精细化现场监测 ········· 149

　　5.3　珊瑚砂地区深水板桩护岸的研发与应用 ························· 155

　　　　5.3.1　珊瑚砂地基深水板桩护岸离心模型试验 ················· 156

　　　　5.3.2　珊瑚砂地基深水板桩护岸结构受力变形特性 ··········· 161

　　　　5.3.3　珊瑚砂地基深水板桩护岸结构工作性能现场监测 ······ 162

第 6 章　桶式基础防波堤结构的创新与发展·································· 168

　　6.1　桶式基础椭圆形对称防波堤结构的研发与应用 ················· 168

　　　　6.1.1　椭圆形对称防波堤结构的受力与变形特性 ··············· 168

　　　　6.1.2　椭圆形对称防波堤结构简化计算模型 ····················· 178

　　　　6.1.3　椭圆形对称防波堤结构稳定性验算方法 ················· 179

　　6.2　桶式基础偏心非对称防波堤结构的研发与应用 ················· 181

　　　　6.2.1　回填作用下偏心非对称防波堤结构变形稳定特性 ······ 181

　　　　6.2.2　堆载作用下偏心非对称防波堤结构变形稳定特性 ······ 187

第 7 章　海上风电筒型基础的创新与发展·································· 190

　　7.1　筒型基础下沉过程与贯入阻力 ··································· 190

　　　　7.1.1　基于弹塑性大变形的筒型基础下沉过程数值模拟方法 ·· 190

　　　　7.1.2　筒型基础沉贯过程受力特性 ····························· 197

　　　　7.1.3　筒型基础贯入阻力影响因素 ····························· 201

　　　　7.1.4　筒型基础贯入阻力计算方法 ····························· 217

　　7.2　筒型基础静动力承载特性 ······································· 224

　　　　7.2.1　风浪流复杂海况下筒型基础承载特性离心模型试验 ···· 224

　　　　7.2.2　筒型基础承载特性及抗倾抗滑稳定分析方法 ············ 235

　　　　7.2.3　风浪流复杂海况下筒型基础结构动力响应特性 ········· 249

参考文献·· 264

扫一扫，看彩图

第1章　我国近岸工程实践概况

1.1　近岸工程实践历程与趋势

1.1.1　近岸码头工程

近岸码头作为关键的交通基础设施，在海洋运输、渔业活动及沿海地区的经济发展中扮演着至关重要的角色。经过多年努力，我国港口的现代化程度有了很大提高，尤其是沿海主要港口的现代化水平已经接近发达国家的先进港口的水平，局部已处于世界先进水平。目前，我国港口总体规模和总吞吐量均已居世界首位（季则舟等，2016）。随着京唐港 10 万吨级遮帘式和 20 万吨级分离卸荷式深水板桩码头泊位的建设和投入运行，我国板桩码头设计和建造水平已经步入世界先进行列。但上述深水板桩码头泊位均建设在地基条件较好的砂质海岸，在条件较差的淤泥质地基上仍然只能建设中小型泊位（蔡正银，2020）。然而，我国港口建设经过几十年的快速发展之后，优良的岸线资源接近开发完毕，剩余的、可供建港的岸线绝大部分为天然水深条件、地质条件较差的岸线，如辽东湾、渤海湾、莱州湾、苏北海岸，以及浙江省和福建省沿岸等海底表面有淤泥层分布的岸线。特别是江苏沿海地区，受内陆河流入海影响，分布有约 640 km 的淤泥质海岸，其中位于苏北海岸的江苏连云港 160 km 的岸线具有淤泥质海岸典型的特征。根据 2008 年《连云港港总体规划》，连云港港以连云港区为中心，逐步形成"一体两翼"的总体格局，其中，"南翼"徐圩港区 26.8 km 的岸线，地处我国东部典型的淤泥质海岸分布区域，受第四纪更新世以来海进海退的影响，海面下分布有 9～12 m 深的淤泥。目前，淤泥质港区一般采用高桩码头型式，但这种码头型式存在着构件繁多、施工工期长、工程造价高及浪费岸线等问题，尤其对于防波堤环抱式港池，高桩码头栈桥浪费宝贵岸线资源的缺点更加凸显。相比之下，板桩码头结构型式不仅可以降低工程造价，同时又能与后方的货物堆场连成一体，可以最大限度的利用水域面积，所以探索淤泥质地区深水板桩码头的建设技术有较强的现实意义。

板桩码头是我国三大码头结构型式之一，相比同级别的重力式和高桩承台式码头结构，板桩码头结构具有结构简单、造价经济、施工迅速等优势，在粉砂质海岸得到了广泛应用（刘永绣，2005）。三种典型码头结构如图 1.1.1 所示。我国先后成功研发了"半遮帘式""全遮帘式""分离卸荷式""带肋板的分离卸荷式"等多种板桩码头结构型式，从而使板桩码头在粉砂质地区海岸的建设水平提升至 20 万吨级，积累了宝贵的工程经验，取得了丰硕的研究成果（蔡正银等，2015）。然而，板桩结构在软土地区海岸中的侧向受力与变形极大，受力机制十分复杂，导致软土地区中板桩码头的设计理论和计算方法至今仍不成熟，板桩码头结构在软土地区的建设水平一直停滞不前。为促进板桩码头在软土地区海岸的发展，必须攻克港池挖深和码头面附加荷载所导致的前墙侧向土压力急剧增大的技术瓶颈。水泥加固地基侧向减载技术是减小软土地基中板桩码头结构侧向土压力的有效途径之一。

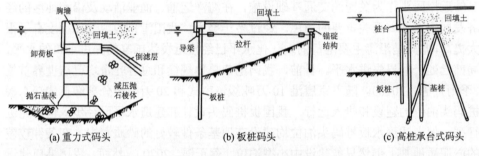

(a) 重力式码头　　　　　　(b) 板桩码头　　　　　　(c) 高桩承台式码头

图 1.1.1　三种典型码头结构

1.1.2　近岸防波堤工程

防波堤是为了阻断波浪的冲击、维护港池、维持水面平稳以保护港口免受坏天气影响、以便船舶安全停泊和作业的水工建筑物。防波堤还能起到防止港池淤积和波浪冲蚀岸线的作用，是人工掩护的沿海港口的重要组成部分。它们通常采用土石抛填或钢筋混凝土砌筑而成，由于对工程区域选址有一定要求，地基通常不需处理或可采用简单的处理。

近年来，随着我国航运事业的发展和港口经济的繁荣，很多港口的港区已趋饱和，必须开辟新港区。同时，自然条件优越的港址通常已被开发，不得不面对深水区域、大波浪荷载和软弱地基等严峻复杂的自然条件。要在这种严峻复杂的自然条件下建造传统的防波堤，必然需要进行大规模的地基加固处理，费用将会较高。

传统的防波堤有三大类，分别为斜坡式、直立式和混合式，在这些方面已经有丰富的工程经验。随着人类的活动范围日益向深水拓展，传统型式防波堤的造价过于昂贵，防波堤的设计理念有了巨大的进步，主要趋势为：提出改进的结构型式，降低结构自重，降低结构经受的波浪荷载，引进新的施工工法以加快建设速度，降低工程造价。

在我国的天津港、长江口、连云港等海域的近陆处海底，表面基本上是一层厚度几米到几十米的淤泥层。该层土的物理力学指标较差，承载能力低，灵敏度高。要在这种严峻复杂的自然条件下建造传统的防波堤，需要对地基进行大规模的加固处理，如打设砂桩、换填或抛石等。这些处理方法费用高、工程量大，并且山石开采的限制导致了原材料供应不足。因此，基床式基础的轻型重力式防波堤应运而生。但对于结构的稳定性，抗滑要求结构重，地基承载力要求结构轻，这是两种相反的要求。因此，在天津港南、北防波堤延伸工程中的较深水域采用了一种新型的防波堤结构型式——桶式基础防波堤，如图 1.1.2 所示。

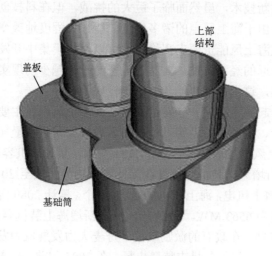

图 1.1.2　桶式基础防波堤

1.1.3　近岸海上风电工程

为应对日益严峻的环境和气候问题，全球各国都在竭力寻找可再生资源和清洁能源，不仅有力地促进了全球可再生能源发展，也使大家对能源供应将逐步由化石能源向可再生能源转变形成共识。从能源发展的历程来看，从薪柴、煤炭、石油和天然气到低碳能源转变是历史的必然。其中风能，作为可再生能源和清洁能源的代表被越来越多的人关注，各国也都在竭力发展风力资源。将风力运用于发电技术源于 1973 年发生的石油危机，美国、英国、丹麦等发达国家为了寻求替代化石燃料的能源，投入大量的人力、物力研制现代风力发电机组，开启了风电发展的篇章。风电场按位置可分为陆地风电场和海上风电场。在欧洲，由于陆地面积有限，并且陆地风电场影响环境和美观遭到许多人抵制，而海岸线附近的海域风能资源丰富，可适合更大规模风电的开发。20 世纪 90 年代中期，丹麦在海上建立了 2 个示范风场并获得成功后,于 2000 年在哥本哈根湾建设了世界上第一个商业化意义的海上风电场。之后,世界各国开始效仿丹麦的模式并逐渐考虑海上风电的商业化开发。海上风电有陆地风电无法比拟的优势,具有风速高、风切变低、湍流低、静风期短、产出高及使用寿命长等特点,并且海上风电场一般靠近经济发达地区,电力输送和消纳都有保障,不用担心弃风问题,同时交通运输方便,便于大功率、大直径风机的运送。但海上风力发电技术难度远远高于陆地风电,开发成本接近陆地风电场开发成本的三倍,同时海洋环境的复杂性和差异性导致海上风电从设计到施工都存在诸多不确定性,这也制约了它的发展。海上风力发电作为一项新技术,虽然面临了巨大的挑战,但在科技创新及节约能源方面又有很大机遇。由于海上风电的诸多优点,能很大程度地改变一些地方可再生能源的面貌,并且海上风能资源丰富稳定,可以大规模集中开发,对环境也几乎是零破坏,具有长远的经济效益,面对陆地资源越来越少的现实,往海洋甚至远海处发展成为必然,这也是解决能源危机比较好的途径之一。

海上风电最早起源于欧美一些发达国家,其海上风电场主要分布于丹麦、英国、德国、西班牙、美国、荷兰等。根据知名咨询公司贝特曼(BTM)的统计,2012 年,全球海上风电新增装机容量为 1131 MW,累计装机容量达 5117 MW,2013 年全球海上新增风电装机容量继续保持增长趋势。截至 2013 年底,欧洲共有 11 个国家开发海上风电,海上风电场已达 69 个,累计 2080 台海上风电机组并网,累计并网容量为 6563 MW。2014 年,欧洲新增海上装机容量 1483 MW,占世界新增总量的 87%。在政府的激励政策下丹麦大力发展风力发电,建立了第一个海上风力发电场——埃伯尔措夫特风电场。在 2005 年前,丹麦计划兴建 5 个海上风电场,累计达 750 MW。截至 2011 年底,丹麦海上风力发电累计装机容量达到 857.5 MW,占当时欧洲累计装机容量的五分之一,到 2012 年其海上风力发电能力已达近 1 GW。到 2025 年,丹麦的风力发电量将占全国用电总需求的 50%,即风电装机总量要达 6 GW。继丹麦之后,英国、荷兰、德国开始大力发展海上风电项目。英国由于地理位置独特,海上风域面积广阔,2010 年拥有海上风电场 20 个,870 台涡轮机,总装机容量超过 3 GW,海上风电的发展也一直处于全球领先地位。德国首座海上风电场“阿尔法·文图斯”建于 2008 年 7 月,2010 年 4 月在北海正式并网发电,整个风电场现装有 12 台风能装置,每台装机容量为 5 MW,年发电量为 22 亿 kW·h。除了欧洲,北美洲的美国逐渐认识到海上风电的重要性,两个风电项目“Capa Wind”“Block Island”于 2015 年开始动工,2017 年实现并网发电。亚洲的韩国将风能作为潜力巨大的替代能源和振兴韩国经济的重要能源补充。由此可见,国外一些发达国家都在大力发展风能来替代化石燃料,面对环境和能源问题,寻求可再生及清洁能源是解决危机的重要途径。

我国有 3.2 万 km 海岸线,其中大陆海岸线 1.8 万 km,岛屿海岸线 1.4 万 km,

可利用海域面积超过 300 万 km²。根据 2009 年国家气候中心的评估结果，离岸 50 km 范围内的可开发风能资源为 7.58 亿 kW，是陆上实际可开发风能资源储量的 3 倍，其中近海海域风机装机容量可达 1 亿~2 亿 kW。今后还可以开发远海区域的风能，如此丰富的海上风能为我国海上风电开发提供了可能性。 2007 年，中国海洋石油总公司在距离陆地约 70 km 的渤海湾建成我国第一个海上风电站"绥中 36-1"风电站。该风电站通过长约 5 km 的海底电缆送至海上油田独立电网。2009 年，我国东海大桥海上风电场示范项目首批 3 台机组正式并网发电，总装机容量为 102 MW，并于 2010 年开始全部并网发电，是继欧洲之后第一个商业性的海上风电，为我国海上风电的发展拉开序幕。2009 年 9 月，中国首批海上风电特许权项目招标工作由国家能源局组织完成，确定江苏滨海、射阳、东台和大丰四个项目，总规模 1 GW。2011 年，龙源电力江苏如东 150 MW 海上示范风电场开工建设。2014 年 5 月如东海上风电首批机组开始并网发电，开启了在潮间带大规模建设海上风电场的序幕。截至 2023 年底，我国海上风电总装机容量超过 37.7 GW，占全球总量的 50%。国家"十四五"规划纲要进一步提出要大力提升风电、光伏发电规模，有序发展海上风电，非化石能源消费总量比重提高到 20% 左右。"十四五"期间，我国规划了五大千万千瓦级海上风电基地，各地出台的海上风电发展规模累计已达 8000 万 kW。预计到 2030 年，我国海上风电累计装机容量将超 2 亿 kW。我国风电起步较晚，对近海风能资源探测不够，导致海上风电项目前期工作准备不足。但海上风电的开发对缓解沿海地区用电紧张局面，有效应对气候变化具有十分重要的作用。因为我国海上丰富的风能资源和国家政策的大力支持，所以海上风电场必将成为一个迅速发展的能源市场。我国 2015~2020 年全国海上风电装机容量如图 1.1.3 所示。

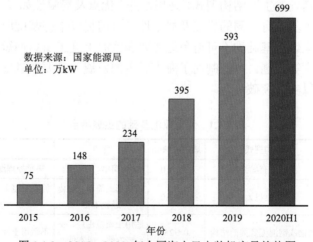

图 1.1.3　2015~2020 年全国海上风电装机容量趋势图

H1 指第一季度

海上风机上部结构重心高、受水平风荷载和倾覆弯矩大，同时海上风电基础也受波浪荷载、海床地质构造等影响，基础的安全性与稳定性将直接影响海上风机的发电能力。此外，海上风电基础被认为是导致海上风电建设成本高的主要因素之一，基础结构部分成本占建设总成本的30%左右。因此，选择经济合理的海上风电基础成为海上风能高效率、低成本开发的关键。

目前，国内外常见的海上风电基础包括重力式基础、单桩基础、筒型基础、三脚架基础、导管架基础和浮式基础，基础形式如图1.1.4所示。

图 1.1.4　海上风电主要基础形式

海上风电基础的主要结构型式、适用水深、优点及局限性如表1.1.1所示。各种类型海上风电基础有不同的优点及局限性，目前仍以单桩基础应用最为广泛。然而，各类海上风电基础均不可避免地需要面临海上施工窗口期短、施工环境恶劣和施工难度大等难题，严重制约了海上风电的发展，需要改进施工工艺或基础结构型式等，以实现突破。

表 1.1.1　海上风电基础的主要特点

基础类型	结构型式	适用水深/m	优点	局限性
重力式基础	混凝土有底结构	小于10	结构简单，造价低	需预处理海床，施工难度大
单桩基础	预制钢桩为主	小于30	结构形式简单，安装经验丰富	施工难度大，受施工器械和地质影响大
筒型基础	纯钢或钢混无底圆筒结构	0~25	适用土质范围广，安装方便，成本低	不适用于冲刷海床及岩性海床

续表

基础类型	结构型式	适用水深/m	优点	局限性
三脚架基础	三角桁架结构	30~40	建造和施工方便	不适用于较软及岩性海床
导管架基础	钢制锥台结构	大于 40	强度高，稳定性好	结构形式复杂，易疲劳失效
浮式基础	悬浮海上的浮式结构	大于 50	适用于深水海域	缺乏设计和安装经验

1.2　近岸工程的难点与挑战

1.2.1　近岸结构–地基土相互作用数值仿真

在岩土工程的数值分析过程中，采用的有限元程序大都是自行开发的，其优点是植入了一些实用的土体本构模型，可以较好地模拟土的应力应变特性。但这些软件普遍存在前后处理能力差、计算程序不够高效，且许多都采取"强制收敛"的方法，造成计算结果和实际值有很大的差别。目前，有限元商业软件平台很多，包括 ABAQUS、ANSYS 和 ADINA 等。相比于自行开发的软件，这些有限元商业软件平台有许多优点，包括前后数据处理能力强、非线性计算能力强、可以解决复杂的工程问题，以及操作非常方便。

数值计算在岩土工程中有十分广泛的应用。其方法主要包括有限单元法、有限差分法、边界单元法、离散单元法等。随着计算机的发展和普及，许多岩土工程计算软件及大型通用软件纷纷面世，如有限元软件有 ABAQUS、ANSYS，有限差分软件有 FLAC，离散元软件有 PFC。其中，有限元软件在复杂边界条件和多场耦合方面具有十分明显的优势，耗费计算资源也少，成为应用最广泛的数值计算软件。

对土体本构关系理论开展系统研究，在国外已有 40 多年的历史；而国内因地域辽阔，土体力学性质非常复杂，相关学者对此也进行了 30 多年的研究，所以国内外学者提出的土体本构模型已达数百种之多。目前，在工程中采用土体本构模型进行数值计算时，通常选择有限差分法、有限单元法、边界单元法、离散单元法等方法。有限单元法作为适用性好、模型化能力强、形式和途径较为统一、可编程性能好的数值分析方法，是目前数值模型分析的主要方法。虽然工程中采用土体本构模型进行数值计算时都使用有限单元法，但也是各自开发程序，单元划分标准、计算精度和误差的分析不一致，导致计算结果缺少可比性，且程序维护工作量大。因而有必要在同一个计算平台的基础上，开发不同土体本构模型，使计算的结果更合理。

土体与结构物之间的相互作用是土木工程研究中的一个重要课题。结构物深植于土体之中，在结构物与土体之间，形成了接触面或接触带，由于两者力学性质差异很大，所以土体与结构物之间的接触力学关系是相互作用的宏观反映，对其进行研究是解决土体与结构物相互作用的前提。同时，对接触面的研究涉及土木工程的各个方面，尤其以土与混凝土的接触为代表。因而正确模拟土体与结构物之间的相互作用是开展土木工程数值计算的前提。

1.2.2 近岸结构-地基土相互作用物理模拟

相对于现场试验和测试，离心模型试验具有试验流程容易控制、固结时间短等优点，并能验证理论分析及数值模拟的可靠性，其测试结果的准确性也易于控制和判断。但是原型土体材料模拟比较困难，很难反映原型土的结构性，加上边界条件不易处理，因此模型和原型之间仍存在差别。所以，应该合理选择离心模型试验方法，正确评价离心模型试验结果，并与现场试验相结合。

此外，离心模型试验是研究卸荷式板桩码头比较理想的手段。徐光明等（2007）对卸荷式板桩码头进行了离心模型试验研究，初步探讨了码头结构的整体稳定性及变形。龚丽飞（2007）将单锚式码头结构和卸荷式码头结构的离心模型试验结果进行对比，得出了卸荷式板桩码头的卸荷效应（图 1.2.1），并认为卸荷平台及桩基的荷载传递作用与卸荷平台下的灌注桩对地基土层的遮帘作用，是降低前墙侧向土压力的最主要的两个因素。

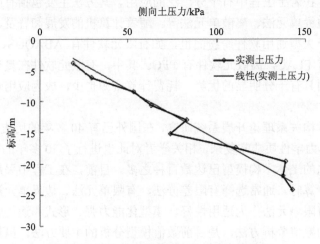

图 1.2.1　离心模型试验侧向土压力实测结果

但离心模型试验耗时长、费用高，限制了其在卸荷式板桩码头研究中的应用，从而影响了对卸荷式板桩码头的系统研究。即便离心模型试验可以克服室内试验的缺点，但同样也存在自身的缺点，如暂时无法模拟随机风荷载等都制约了离心模型试验的发展。

1.2.3　近岸结构-地基土相互作用现场监测

原型监测是通过在结构物施工过程中埋设相关测量元件，直接获取实际工程结构的工作性状信息，因此它在土木工程中有着十分重要的作用。原型观测一方面作为工程建设预测的依据，可以保证工程结构物的安全与稳定，判断结构是否按设计参数正常发挥作用；另一方面测定土体、结构的各种物理力学参数，为工程设计与优化提供有价值的第一手实测资料，并通过反分析技术认识和掌握结构作用机理。岩土工程的发展本身是个逐步认识的过程，理论研究和工程力学分析者离不开原型监测这一研究手段。现场监测技术更是广泛应用于建筑结构工程、路桥工程、基坑工程、港口工程等各种工程中，针对不同的工程，现场监测的侧重点各不相同。

港口工程现场监测同样以结构物的原型作为监测和研究对象，借助科学仪器、设备和监测手段，掌握港口结构物与地基土层、周边环境的相互作用，以及结构物本身的变形、位移、沉降、内力、地下水位和土压力、孔压等变化的实时信息，用于反映结构物实际工作状态下的变化规律，为科研设计提供第一手资料。

在海上风电筒型基础结构现场原型监测方面（王清山，2020），现场测试位于江苏省盐城市响水县某风电场侧近海区域，风电场布置图及测试风机所在位置如图 1.2.2 所示。

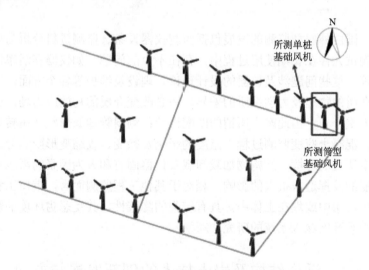

图 1.2.2　风电场布置图及测试风机所在位置

监测所得振动数据中 Y 向为竖向，X 向及 Z 向为水平向（其中 X 向沿着筒壁的切向，Z 向沿着筒壁的径向）。测点 1 及测点 2 某一时间段内典型的实测水平向振动位移如图 1.2.3 所示。从图 1.2.3 中可以看出，测点 1 的振动位移幅值明显较测点 2 的振动位移幅值要大，且两者均随时间不断变化。

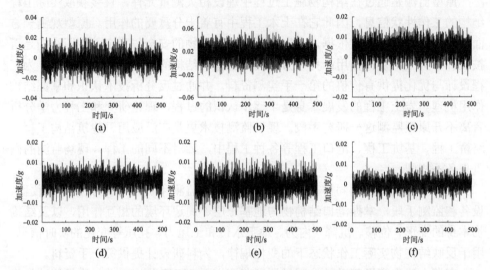

图 1.2.3　测点 1 及测点 2 典型的振动位移

（a）测点 1 X 向时程；（b）测点 1 Z 向时程；（c）测点 1 水平向轨迹；（d）测点 2 X 向时程；（e）测点 2 Z 向时程；（f）测点 2 水平向轨迹

　　目前，国内外原型监测的发展包括监测仪器设备、监测资料分析与处理理论和方法。测试元件在长期使用过程中，存在不少的问题，如仪器存活率低、数据严重失真等。这些问题涉及仪器的设计理论、埋设及维护等各个方面，诸如传感器与周围介质的物理及力学性质的差异，势必改变介质的初始应力场，引起应力集中和应力重分布，由此产生所谓的匹配误差：测斜管螺旋形状（扭转）带来的观测误差、混凝土应变监测过程中温度的影响及徐变、收缩变形影响等。此外，结构物原型所处的环境、结构物加载卸载及仪器固有和人为因素的影响也会对测试元件性能的发挥造成很大的影响。相对于其他工程监测而言，港口工程建筑物结构大部分在水中或埋在土体中，具有较强的隐蔽性，其受恶劣环境的影响比较大，因此必须开展深入系统的研究。

1.3　近岸结构及岩土技术的创新发展与方向

　　近年来全球气候发生显著变化，导致海平面上升与海洋动力条件改变，极大提高了各种海洋灾害的发生频率，严重威胁港口码头、防波堤、海上风电基础等近岸结构工程的安全，成为国家和相关行业的重大关切。近岸结构及岩土技术的创新与发展是一个复杂而重要的领域，它涵盖了多个方面，包括新型结构型式的研发、数值模拟技术的进步、智能化监测与维护系统的应用等。本书提出以下几个创新和发展方向。

1. 新型结构型式的研发

（1）深水板桩码头：针对复杂海洋地质环境下的港口建设与运维挑战，研发了新型深水板桩码头结构，如半遮帘式、全遮帘式和分离卸荷式等，这些结构形式能够更好地适应深水化过程中的土压力，满足大型泊位的建设需求。

（2）桶式基础防波堤：针对淤泥质海域防波堤地基承载力问题，研发了绿色、经济的桶式基础防波堤新结构。这种结构型式具有断面小、施工周期短、环境影响小等优点。

（3）海上风电筒型基础：开发了一种依靠自重和负压下沉的薄壁钢筒结构，其较传统单桩基础具有适用范围广、制造工期短、造价低、运输安装简单快捷等优点，有较高的推广应用价值。

2. 数值模拟技术的进步

（1）高精度数值模拟方法：利用高性能计算机和先进的数值模拟软件，建立了高精度的海洋土与结构相互作用模型。这些模型能够更准确地模拟结构在复杂荷载作用下的响应，提高设计的准确性和可靠性。

（2）多尺度模拟技术：基于多尺度模拟技术，将宏观结构与微观土颗粒的相互作用纳入同一框架内进行分析。这种技术能够更深入地理解土与结构相互作用的机理，为优化设计提供有力支持。

3. 智能化监测与维护系统的应用

（1）物联网技术的应用：通过物联网技术，实现了对海洋结构物的实时监测和预警。这些系统能够实时监测结构物的变形、应力等参数，及时发现潜在的安全隐患，为结构的维护和管理提供科学依据。

（2）大数据技术的应用：利用大数据技术，对监测数据进行深入挖掘和分析。通过分析数据的规律和趋势，可以预测结构未来的状态，为制定维护计划提供依据。

4. 可持续发展与环境保护

（1）绿色设计与施工：在近岸工程的设计与施工过程中，注重绿色设计和绿色施工的理念。通过采用环保材料、优化施工工艺等手段，减少对海洋环境的影响。

（2）生态修复技术：针对近岸工程对海洋生态系统的影响，发展了生态修复技术。这些技术能够保护和恢复海洋生态系统，促进可持续发展。

综上所述，中国近岸结构及岩土技术的创新与发展涉及多个方面，包括新型结构型式的研发、数值模拟技术的进步、智能化监测与维护系统的应用及可持续发展与环境保护等。未来，随着科技的不断进步和应用需求的拓展，该领域将迎来更多的发展机遇和挑战。

第 2 章　状态相关近岸地基土静止土压力理论

　　静止土压力系数 K_0（水平土压力和竖向土压力的比值）是土力学中的一个基本参数，对确定土体初始应力状态及对应的静止土压力分布具有重要意义，是开展复合筒型基础承载特性研究的基础。国内外一些学者针对土体静止土压力系数开展了大量的研究工作，但至今仍存在很大的争议。李广信（2004）主编的《高等土力学》中认为，松砂 K_0 值为 0.6，紧砂 K_0 值为 0.23；殷宗泽（1999）主编的《土力学与地基》中认为，松砂 K_0 值在 0.5～0.6 之间，紧砂 K_0 值在 0.3～0.5 之间；卢廷浩（2005）主编的《土力学》中认为，松砂 K_0 值在 0.4～0.45 之间，紧砂 K_0 值在 0.45～0.5 之间。由此可见，学者们对砂土 K_0 与密实度关系的描述并不一致，砂土 K_0 值随密实度和颗粒粒径的变化规律更是鲜见报道。

2.1　砂土静止土压力系数离心测试技术

　　纵观现有对静止土压力系数 K_0 的研究，准确获得 K_0 值的前提是土体能真正处于侧限状态。针对上述不足，将离心模型试验引入对砂土静止土压力系数 K_0 的研究中，较为成功地解决了试验过程中土体处于侧限状态这一关键技术难题，研究了土的初始相对密实度和颗粒粒径对砂土静止土压力系数 K_0 的影响。

2.1.1　离心模拟的基本原理和相似准则

　　土工离心模型试验是一种物理模拟技术，由于能保持模型和原型应力相似，可再现原型的反应特性，目前离心模拟技术已经应用到各行各业。将砂土模型置于离心场下试验，不但可避免室内单元试验中因试样尺寸过小导致的尺寸效应，而且可还原土体的真实应力场，是一种研究静止土压力较为理想的手段。

　　为了研究岩土工程中的关键科学问题，岩土工程师们常通过模型试验来还原土中结构物的受力变形状态。然而，模型在缩小后的受力变形特性常与原型结构物不同，导致试验结果与工程实际监测结果相去甚远。这主要是因为小比尺试验难以还原原型结构的真实受力状态，若要得到可靠的模型试验结果，可以在模型尺寸缩小一定比例后，以同样的比尺对模型施加重力，而离心模型试验可以很好地实现这一要求。离心模型试验是使模型在超重力场中水平高速旋转，使 $1/N$ 缩尺的模型承受 $N \cdot g$（N 为模型比尺；g 为重力加速度，取 9.8 m/s²）的重力加速度，从而达到对超重力场的模拟。离心模型物理量与结构原型物理量在大小、方向、分布上存在某种确定的比例关系，即模型试验的相似准则，如表 2.1.1 所示。

表 2.1.1　离心模型试验中主要的相似准则

内容	物理量	量纲	模型比尺（原型/模型）
几何尺寸	长度 l	L	n
	面积 A	L^2	n^2
	体积 V	L^3	n^3
材料性质	质量 m	M	n^3
	密度 ρ	ML^{-3}	1
	容重 γ	$ML^{-2}T^{-2}$	$1/n$
	含水率 w	—	1
	孔隙比 e	—	1
	黏聚力 c	$ML^{-1}T^{-2}$	1
	内摩擦角 φ	—	1
	抗弯刚度 EI	ML^3T^{-2}	n^4
	渗透系数 k	LT^{-1}	$1/n$
外部条件	集中力 F	MLT^{-2}	n^2
	均布荷载 q	$ML^{-1}T^{-2}$	1
	力矩 M	ML^2T^{-2}	n^3
	功 W	ML^2T^{-2}	n^3
	速度 v	LT^{-1}	1
	加速度 a	LT^{-2}	$1/n$
性状反应	应力 σ	$ML^{-1}T^{-2}$	1
	应变 ε	—	1
	位移 s	L	n
	孔隙水压力 u	$ML^{-1}T^{-2}$	1
	时间 t（惯性动态）	T	n
	时间 t（固结扩散）	T	n^2

2.1.2　离心模型试验静止土压力系数测定

本试验使用了南京水利科学研究院 60 $g\cdot t$ 土工离心机（图 2.1.1），该离心机的有效半径为 2 m，加速度控制采用可控硅无级调速方式，配有 60 个银质滑环通道用于信号传输，可满足应力、位移等多种物理量的测量需要。

图 2.1.1　南京水利科学研究院 60 $g\cdot t$ 土工离心机

试验采用的模型和传感器布置如图 2.1.2 所示。模型箱尺寸为 700 mm×350 mm×450 mm（长×宽×高）。试验前将 BW-3 型土压力盒镶嵌至两块预先制作的铝合金板中，并保证土压力盒测量面与铝合金板表面平齐。每块铝合金板上平行布置两排土压力盒，深度方向上各布设 4 只土压力盒，模型板尺寸为 450 mm×350 mm×20 mm（高×宽×厚）。试验时将两块铝合金板固定在模型箱两侧，以模拟土体的侧限状态。

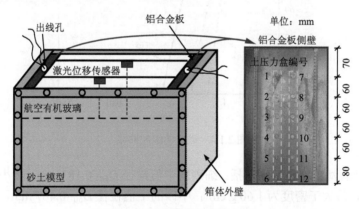

图 2.1.2　模型和传感器布置

试验时将两块金属墙板固定在模型箱左右两侧，保证墙板不发生侧向位移。为了减少砂土颗粒与压力盒之间的摩擦，减小压力盒测试误差，首先将模型箱的侧壁及底部擦拭干净；然后把凡士林涂在图 2.1.2 中镶嵌有土压力盒的两块金属墙板上，涂抹凡士林时需要保证墙板表面各处厚度均匀；最后再将一层保鲜膜粘贴在金属墙板上，以便更好地减少颗粒与土压力盒之间的摩擦。

试验采用三种不同粒径的福建标准砂，如图 2.1.3 所示。三种砂的级配曲线如

图 2.1.4 所示。从图 2.1.4 中可以看出三种砂级配曲线的坡度均比较陡，粒径分布区间小，可以认为三种砂为均质砂。根据级配曲线的中值粒径大小，将三种砂分为细砂、中砂和粗砂。

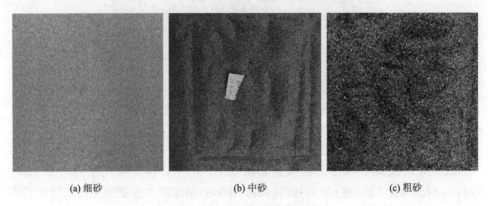

(a) 细砂　　　　　　　　　　(b) 中砂　　　　　　　　　　(c) 粗砂

图 2.1.3　试验选用的三种砂土

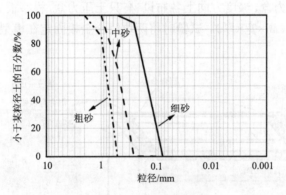

图 2.1.4　砂土的级配曲线

　　三种砂的基本物理特性包括：细砂的中值粒径 D_{50}=0.183 mm，最小干密度为 1.36 g/cm^3，最大干密度为 1.60 g/cm^3；中砂的中值粒径 D_{50}=0.487 mm，最小干密度为 1.43 g/cm^3，最大干密度为 1.64 g/cm^3；粗砂的中值粒径 D_{50}=1.609 mm，最小干密度为 1.46 g/cm^3，最大干密度为 1.71 g/cm^3。

　　砂雨法制样过程中，落距与相对密实度呈现一定的规律性。本试验参考前人的试验经验，共设计了 4 种出砂口，如图 2.1.5 所示。其中，1、2 号为鸭嘴式出砂口，出砂口宽度分别为 3 mm 和 5 mm，长度为 10 mm；3、4 号为网眼式出砂口，网眼直径分别为 3 mm 和 5 mm，出砂口直径为 100 mm。试验共设置 9 种落距，分别为 20 cm、30 cm、40 cm、50 cm、60 cm、70 cm、80 cm、90 cm、100 cm。通过自制的制样装置和控制不同的落距，将土样缓慢均匀地撒入自制的标定罐中，得到出砂口在不同落距下的 4 种制样密实度。试验过程中，标定罐中砂厚度每撒 2 cm 升高一次落距，撒砂完毕后称量标定罐中砂的质量，结合已知的标定罐体积计算砂样密实度。最后，得到 4 种出砂口、落距和试样密实度的关系。自制标定罐内径为 21.1 cm，高为 11 cm，净重 3.7 kg。

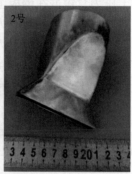

(a) 鸭嘴式

(b) 网眼式

图 2.1.5　鸭嘴式和网眼式出砂口

　　砂土中土压力的测试精度与土压力盒标定方法有很大关系。为了保证试验结果的准确性，在进行静止土压力系数试验测定前，通过离心模型试验的方法，在考虑温度影响的情况下对土压力盒进行了 2 组水标试验，在考虑砂层厚度和砂颗粒粒径的情况下对土压力盒进行了 6 组砂标试验，试验具体方案如下。

　　土压力盒标定试验所用模型箱内部尺寸为 700 mm×350 mm×450 mm（长×宽×高），模型箱一侧为可拆卸的有机玻璃，方便在制样和试验过程中对模型土样进行实时观察，有机玻璃通过螺栓与模型箱连接；模型箱底部镶嵌有透水石，透水石下有排水管道，可方便饱和砂土排水。模型箱顶部钻有螺孔，可固定激光位移传感器等元件，以测量离心模型试验过程中土体表面的沉降等物理量。

选择南京水利科学研究院自主研发的 BW-3 型界面土压力盒进行本次试验，在超重力场中对该土压力盒进行了水标、干砂砂标和饱和砂砂标试验，验证了该土压力盒在超重力场测试中的可靠性。图 2.1.6 为 BW-3 型界面土压力盒的水平剖面图，土压力盒外壳材质为铝合金，可测量土与结构接触面上的界面土压力。在超重力场中，界面土压力盒镶嵌在墙板上，且与墙板面平齐，所以土压力盒在土体中不会出现嵌入效应。另外，在离心力加载过程中，土压力盒深度处的土体对土压力盒表面施加土压力引起土压力盒内感应膜出现变形，这种变形是基于土压力盒表面土体的平均压力作用的，砂雨法制得的土样密度均匀，在测量和计算指定深度处的水平土压力和土体竖向应力时，选择的计算位置在土压力盒圆心处，在本次试验中土压力盒尺寸不会影响最终土压力的测量结果。表 2.1.2 给出了 BW-3 型土压力盒的主要参数，土压力盒厚度为 4.8 mm，刚度为 70000 MPa，感应膜直径为 11 mm，柔度系数为 5.8，电阻值 350 Ω。

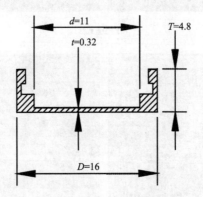

图 2.1.6　BW-3 型土压力盒水平剖面图（单位：mm）

表 2.1.2　BW-3 型土压力盒设计参数

量程 /kPa	传感器厚度 T /mm	传感器外径 D /mm	砂土模量 E_s /MPa	盒体刚度 E_c /MPa	感应膜直径 d /mm	感应膜厚度 t /mm	柔度系数 F $[d^3 E_s/(t^3 E_c)]$
300	4.8	16	10	70000	11	0.32	5.8

为了避免土压力盒与墙板刚度差异导致试验出现误差，墙板材质选为与土压力盒相同的铝合金材料。试验前将土压力盒镶嵌至铝合金板上，镶嵌时保证土压力盒不会因外力作用产生变形，土压力盒平面与墙板平面平齐，以便准确测量结构表面的界面土压力。土压力盒纵向间距为 60 mm，水平间距为 50 mm，布设图如图 2.1.7 所示。

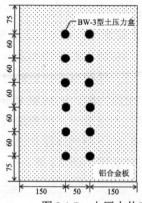

图 2.1.7　土压力传感器布设图（单位：mm）

在进行静止土压力系数试验前已对土压力盒进行了砂标试验。首先在模型箱两侧粘贴保鲜膜，将镶嵌有土压力盒的墙板固定在模型箱两侧，保证墙板不发生变形。利用砂雨法，分别使用网眼式和鸭嘴式出砂口，通过控制落距，制得不同密实度的砂土试样，模型箱中撒砂厚度为 30 cm，在深度方向可埋设 4 只土压力盒。撒砂结束后，为测量土样在离心机运转过程中的压缩量，在模型箱上固定激光位移传感器（型号为德国 Wenglor 公司生产的 YP11MGVL80 非接触式高精度激光传感器），其分辨率优于 20 μm。最后将模型箱吊入离心机中，将加速度逐渐加至 50 g 并稳定 30 min，测量得到传感器在超重力场中不同深度处的输出电压，如图 2.1.8 所示。竖向应力通过式（2.1.1）进行计算：

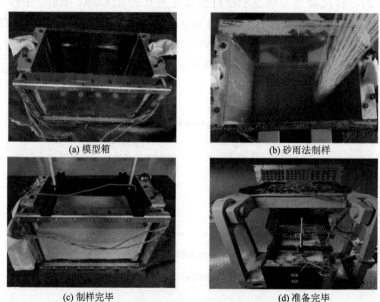

(a) 模型箱　　　　　　　　　　　　　　(b) 砂雨法制样

(c) 制样完毕　　　　　　　　　　　　　(d) 准备完毕

图 2.1.8　砂的静止土压力系数离心模型试验过程

$$\sigma = \gamma z n \qquad\qquad (2.1.1)$$

式中，σ 为竖向应力；γ 为土体重度；z 为土层深度；n 为加速度量级。

需要说明的是，在离心机的运转过程中，装载有模型箱的吊篮被甩起，砂样在不同深度方向距离旋转中心的距离也不相同，导致离心机运转时砂土深度方向上的加速度是线性变化的，所以在计算竖向土压力时，g 应取土压力盒深度处的加速度。另外，由于土压力的测量比较困难，为求准确，所得结果取同一深度处土压力测量结果的平均值。最后通过拟合 $50\,g$ 下不同深度处土压力盒竖向应力与水平土压力的线性关系，得到土样在不同密实度下的 K_0 值。

2.1.3　试验结果分析

在离心加速度 $50\,g$ 作用下，模型箱中的砂土会发生一定的压缩变形，对于同一种砂土，土体相对密实度越大，颗粒与颗粒之间的孔隙越小，外力作用下，需要较少的颗粒进行填充，导致土体的压缩量越小；相对密实度相同的不同粒径砂土，颗粒粒径越大，构成的颗粒骨架越稳定，能够承受更大的竖向荷载，使得土体压缩量越小。

本次试验中通过模型箱上固定的两个激光位移传感器来监测模型箱内砂土的压缩量，密实度相对松散的砂样的压缩量要稍微大于紧实的砂样。图 2.1.9 为离心模型试验中相对密实度（D_r）分别为 0.30、0.38 的细砂竖向沉降量随时间的变化曲线。从图中可以看出，两种相对密实度的砂沉降量相差不大，其中，相对密实度为 0.38 的砂样沉降量要略小于相对密实度为 0.30 的砂样。细砂、中砂、粗砂砂层的最大压缩量分别为 1.74 mm、0.81 mm、1.12 mm，施加离心力后的细砂、中砂、粗砂密实度相对于初始状态分别增大 0.54%、0.25%、0.35%，故砂样由于施加离心加速度产生的压缩量对土体相对密实度的影响可忽略不计。

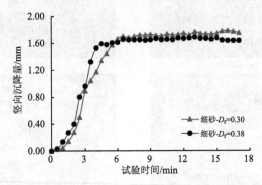

图 2.1.9　离心模型试验中细砂竖向沉降量随时间的变化

　　为了准确测量侧向土压力，通过离心模型试验对土压力盒进行了不同土层厚度、不同颗粒粒径的砂标试验。图 2.1.10 为不同深度处、不同相对密实度（D_r）下细砂、中砂与粗砂的侧向土压力分布图。

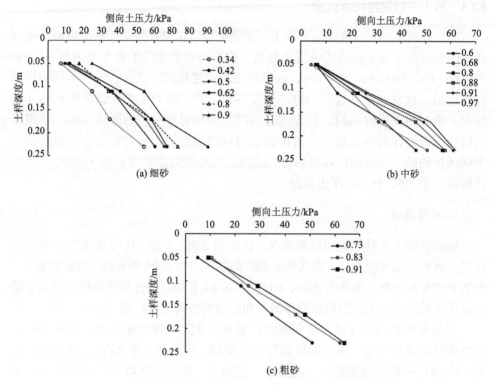

图 2.1.10　不同粒径砂土侧向土压力随深度分布

　　三种砂土在不同相对密实度下的 K_0 值有所不同，其中，细砂在 D_r 为 0.34 时 K_0 最小，为 0.367，在 D_r 为 0.9 时 K_0 最大，为 0.44；中砂在 D_r 为 0.6 时 K_0 最小，为 0.316，在 D_r 为 0.97 时 K_0 最大，为 0.396；粗砂在 D_r 为 0.73 时 K_0 最小，为 0.315，在 D_r 为 0.91 时 K_0 最大，为 0.369。从变化趋势可以看出，细砂、中砂、粗砂静止土压力系数 K_0 与相对密实度 D_r 之间总体呈正相关关系，对其进行线性拟合得到细砂、中砂与粗砂 K_0-D_r 的关系式（2.1.2）、式（2.1.3）和式（2.1.4）。

$$K_{0细砂} = 0.129D_r + 0.331 \tag{2.1.2}$$

$$K_{0中砂} = 0.249D_r + 0.165 \tag{2.1.3}$$

$$K_{0粗砂} = 0.295D_r + 0.106 \tag{2.1.4}$$

2.2　砂土静止土压力系数计算模型

2.2.1　砂土三轴固结排水试验

通过开展不同相对密实度的砂土三轴固结排水试验，获取细砂、中砂、粗砂在不同相对密实度下对应的峰值摩擦角。同一相对密实度的砂土的围压 σ_3 分别为 100 kPa、300 kPa、500 kPa。由于初始密实度相同的试样，施加不同围压进行固结后，试样在剪切前的相对密实度存在差异，故为了保证试样固结后（剪切前）的相对密实度相同，首先进行不同初始相对密实度的固结试验，获得不同围压下孔隙比的变化规律，再根据上述规律确定初始相对密实度，最后进行不同围压的砂土三轴固结排水试验。试验采用的剪切速率为 0.08 mm/min，当试样轴向应变达到 16%时停止试验。

1. 固结试验

细砂设置了 4 种初始相对密实度，依次为 0.55、0.65、0.70 和 0.75。中砂设置了 5 种初始相对密实度，依次为 0.50、0.60、0.75、0.85 和 0.92。粗砂设置了 4 种初始相对密实度，依次为 0.50、0.60、0.70 和 0.80。在分别获取每种围压下的孔隙比之后，采用水头饱和和反压饱和相结合的方式对试样进行饱和。

试验采用的固结方式为等向固结，根据《土工试验方法标准》中关于砂土三轴固结试验的标准，施加围压后打开体变阀，记录排水量 ΔV；当排水量稳定后，即 ΔV 不随时间变化时，施加下一级围压，得到试样对应的孔隙比 e_0，如图 2.2.1 所示。

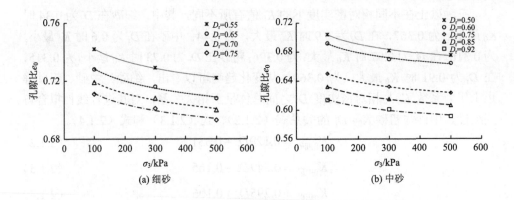

(a) 细砂　　　　　　　　　　　　(b) 中砂

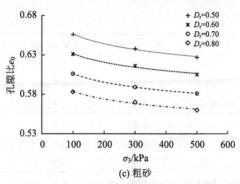

图 2.2.1　砂土不同初始 D_r 下围压-孔隙比关系

2. 剪切试验

根据上述固结曲线，细砂设置三种固结后的相对密实度，分别为 0.75、0.85、0.95，中砂设置四种固结后的相对密实度，分别为 0.75、0.85、0.90、0.95，粗砂设置四种固结后的相对密实度，分别为 0.65、0.70、0.80、0.90。不同初始 D_r 砂土在不同围压下的试验结果如表 2.2.1 所示。

表 2.2.1　不同初始 D_r 砂土在不同围压下的试验结果

砂土类型	编号	初始 D_r	围压 σ_3/kPa	排水量 ΔV/mL	固结后 D_r	最终 D_r
细砂	CD-1	0.62	100	1.2	0.75	
		0.54	300	1.8	0.74	0.75
		0.48	500	2.4	0.75	
	CD-2	0.74	100	1.1	0.86	
		0.67	300	1.6	0.85	0.85
		0.61	500	2.2	0.86	
	CD-3	0.83	100	1.0	0.94	
		0.77	300	1.5	0.93	0.94
		0.71	500	2.1	0.94	
中砂	CD-4	0.65	100	1.6	0.77	
		0.55	300	2.7	0.75	0.75
		0.50	500	3.5	0.77	
	CD-5	0.75	100	1.5	0.86	
		0.65	300	2.6	0.84	0.85
		0.60	500	3.4	0.86	
	CD-6	0.85	100	1.4	0.95	
		0.75	300	2.4	0.93	0.93
		0.70	500	2.9	0.91	

续表

砂土类型	编号	初始 D_r	围压 σ_3/kPa	排水量 ΔV/mL	固结后 D_r	最终 D_r
中砂	CD-7	0.92	100	1.3	0.98	
		0.85	300	2.2	0.99	0.98
		0.80	500	2.4	0.98	
粗砂	CD-8	0.51	100	2.6	0.67	
		0.43	300	3.5	0.65	0.66
		0.39	500	3.9	0.65	
	CD-9	0.61	100	2.1	0.73	
		0.54	300	2.6	0.7	0.71
		0.51	500	3.3	0.71	
	CD-10	0.72	100	1.8	0.83	
		0.66	300	2.5	0.81	0.81
		0.62	500	3.2	0.81	
	CD-11	0.80	100	1.6	0.89	
		0.75	300	2.4	0.89	0.89
		0.71	500	3.1	0.89	

　　为了建立细砂、中砂、粗砂相对密实度 D_r 与峰值摩擦角 φ 间的关系，采用正弦函数对峰值摩擦角进行换算，得到三种粒径砂土的相对密实度与峰值摩擦角正弦值的分布情况。其中，细砂、中砂、粗砂的相对密实度与其对应的峰值摩擦角正弦值之间存在正相关性，即随着相对密实度增大，峰值摩擦角正弦值逐渐递增。将细砂、中砂、粗砂的相对密实度 D_r 与峰值摩擦角正弦值进行线性拟合，得到式（2.2.1）～式（2.2.3）。

$$\sin\varphi'_{细砂} = 0.099D_r + 0.488 \tag{2.2.1}$$

$$\sin\varphi'_{中砂} = 0.191D_r + 0.428 \tag{2.2.2}$$

$$\sin\varphi'_{粗砂} = 0.228D_r + 0.416 \tag{2.2.3}$$

2.2.2　砂土静止土压力系数计算模型的建立

　　目前，静止土压力系数计算公式中采用的内摩擦角，一般分为临界摩擦角和峰值摩擦角。对于临界摩擦角，同一种砂土在相同围压作用下，不同相对密实度的砂土存在相同的临界状态，如图 2.2.2 所示，即同一种砂土不同相对密实度的临界摩擦角相同，同一种砂土采用临界摩擦角计算出的 K_0 值是定值，这种摩擦角不能够反映出本次 K_0 离心模型中静止土压力系数与相对密实度之间的规律，而且在工程中砂土的静止土压力系数受密实度影响是比较明显的，因此，采用临界摩擦角计算静止土压力系数是与实际不相符的。

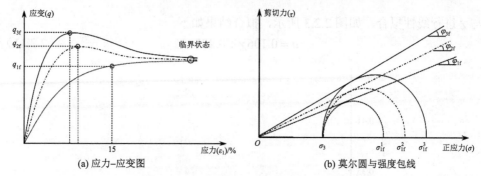

(a) 应力–应变图　　　　　　　　(b) 莫尔圆与强度包线

图 2.2.2　砂土应力–应变曲线及莫尔圆

由图 2.2.2（a）可知，对于不同相对密实度的试样，偏应力存在不同的峰值状态，即相对密实度越大，偏应力越高，根据图 2.2.2（b）中不同状态的莫尔圆与强度包线得到对应的峰值摩擦角也不相同。因此，采用峰值摩擦角能够反映出相对密实度对土体状态的影响。

本书采用能够反映土体相对密实度影响的状态参量——峰值摩擦角 φ'，分别建立细砂、中砂、粗砂静止土压力系数 K_0 与峰值摩擦角 φ' 之间的关系。利用式（2.2.4）～式（2.2.6），可以得到细砂、中砂和粗砂 K_0 离心试验中各个相对密实度对应的 $\sin\varphi'$：

$$K_{0细砂} = 1.296\sin\varphi' - 0.302 \qquad (2.2.4)$$

$$K_{0中砂} = 1.303\sin\varphi' - 0.393 \qquad (2.2.5)$$

$$K_{0粗砂} = 1.309\sin\varphi' - 0.439 \qquad (2.2.6)$$

为了便于计算，对以上各式进行简化取整，分别得到式（2.2.7）～式（2.2.9）。

$$K_{0细砂} = 1.3\sin\varphi' - 0.31 \qquad (2.2.7)$$

$$K_{0中砂} = 1.3\sin\varphi' - 0.39 \qquad (2.2.8)$$

$$K_{0粗砂} = 1.3\sin\varphi' - 0.44 \qquad (2.2.9)$$

引入相对粒径比 χ，构建可反映不同颗粒粒径（细砂、中砂和粗砂）及相对密实度影响的砂土静止土压力系数统一表达式。其中，$\chi=D_{50}/d_{th}$，d_{th} 为中砂上界限粒径，$d_{th}=0.5$ mm，D_{50} 为砂样的中值粒径。试验中细砂、中砂及粗砂的 D_{50} 分别为 0.183 mm、0.483 mm、0.793 mm，故三种砂的相对粒径比 χ 分别为 $\chi_{细砂}=0.37$、$\chi_{中砂}=0.97$、$\chi_{粗砂}=1.59$。

取整后的细砂、中砂及粗砂 K_0 计算公式的形式可表示为

$$K_0 = 1.3\sin\varphi' - a \qquad (2.2.10)$$

式中，细砂、中砂和粗砂对应公式中的截距 a 分别为 0.31、0.39、0.44。对截距 a

与 χ 进行线性拟合，如图 2.2.3 所示，拟合结果如下：

$$a = 0.106\chi + 0.277 \quad (2.2.11)$$

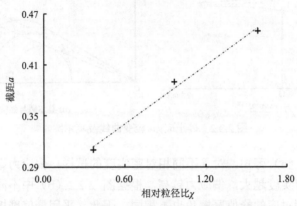

图 2.2.3　截距 a 与相对粒径比 χ 的变化规律

将式（2.2.11）代入式（2.2.10），得到

$$K_0 = 1.3\sin\varphi' - 0.106\chi - 0.277 \quad (2.2.12)$$

细砂到粗砂的粒径范围是 $0.075\sim2.0$ mm，则相对粒径比 χ 的取值范围为 $0.15<\chi\leqslant4.0$。为便于计算，将式（2.2.12）简化为

$$K_0 = 1.3\sin\varphi' - 0.11\chi - 0.28 \quad (2.2.13)$$

将简化后的式（2.2.13）作为考虑颗粒粒径、相对密实度 D_r 影响的砂土 K_0 南京水利科学研究院模型。该模型是针对福建标准砂提出的，其中 φ' 为峰值摩擦角，能够反映土体的松紧程度，χ 为相对粒径比，能够反映颗粒粒径对 K_0 的影响。

2.3　相对密实度、颗粒粒径和颗粒级配对砂土 K_0 的影响分析

2.3.1　离散元模拟

砂土具有较强的离散特性，结构的不连续性和不均匀性是其主要特点，砂土颗粒与颗粒之间没有黏聚力，颗粒间的位置以及位移均相互独立，颗粒间通过点接触来实现应力的传递，从而导致砂土颗粒在受力过程中表现出复杂的力学特性。离散元模拟方法在分析颗粒堆积体内部的细观力学特性、内部的变形特性以及颗粒间的接触本构等方面具有独特的优势。因此，采用离散元法研究砂土中细观力学变化特性，对分析静止土压力系数的变化规律具有很好的适用性。

1. 模拟方法简介

颗粒离散元法是 Cundall 于 1971 年提出的一种数值模拟分析方法，该方法

的理论依据为牛顿第二定律，其将散体介质材料中的离散颗粒划为独立的单元，各颗粒单元之间通过接触力链传递外边界的力荷载，离散元方法的基本思想是在静力平衡条件下计算颗粒的广义不平衡力，再采用牛顿第二定律定义颗粒的运动行为，颗粒必须同时满足相应的物理方程和运动方程。离散元方法的假设前提是颗粒单元为刚性体；基本的颗粒形状是小球；其作用原理是通过颗粒与颗粒之间的点接触来传递颗粒体系受到的外力。点接触的作用机理是不断地更新接触处的应力以及合力矩；颗粒间接触特性为柔性接触，它实质是接触处允许有一定的"重叠量"，"重叠量"的大小与颗粒间接触力大小和颗粒刚度有关。

2. 分析模型构建及模型校准

1）等直径球体模型

考虑到软件计算效率，将墙体形状设为筒形，直径为颗粒直径的 20 倍。数值模拟时细砂、中砂、粗砂的直径分别为 0.2 mm、0.48 mm 和 0.8 mm，则对应的墙体直径为分别 4 mm、9.6 mm 和 16 mm。分层设置模型侧面的墙体，这样可以方便输出颗粒在模型底部堆积对墙体产生的水平应力。对于细砂、中砂和粗砂，制样高度与墙体直径比值≥2，将底部侧面墙体高度分别设为 8 mm、20 mm 和 32 mm。墙体构建模型如图 2.3.1（a）所示。

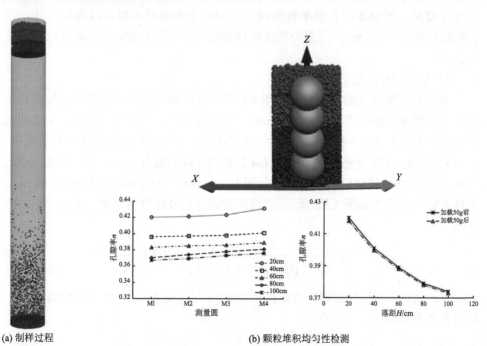

(a) 制样过程　　　　　　　　　　　　(b) 颗粒堆积均匀性检测

图 2.3.1　分析模型构建及计算过程

为了模拟砂雨法制样过程中颗粒在重力作用下从不同高度处自然沉积，本次模拟在模型顶部生成四层独立的墙体，以实现制样时每撒一层砂就升高一定的落距。在模型上部四层墙体之间随机生成相同颗粒直径及数量的颗粒。模拟砂雨法制样时，首先删除第四层红色颗粒底部的挡板，颗粒以自重自由下落，当颗粒在模型底部平衡稳定后，再将第三层粉色颗粒的底部挡板删除，让颗粒在自重作用下下落，第一层、第二层的颗粒采用同样的方式进行自由下落堆积。

制样完成后，对颗粒施加 $50\ g$ 的重力加速度，计算获取不同落距下，3 种粒径颗粒的静止土压力系数 K_0。

进一步地，对模型内部颗粒堆积的均匀性进行检测。以粗砂为例，在模型顶部生成了四层共计 11200 个颗粒，颗粒在自重下，逐层落到模型底部，由图 2.3.1（b）可以看出，当颗粒在沉积稳定后，各层颗粒间的分界线比较明显，表明采用这种颗粒分层堆积的方式可模拟砂雨法制样。颗粒在模型底部沉积稳定后，在堆积体内从下往上依次设置了 4 个测量球来测量堆积体的孔隙率，测量球编号分别为 M1、M2、M3、M4。测量球直径为墙体直径的 1/2，即对于细砂堆积体，测量球直径为 2.00 mm；对于中砂堆积体，测量球直径为 4.80 mm；对于粗砂堆积体，测量球直径为 8.00 mm。可以看出，模型内部设置的 4 个测量球测得的孔隙率差别很小，说明颗粒分层堆积的均匀性较好；此外，对颗粒堆积体整体施加 $50\ g$ 重力加速度后，堆积体的孔隙率有所减小，但孔隙率的减小量可以忽略不计，说明颗粒堆积整体在 $50\ g$ 的重力加速度的作用下，堆积体的竖向沉降量可以忽略不计。

2）考虑颗粒级配情况球体模型

为了考虑颗粒级配对砂土 K_0 的影响，在前文模拟中采用的三种等粒径颗粒的基础上，增加一组颗粒（$D_{50}=1.30$ mm），将四种颗粒按照不同形式的级配曲线混合制样。采用单级配方程[式（2.3.1）]来描述四种不同级配曲线并用于数值模拟，其中 G1 级配、G2 级配、G3 级配、G4 级配的级配参数分别为 0.69、0.78、0.82、0.88，四种级配曲线对应的中值粒径分别为 1.04 mm、0.80 mm、0.70 mm、0.48 mm，具体的级配分布图如图 2.3.2 所示。各级配粒组含量及物理特性如表 2.3.1、表 2.3.2 所示。

$$P = \frac{1}{(1-\beta)\times(d_{max}/d)^{\sqrt{\beta}}+\beta}\times100\% \qquad (2.3.1)$$

式中，P 为小于某粒径的颗粒含量；d 为粒径；d_{max} 为最大粒径；β 为级配参数，取值范围为 $0<\beta<1$。

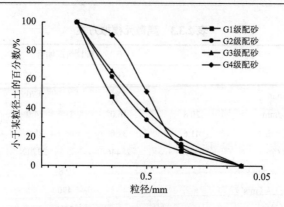

图 2.3.2　级配曲线分布

表 2.3.1　各级配粒组含量　　　　　（单位：%）

编号	级配粒径范围			
	2.00~1.00 mm	1.00~0.50 mm	0.50~0.25 mm	0.25~0.075 mm
G1	52.0	27.0	10.7	10.3
G2	34.0	27.0	20.0	19.0
G3	9.0	39.5	38.5	13.0
G4	38.0	30.0	17.0	15.0

表 2.3.2　各级配粒组物理特性指标

编号	级配参数 β	D_{10}/mm	D_{30}/mm	D_{50}/mm	D_{60}/mm	C_u	C_c
G1	0.69	0.24	0.67	1.04	1.23	5.03	1.47
G2	0.78	0.19	0.47	0.80	0.97	5.04	1.20
G3	0.82	0.17	0.39	0.70	0.89	5.32	1.01
G4	0.88	0.21	0.36	0.48	0.61	2.90	1.02

注：C_u 为不均匀系数；C_c 为曲率系数。

　　根据各级配砂的中值粒径 D_{50}（G1 级配砂：D_{50}=1.04 mm，G2 级配砂：D_{50}= 0.80 mm，G3 级配砂：D_{50}=0.70 mm，G4 级配砂：D_{50}=0.48 mm），按照直径为 20 D_{50} 生成圆柱形墙体，墙体直径为分别 20.8 mm、16.0 mm、14.0 mm 和 9.6 mm。采用上文分层构建侧面墙体的方法，输出模型底部侧面墙体上的水平压力。对于 G1 级配、G2 级配、G3 级配和 G4 级配砂，制样高度与墙体直径比值≥2，将底部侧面墙体高度分别设为 41.6 mm、32.0 mm、28.0 mm 和 19.2 mm。根据 G1、G2、G3 和 G4 级配曲线和初始孔隙比进行制样，具体模拟方案见表 2.3.3。

表 2.3.3　离散元模拟方案

参数	颗粒级配编号			
	G1	G2	G3	G4
颗粒直径 D_{50}/mm	1.04	0.80	0.70	0.48
模型直径 $20D_{50}$/mm	20.8	16.0	14.0	9.6
颗粒堆积高度/mm	41.6	32.0	28.0	19.2
生成颗粒数目/个	43178	28446	23709	11009
颗粒堆积重力场（1 g）/（m/s²）	9.8			
离心加载重力场（50 g）/（m/s²）	490			
颗粒密度/（kg/m³）	2000			
落距 H/cm	20/ 40 / 60 / 80 /100			
颗粒法向刚度 K_n/Pa	$5.0×10^7$			
颗粒切向刚度 K_s/Pa	$1.0×10^7$			
颗粒与墙体摩擦系数 μ_{b-w}	0			
颗粒抗转系数	1.0			
墙体法向刚度/Pa	$2×10^8$			
墙体切向刚度/Pa	$1×10^8$			
颗粒接触法向阻尼比	0.31			

　　将每条级配曲线分成 4 段，得到 5 个分段点的粒径分别为 0.075 mm、0.25 mm、0.50 mm、1.00 mm、2.00 mm，其对应的质量累计百分数可通过表 2.3.1 中各个粒径区间段土样占整个土样的质量分数计算求得。根据上述累计百分数分段生成颗粒。本次模拟采用的颗粒形状均为球形，据动力学基本原理，通过程序将颗粒填充在指定区域内，如图 2.3.3（a）所示。采用上文模拟砂雨法制样的方法，删除顶部生成颗粒的区域对应的下侧墙体，使颗粒在自重作用下下落沉积。当颗粒在模型底部平衡稳定后，视为制样完成，如图 2.3.3（b）所示。

(a) 颗粒在上部初始生成状态　　　　　　(b) 颗粒在模型底部沉积稳定状态

图 2.3.3　生产的模型颗粒分布

3. 静止土压力系数获取方法

砂土颗粒在 50 g 重力加速度作用下沉积稳定后，颗粒落在底部墙体内，底部墙体由于边界效应产生误差，而顶层砂土土压力测试结果规律性差。因此，在获取静止土压力系数时，选择中间两层颗粒对应的墙体获取水平应力，竖向应力为中间两层位置处颗粒所受的自重应力，如图 2.3.4（a）所示。

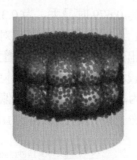

侧面图

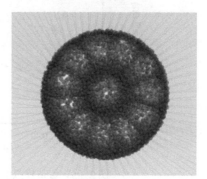

俯视图

(a) K_0 测量区域　　　　　　　　　　　　(b) 测量球布置图

图 2.3.4　分析模型构建及计算过程

利用测量球获取中间两层颗粒的孔隙率 n 和竖向应力 σ_{cz}，水平应力 σ_{ch} 可通过计算测量球对应高度墙体的水平向平均应力获得。为客观地评价不同因素对静止土压力系数的影响，在中间两层颗粒间布置两层测量球（由于颗粒流模拟以接触为特点，不能直接给出孔隙率、应力等信息，需要设置球形测量区域来监测），直径为墙体直径的 1/3，每层 12 个，测量球布置如图 2.3.4（b）所示。测量这两层颗粒的孔隙率和竖向应力，然后求出这 24 个测量球的平均孔隙率 $\bar{n}$ 及平均竖向应力 $\bar{\sigma}_{cz}$，侧向水平应力通过输出中间两层颗粒对应墙体应力后取均值得到。最后，静止土压力系数可通过平均水平应力与平均竖向应力的比值获得。

2.3.2　相对密实度对砂土 K_0 的影响分析

当颗粒在指定的落距完成堆积后，对其施加 50 g 的重力加速度，根据 2.3.1 节中获取水平应力与竖向应力的方法，得到细砂与粗砂在不同相对密实度下的静止土压力系数，其中，细砂在相对密实度为 0.378 时最小，为 0.38，在相对密实度为 0.612 时最大，为 0.419；粗砂在相对密实度为 0.494 时最小，为 0.265，在相对密实度为 0.679 时最大，为 0.335。最终在离散元数值模拟中，不同粒径颗粒堆积体的静止土压力系数 K_0 随相对密实度 D_r 的变化规律如图 2.3.5 所示，从图 2.3.5 中可以看出，随着相对密实度增大，三种粒径颗粒堆积体的静止土压力系数也增大。处于较松状态的颗粒堆积体中，颗粒间力主要沿竖向传递，水平向应力传递少，表现为静止土压力系数 K_0 偏小，随着相对密实度增加，颗粒与颗粒之间的接触更加充分，水平向传递的应力所占的份额就会增加，静止土压力系数就会增大。

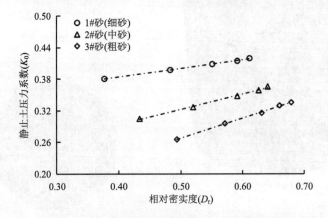

图 2.3.5　数值模拟中不同砂土 K_0 与 D_r 的变化

进一步地，采用配位数来描述颗粒体系内颗粒间接触的疏密程度。对细砂、中砂、粗砂不同落距下形成的堆积体布置如图 2.3.4（b）所示的测量球，在堆积体的中间两层分别设置一层测量球，每层有 12 个直径为墙体直径三分之一的测量球。输出每个测量球的配位数，对其进行求和取平均值得到颗粒堆积体内的平均配位数。图 2.3.6（a）为细砂、中砂、粗砂堆积体内配位数随落距的变化图。可以看出，细砂、中砂、粗砂在同一种落距下，对应的配位数依次增大，说明同一落距下，颗粒越大，堆积的密实度越大。通过比较每种颗粒的配位数随落距变化的增长幅度可以看出，随着落距的增加，配位数的增长幅度逐渐变缓，即当落距达到一定高度时，配位数将趋于定值，密实度也将趋于定值。这与本章离心模型试验采用砂雨法制样的相对密实度变化趋势是一致的，即随着落距的增大，细砂、中砂和粗砂的相对密实度逐渐增大，且在相同落距下，粗砂、中砂和细砂的相对密实度依次减小。图 2.3.6（b）为颗粒相对密实度最小与最大的排列方式。可以看出，随着颗粒从最松的排列方式到最紧排列方式的演化过程，颗粒体系中的静止土压力系数逐渐增大。其中，颗粒最松的排列方式，颗粒间的平均配位数是 4，颗粒最紧排列方式中，平均配位数是 6。由此可见，颗粒体系中的静止土压力系数与平均配位数之间呈正相关关系。因此，细砂、中砂、粗砂随着落距的增加，颗粒堆积体的密实度增大，颗粒与颗粒的接触更加紧密，颗粒间的平均配位数增大，对应的静止土压力系数增大。

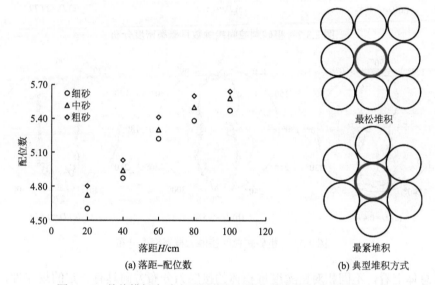

(a) 落距–配位数　　　　　　(b) 典型堆积方式

图 2.3.6　数值模拟中砂土不同落距下配位数变化和典型堆积方式

之后，对堆积体中竖向应力与水平向应力的分布情况进行分析。首先提取粗砂堆积体中颗粒间的接触数据（接触数目、接触力），并将接触数据投影到沿竖向的剖面上。图 2.3.7 和图 2.3.8 为粗砂在不同相对密实度条件下颗粒间接触数目和接触力概率密度分布图。可以看出，相对密实度为 0.494 时，颗粒间接触数目主要集中在 90°和 270°方向（竖向），说明该相对密实度下的接触数目主要沿竖向分布；当 D_r=0.572 时，60°~120°和 240°~300°的接触数目占比相比 D_r 为 0.494 时有所下降，150°~210°和 330°~30°接触数目占比增加，说明随着相对密实度的增加，水平向的接触数目逐渐增加；当 D_r=0.679 时，0°和 180°方向（水平向）颗粒间的接触数目占比进一步增大，整体接触数目的分布形状向类球形发展。

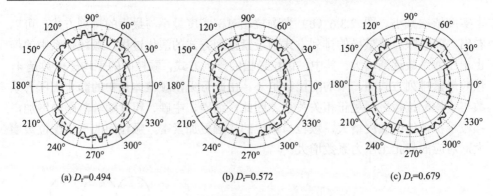

(a) $D_r=0.494$　　　　(b) $D_r=0.572$　　　　(c) $D_r=0.679$

图 2.3.7　粗砂颗粒间接触数目概率密度分布

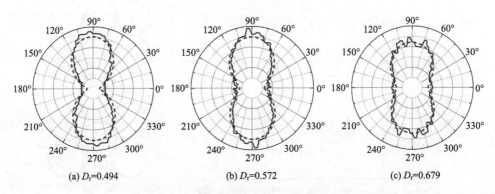

(a) $D_r=0.494$　　　　(b) $D_r=0.572$　　　　(c) $D_r=0.679$

图 2.3.8　粗砂颗粒间接触力概率密度分布

总体上看,不同相对密实度堆积体的接触力分布方向具有一定的规律性,颗粒堆积状态较松时,接触力在竖向强度较高,分布方向主要集中在 90° 和 270°(竖向)附近。随着堆积体相对密实度的升高,沿水平向发展的力链占比增加,导致静止土压力系数增大。这是因为颗粒落距越大,形成堆积体的颗粒间接触越紧密,堆积体内各向异性增大,各个方向力链发展得更加充分,导致水平向应力占比增加。

2.3.3　颗粒粒径对砂土 K_0 的影响分析

由图 2.3.9 可以看出,静止土压力系数 K_0 随颗粒粒径的增大而减小。当密实度相同时,小颗粒体系中的颗粒数量比大颗粒体系中的数量多,离散性更高,且更多的应力被传递到侧壁,导致水平应力与竖向应力比值增大。而大颗粒体系中,颗粒数量少,力链发展不够完善,较水平向而言,竖向作为强力链主要方向,体系中的应力更多地沿竖向传递,水平向的应力小于小颗粒体系,不容易发生侧向变形,即大颗粒体系静止土压力系数小于小颗粒体系静止土压力系数。

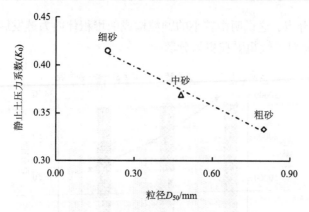

图 2.3.9 不同颗粒粒径下砂土 K_0 的分布

图 2.3.10 是相同相对密实度下颗粒间的接触网络，颜色越暖、网络越粗代表接触力越大，在重力作用下，三种颗粒的颗粒间接触力由底部向上发展。其中细砂的力链网络是三种颗粒中最紧密的，粗砂的力链网络最稀疏，其方向主要以竖向为主。相比于粒径小的砂土，平均粒径越大的砂土，其力链网络分布越稀疏、力链直径越粗；这是由于在堆积体的相对密实度相同时，砂土颗粒粒径越大，比表面积越小，颗粒间接触总数就越少，颗粒体系内形成的力链就越少，在总应力不变的条件下，每条力链承担的应力也就越大、越集中。

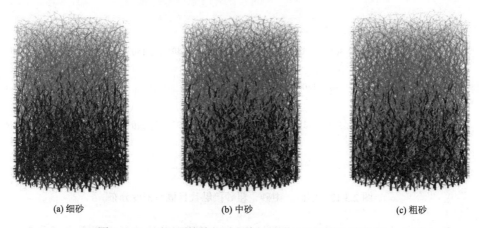

(a) 细砂   (b) 中砂   (c) 粗砂

图 2.3.10 不同颗粒粒径砂土在 D_r=0.60 下强弱力链分布

为了进一步将堆积体内的力链量化，对上述三种颗粒堆积体内的力链数目进行统计。统计结果如图 2.3.11 所示，粒径从小到大，其形成的堆积体内部的总力链数目依次减小，其中细砂强力链占比为 38.39%，中砂强力链占比为 37.37%，强力链占比减少了 1.02 个百分点，粗砂强力链占比为 36.69%，强力链占比又减少了 0.68 个百分点。这说明由较小的颗粒构成的堆积体内力链发展得更充分，颗粒间应力传递相对于较粗颗粒更为分散。

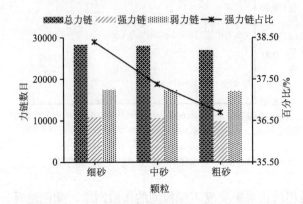

图 2.3.11　细砂、中砂、粗砂相同相对密实度情况下强弱力链分布情况

　　将力链方向投影在 Y-Z 平面进行角度分区，并获取不同角度区间内的力链数目及力链平均强度。图 2.3.12 为三种不同粒径颗粒在同种密实度情况下接触数目的概率密度分布图。对比三种粒径颗粒接触数目的分布可以明显看出，沿水平向（即 0°～180°方向）的接触数目，细砂颗粒最多，中砂颗粒次之，粗砂颗粒最少，说明随着颗粒粒径的增大，沿水平向的接触数目依次减少。

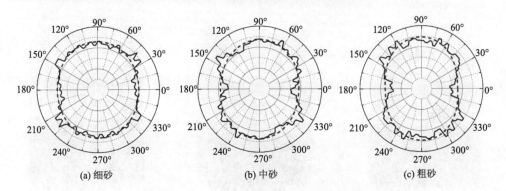

图 2.3.12　细砂、中砂、粗砂接触数目概率密度分布

　　图 2.3.13 为 D_r=0.60 时三种不同粒径颗粒不同方向的接触力概率密度分布图。由图 2.3.13 可见，三种粒径的法向接触力分布以 90°和 270°（竖向）方向为主，即主要沿竖向分布，其中细砂颗粒分布形状整体呈现椭球形，中砂、粗砂颗粒在 0°和 180°方向（水平向）的法向接触力依次减小，整体分布形状呈现花生状。说明随着粒径的增大，法向接触力沿水平方向依次递减，导致不同粒径颗粒间沿水平向传递的应力与沿竖向传递的应力的比值逐渐减小，即相同密实度下，粒径越

大，静止土压力系数越小。

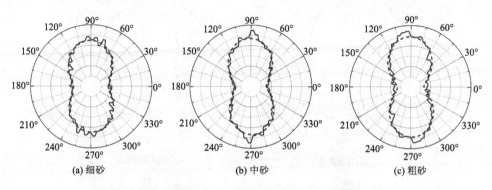

(a) 细砂　　　　　　　　(b) 中砂　　　　　　　　(c) 粗砂

图 2.3.13　细砂、中砂、粗砂法向接触力概率密度分布

2.3.4　颗粒级配对砂土 K_0 的影响分析

为了更直观地展示不同级配颗粒堆积体的接触数目及接触力的分布情况，将这些信息投影到 Y-Z 平面内，图 2.3.14 和图 2.3.15 分别为 4 种级配颗粒堆积体接

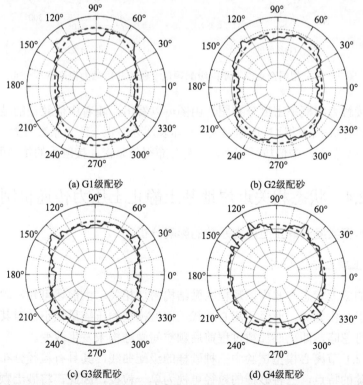

(a) G1级配砂　　　　　　　　　　(b) G2级配砂

(c) G3级配砂　　　　　　　　　　(d) G4级配砂

图 2.3.14　相同密实度下不同级配颗粒堆积体的接触数目概率密度分布

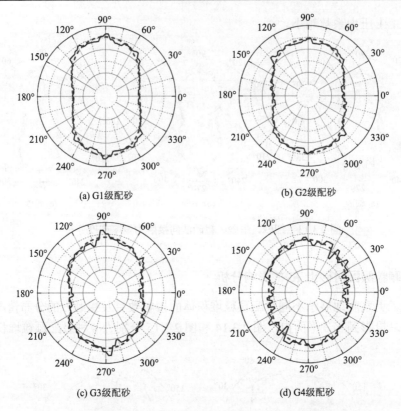

图 2.3.15　相同密实度下不同级配颗粒堆积体的接触力概率密度分布

触数目和接触力的概率密度分布图。由图可以看出，随着中值粒径的减小，接触数目与接触力水平向的比重逐渐增大，具体表现为静止土压力系数增大。这主要是因为相同密实度下，中值粒径越小，力链分布得越紧密，接触力的传递更为均匀。

2.4　状态相关近岸地基土静止土压力传递机制

2.4.1　相对密实度对静止土压力系数的影响分析

1. 砂土颗粒受力分析

砂土的应力状态与其内部颗粒的微结构密切相关。由前述可知，砂土模型在自重作用下制作完成，而经历离心加载过程后模型的压缩量极小，对其整体密实度的影响可忽略，即离心加载过程前后颗粒间微结构未发生改变。

根据 2.1 节离心模型试验中三种砂样的级配曲线，其具有粒径分布区间窄、曲线斜率陡的特点，三种砂样的粒径可视为单一粒径，因此，将砂土颗粒体系简化为二维单一粒径颗粒体系，如图 2.4.1 所示。在离心模型试验制样过程前，先在模型箱内侧的墙壁涂抹一层凡士林，再在侧壁粘贴保鲜膜，因此，在简化的颗粒体系中忽略颗粒与模型边壁间的摩擦。重力或外荷载使土颗粒间相互挤压，能够传递重力或外荷载的土颗粒形成力链，其传递方向沿接触颗粒质心连线。

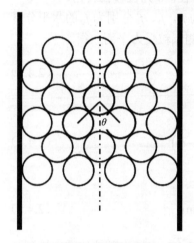

(a) 二维单一粒径颗粒体系

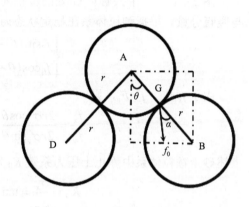

(b) 颗粒微元受力简图

图 2.4.1　砂土颗粒体系受力二维模型

在颗粒体系中，两个相邻颗粒质心连线与竖直方向的夹角 θ 为位移偏转角，如图 2.4.1（a）所示。θ 越大，表示颗粒间形成的力链将向水平向发展，即力链沿水平方向的应力分量增加，具体表现为颗粒体系中水平向应力增大。图 2.4.1（b）中相邻颗粒之间的法向连线与力链之间的夹角 α 为摩擦角，当接触点没有摩擦时，力链沿着颗粒质心方向传递，当存在摩擦时，由于颗粒之间摩擦力的作用，力链传递方向会发生偏转。

假设整个颗粒体系中颗粒均匀规律排列，砂土模型边壁及颗粒为理想刚体，颗粒间摩擦力达到最大静摩擦力，且相同深度处水平与竖向的应力均匀分布，即等深处水平与竖向的应力状态应满足偏微分方程：

$$\begin{cases} \dfrac{\partial \sigma_x}{\partial x} = 0 \\ \dfrac{\partial \sigma_y}{\partial y} = 0 \end{cases} \tag{2.4.1}$$

式中，σ_x 为水平有效应力；σ_y 为竖向有效应力。

图 2.4.1（b）中颗粒微元结构为轴对称结构，取其中 A、B 两个颗粒为研究对象，分析静止土压力系数 K_0 与位移偏转角及摩擦角之间的关系。根据式（2.4.1），

微元受力结构中颗粒 A、B 单位长度的水平、竖向应力分别为

$$\begin{cases} F_x = 2r\sigma_x\cos\theta \\ F_y = 2r\sigma_y\sin\theta \end{cases} \tag{2.4.2}$$

式中，F_x 为水平应力；F_y 为竖向应力；r 为颗粒半径；θ 为位移偏转角。

图 2.4.1（b）中接触点 G 处的颗粒间接触力为 f_0，f_x、f_y 分别为 f_0 的水平分量与竖直分量。根据颗粒体系在稳定状态时 G 点两侧颗粒受力平衡，得

$$\begin{cases} f_0\sin(\theta-\alpha) = f_x \\ f_0\cos(\theta-\alpha) = f_y \end{cases} \tag{2.4.3}$$

由于 $f_x=F_x$，$f_y=F_y$，则

$$\frac{f_x}{f_y} = \frac{2r\sigma_x\cos\theta}{2r\sigma_y\sin\theta} = \tan(\theta-\alpha) \tag{2.4.4}$$

上述砂土颗粒体系中静止土压力系数 K_0 为

$$K_0 = \frac{\sigma_x}{\sigma_y} = \tan(\theta-\alpha)\tan\theta \tag{2.4.5}$$

式中，α 为颗粒间摩擦角；位移偏转角 θ 根据图 2.4.2 中砂土颗粒体系由松到紧的结构几何特性可得 $45° \leqslant \theta \leqslant 60°$。

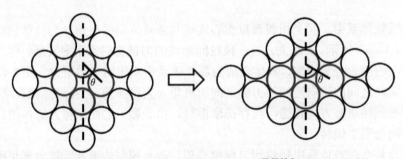

最松堆积D_r(min)，$\theta=45°$　　　　　最紧堆积D_r(max)，$\theta=60°$

图 2.4.2　砂土由松到紧的位移偏转角变化情况

由于颗粒间摩擦角 α 为定值，当位移偏转角 θ 取不同的数值时，根据式（2.4.5）可得到对应的 K_0 值，如图 2.4.3 所示。由图 2.4.3 可见，K_0 随 θ 增大而增大。在自然沉积过程中，当土体的相对密实度增加，即土体颗粒间孔隙减小，从颗粒微元结构看，图 2.4.1（b）中颗粒 A 将会沿竖向向下挤压，颗粒 D、B 则会沿水平方向背向移动，使得颗粒体系中 θ 增大，导致颗粒体系中传递到水平向的应力比例增加，具体表现为 K_0 增大。

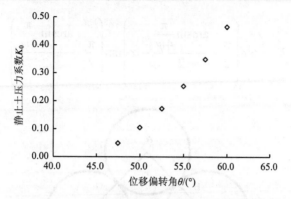

图 2.4.3 土颗粒微元结构 K_0-θ 计算结果

2. 颗粒体积分数对 K_0 的影响

颗粒堆积体系由颗粒与孔隙两部分组成，堆积体的相对密实度与颗粒体积占比密切相关，即颗粒体积占比越大，堆积体越密实。颗粒堆积体由多个菱形单元体构成，取其中一个菱形单元体作为研究对象，分析颗粒体积分数对相对密实度的影响，进而可以反映堆积体整体的相对密实度变化情况。

假设图 2.4.1 中颗粒为有规律排列，取其中一个菱形单元体结构为研究对象，如图 2.4.4 所示，所以菱形单元体中的体积分数 ψ 可以推广到颗粒整体体系中的体积分数，β 为菱形 AD 边与对角线 BD 的夹角。菱形单元体的体积分数等于 4 个扇形 DEH、BFG、CEF、AGH 面积之和与菱形 ABCD 面积的比值。其中，

$$S_{\text{扇形DEH}} = S_{\text{扇形BFG}} = \frac{2\beta\pi r^2}{360°} \tag{2.4.6}$$

$$S_{\text{扇形CEF}} = S_{\text{扇形AGH}} = \frac{(180° - 2\beta)\pi r^2}{360°} \tag{2.4.7}$$

$$S_{\text{菱形ABCD}} = 4r^2\sin(2\beta) \tag{2.4.8}$$

则菱形单元体中颗粒体积分数为

$$\psi = \frac{S_{\text{扇形DEH}} + S_{\text{扇形BFG}} + S_{\text{扇形CEF}} + S_{\text{扇形AGH}}}{S_{\text{菱形ABCD}}} = \frac{\pi}{4\sin(2\beta)} \tag{2.4.9}$$

当位移偏转角 θ 为

$$\theta = \frac{\pi}{2} - \frac{\arcsin\dfrac{\pi}{4\psi}}{2} \tag{2.4.10}$$

时，将式（2.4.10）代入式（2.4.5）可得

$$K_0 = \tan\left(\frac{\pi}{2} - \frac{\arcsin\frac{\pi}{4\psi}}{2} - \alpha \right) \tan\left(\frac{\pi}{2} - \frac{\arcsin\frac{\pi}{4\psi}}{2} \right) \tag{2.4.11}$$

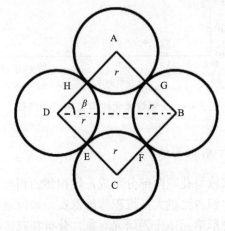

图 2.4.4　菱形单元体结构简图

　　当菱形单元体中的颗粒体积分数增大时，颗粒间的孔隙体积将减小，相应的整体颗粒体系的相对密实度会增大。根据式（2.4.11），取不同的体积分数得到不同的 K_0 值，对于同一种砂土颗粒，摩擦角 α 为定值，计算结果如图 2.4.5 所示。由图 2.4.5 可见，静止土压力系数 K_0 与体积分数 ψ 之间呈正相关关系。因此，随着相对密实度 D_r 增大，颗粒体积分数 ψ 也增大，静止土压力系数 K_0 将随之增大，当颗粒体系足够密集，颗粒间形成的力链发展足够充分时，静止土压力系数 K_0 值将趋于饱和。

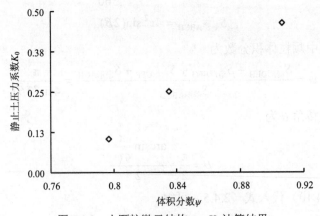

图 2.4.5　土颗粒微元结构 ψ - K_0 计算结果

3. 颗粒体系孔隙率对 K_0 的影响

由前述可知, 菱形单元体中的孔隙率等于曲边四边形 EFGH 面积 (阴影面积) 与菱形 ABCD 面积的比值 (图 2.4.6)。由于体系中颗粒均匀规律排列, 其可看作由 m 个菱形单元体构成, 所以菱形单元体中孔隙率 n 可以近似推广到整个颗粒体系中的孔隙率。

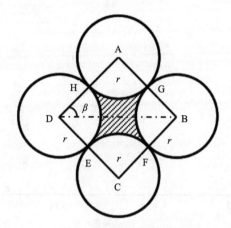

图 2.4.6　菱形单元体结构中孔隙与颗粒示意图

阴影面积可通过菱形 ABCD 面积减掉 4 个扇形 DEH、BFG、CEF、AGH 面积获得:

$$S_{\text{菱形ABCD}} = 4r^2 \sin(2\beta) \tag{2.4.12}$$

$$S_{\text{阴影}} = S_{\text{菱形ABCD}} - \left(S_{\text{扇形DEH}} + S_{\text{扇形BFG}} + S_{\text{扇形CEF}} + S_{\text{扇形AGH}} \right) = 4r^2\sin(2\beta) - \pi r^2 \tag{2.4.13}$$

菱形单元体中孔隙率 n 为

$$n = \frac{S_{\text{阴影}}}{S_{\text{菱形ABCD}}} = 1 - \frac{\pi}{4\sin(2\beta)} \tag{2.4.14}$$

则位移偏转角 θ 为

$$\theta = \frac{1}{2}\left[\pi - \arcsin \pi (4-4n)^{-1} \right] \tag{2.4.15}$$

将式 (2.4.15) 代入式 (2.4.5) 可得

$$K_0 = \tan\left\{ \frac{1}{2}\left[\pi - \arcsin\pi(4-4n)^{-1} \right] - \alpha \right\} \cdot \tan\left\{ \frac{1}{2}\left[\pi - \arcsin\pi(4-4n)^{-1} \right] \right\} \tag{2.4.16}$$

当菱形单元体中孔隙率减小时，菱形单元体的土颗粒相对密实度将增加，意味着整体颗粒体系的相对密实度也会增大。对于同一种砂土颗粒，摩擦角 α 为定值，由图 2.4.7 可知，当孔隙率 n 较小时，K_0 与 n 呈负相关关系，即随着土体孔隙率 n 的减小，土体相对密实度 D_r 增加，静止土压力系数 K_0 也将随之增大，其变化趋势与静止土压力系数离心模型试验中 K_0 与相对密实度之间呈正相关关系的规律类似，从理论角度验证了砂土 K_0 离心模型试验规律的正确性。

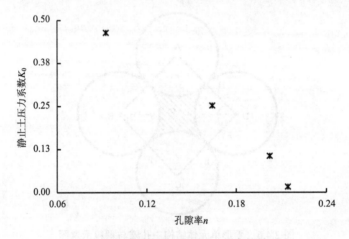

图 2.4.7　土颗粒微元结构 n-K_0 计算结果

2.4.2　颗粒粒径对静止土压力系数的影响分析

在砂土 K_0 离心模型试验中，当不同粒径砂土均采用大小尺寸相同的模型箱进行制样时，要保证制样高度一致。类比于离心模型试验中试样特点，在尺寸均为 $d×d$ 的四个二维方形区域内，分别采用四种不同粒径的圆形颗粒进行填充，构成 P1、P2、P3、P4 颗粒体系，其内部颗粒均为单一粒径，颗粒按照最紧密排列且轴对称方式进行布置，如图 2.4.8 所示，其中，P1、P2、P3、P4 颗粒体系中颗粒粒径依次减小。

假设颗粒只受重力作用，P1、P2、P3、P4 颗粒体系中单颗粒的重力分别为 m_1g、m_2g、m_3g、m_4g。忽略颗粒与颗粒、颗粒与边界的摩擦力，根据静力学理论，对四个方形区域内的水平向应力与竖向应力进行分析，进而通过静止土压力系数的定义，得到对应区域内的静止土压力系数。

对于图 2.4.8（a），当区域只能填充一个颗粒时，这种情况视为填充最大粒径的极限状态。此时区域内的竖向应力为颗粒自重应力，即 $\sigma_y=m_1g$，由于颗粒处于水平状态，颗粒与侧壁不产生作用力，则区域内的水平向应力为零，即 $\sigma_x=0$。根据静止土压力系数 K_0 的定义可得

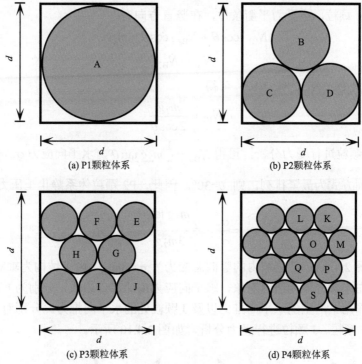

(a) P1颗粒体系　　　(b) P2颗粒体系

(c) P3颗粒体系　　　(d) P4颗粒体系

图 2.4.8　不同粒径颗粒填充简化模型

$$K_{0(\text{P1})} = \frac{\sigma_x}{\sigma_y} = \frac{0}{m_1 g} = 0 \tag{2.4.17}$$

对于图 2.4.8（b），区域内的竖向应力由三个颗粒的重力组成，即 $\sigma_y = 3m_2 g$，水平向应力是 B 颗粒在自重应力的作用下，对 C 颗粒与 D 颗粒产生的水平向推力。由于方形区域内的颗粒为轴对称布置，分别对 B 颗粒和 D 颗粒进行受力分析，如图 2.4.9 所示。

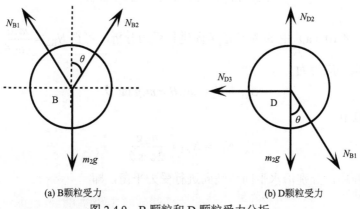

(a) B颗粒受力　　　(b) D颗粒受力

图 2.4.9　B 颗粒和 D 颗粒受力分析

对于 B 颗粒，由受力平衡条件，在竖直方向有

$$N_{B1} \cdot \cos\theta + N_{B2} \cdot \cos\theta = m_2 g \tag{2.4.18}$$

$$N_{B1} = N_{B2} \tag{2.4.19}$$

联立式（2.4.18）和式（2.4.19）可得

$$N_{B1} = \frac{m_2 g}{2\cos\theta} \tag{2.4.20}$$

对 D 颗粒进行受力分析，可得 $N_{D3} = \frac{1}{2} m_2 g \tan\theta$，水平向应力 $\sigma_x = N_{D3}$，由于颗粒排列方式为最紧排列，则 $\theta=30°$。因此，P2 颗粒体系静止土压力系数为

$$K_{0(P2)} = \frac{\sigma_x}{\sigma_y} = \frac{\frac{1}{2} m_2 g \tan\theta}{3 m_2 g} = 0.096 \tag{2.4.21}$$

对于图 2.4.8（c），区域内的竖向总应力为 $\sigma_y=8m_3g$，由于结构为轴对称结构，沿轴线取右半部分作为研究对象，水平向应力由两部分组成，分别为 E 颗粒在自重应力的作用下产生的水平向推力以及 J 颗粒处的水平向推力。分别对 E 颗粒、F 颗粒、G 颗粒、J 颗粒进行受力分析，如图 2.4.10 所示。

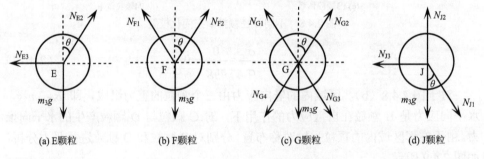

图 2.4.10　E、F、G、J 颗粒受力分析

对图 2.4.10（a）中 E 颗粒沿竖向进行受力分析，可得 $N_{E2} = \frac{m_3 g}{\cos\theta}$，则 E 颗粒产生的水平应力为

$$\sigma_{x1} = N_{E2} \cdot \sin\theta = m_3 g \tan\theta \tag{2.4.22}$$

F 颗粒中，

$$N_{F1} = N_{F2} = \frac{m_3 g}{2\cos\theta} \tag{2.4.23}$$

G 颗粒中，分别沿水平向与竖向进行受力平衡，即

$$\begin{cases} N_{G2}\sin\theta + \dfrac{1}{2}m_3 g\tan\theta = N_{G1}\sin\theta + m_3 g\tan\theta \\ N_{G2}\cos\theta + N_{G1}\cos\theta = N_{G3}\cos\theta + N_{G4}\cos\theta + m_3 g \end{cases} \quad (2.4.24)$$

得到,

$$N_{G1} = \frac{1.25m_3 g}{\cos\theta} - \frac{1}{2}m_3 g\tan\theta \quad (2.4.25)$$

J 颗粒产生的水平应力为

$$\sigma_{x2} = N_{J1}\cdot\sin\theta = 1.25m_3 g\tan\theta - 0.5m_3 g\tan\theta\cdot\sin\theta \quad (2.4.26)$$

则 P3 颗粒体系中的静止土压力系数为

$$K_{0(P3)} = \frac{\sigma_{x1}+\sigma_{x2}}{\sigma_y} = \frac{2.25m_3 g\tan\theta - 0.5m_3 g\tan\theta\cdot\sin\theta}{8m_3 g} = 0.144 \quad (2.4.27)$$

依此类推,根据颗粒受力平衡条件,对图 2.4.8(d)取右半部分的 L、K、O、M、P、Q、R、S 颗粒沿竖向与水平向进行受力分析,最终得到 P4 颗粒体系中的静止土压力系数为

$$K_{0(P4)} = \frac{\sigma_{x1}+\sigma_{x2}+\sigma_{x3}}{\sigma_y} = \frac{2m_4 g\tan\theta + 0.5m_4 g\tan\theta + 1.5m_4 g\tan\theta}{14m_4 g} = 0.165 \quad (2.4.28)$$

对不同粒径颗粒的填充简化模型进行受力分析,得到不同粒径颗粒对应的静止土压力系数,即在同等区域内,等粒径颗粒按照最紧排列方式进行布置,其中,P1 颗粒体系中粒径最大,对应的 K_0 为 0;P2 颗粒体系中粒径次之,对应的 K_0 为 0.096;P3 颗粒体系中对应的 K_0 为 0.144;P4 颗粒体系中粒径最小,对应的 K_0 为 0.165。将颗粒直径与边界高度的比值记为径高比 ζ,对 P1、P2、P3、P4 颗粒体系中颗粒径高比 ζ 与静止土压力系数进行对数拟合,如图 2.4.11 所示,得到 ζ 与 K_0 的关系[式(2.4.29)]。由此可见,静止土压力系数与颗粒粒径呈负相关关系。

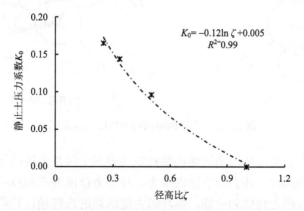

图 2.4.11 静止土压力系数随径高比的变化规律

$$K_0 = -0.12\ln\zeta + 0.005 \qquad (2.4.29)$$

需要说明的是，利用式（2.4.29）计算离心模型试验中细砂、中砂、粗砂的静止土压力系数，计算结果偏大，主要是由于该模型未考虑颗粒间的摩擦力，但模型反映的随着粒径的增大，静止土压力系数减小的规律，验证了离心模型试验中静止土压力系数与颗粒粒径间的变化趋势。类似地，对于具有不同颗粒级配的砂土试样，可以采用能够反映砂土粗细程度的中值粒径 D_{50} 来分析静止土压力系数受颗粒级配影响的规律，即将不同级配颗粒体系中的颗粒粒径分布用 D_{50} 进行简化。根据上述原理分析可以得到，在土体密实度相同时，不同颗粒级配砂土的静止土压力系数随着中值粒径的增大而减小。

2.4.3　砂土颗粒微结构受力传递机制

1. 砂土力链结构分析

力链网络是土骨架上颗粒间接触力的宏观表现，在外力作用下，土体的受力变形特性与其内部颗粒力链的演化规律密切相关。根据力链的结构特征，从细观力学的角度分析，颗粒系统承担外荷载的形式主要有两种：准直性较好的线性力链结构与准直性较差的环形力链结构，如图 2.4.12 所示。

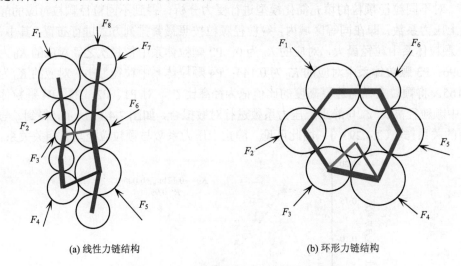

(a) 线性力链结构　　　　(b) 环形力链结构

图 2.4.12　力链网络两种力学结构示意图

从力学角度分析，环形力链结构的稳定性要强于线性力链结构，环形结构在承受竖向应力的同时，还会产生侧向推力，环形力链能够在颗粒受压力、剪力等力作用时，将这些力转化为内能，当环形力链承载的内能超过其承载限值时，力链会发生断裂与重组，从而更好地将竖向应力向水平方向传递。而线性力链主要承受竖向应力，且能量积聚效应较差，当竖向应力达到一定程度时，便会发生断裂和重组。相比于密实度较低的颗粒体系，密实度较高的颗粒体系在土体自重作用下，颗粒间接触更加紧密，孔隙率减小，使得颗粒之间组成多边环形结构，有利于增强力链系统抵御外力的作用。此外，环形力链断裂重组更灵活，在外力作用下断裂重组后能够形成更为稳定的结构。

将相对密实度分别为 0.494、0.631 的粗砂颗粒堆积体沿竖向过中心点进行剖分，颗粒在竖向剖面处的排列方式如图 2.4.13 所示。在相对密实度比较大时，颗粒堆积体中的应力主要以环形力链来传递；而堆积体的相对密实度较小时，颗粒间形成的力链以线性力链为主。从受力分析的角度看，相对密实度较小时出现的线性力链，应力主要以竖向传递为主，稳定性较差，随着落距的增加，颗粒到达模型底部的动能不断增大，颗粒间形成的力链会积累能量，达到一定程度后力链发生断裂并释放能量，使得颗粒堆积体的力链形态不断重新排布，导致颗粒孔隙不断减小，力链逐步向稳定状态发展；而相对密实度较大的颗粒系统中形成的颗粒拱，其稳定性更强，应力在沿竖向传递的过程中，沿水平向传递的应力比例增加，因此，相比于相对密实度小的颗粒体系，相对密实度大的颗粒体系中静止土压力系数更大。

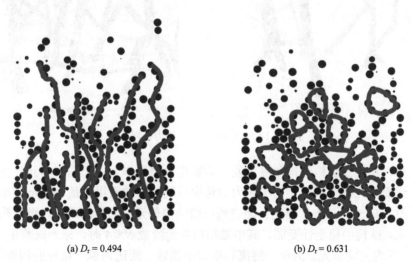

(a) $D_r = 0.494$　　　　　　　　　　　(b) $D_r = 0.631$

图 2.4.13　不同相对密实度的粗砂沿竖向的剖面图

力链之间围成的孔隙在不同相对密实度下的形态如下：在落距逐渐增大的过程中，构成环形力链的颗粒数目减少，由颗粒形成的环形孔隙面积减小，这与堆积体的压缩应变一致；当落距达到一定高度时，堆积体内的力链间孔隙体积趋于稳定，与之相应的堆积体的压缩性也越小。上述分析可以说明，颗粒间形成的力链孔隙面积与堆积体孔隙率具有一定的联系，堆积体宏观上的力学变形特性与颗粒细观力学结构变化密切相关。

　　为了更加直观地体现不同相对密实度中的力链类型，截取上述两种相对密实度颗粒体系中相同高度处的等立方体的力链网络进行分析。如图 2.4.14 所示，力链颜色越深、直径越大，表示传递的应力越大。可以看出，颗粒在不同落距下形成堆积体的过程中，在不同密实度堆积体中均会产生准直线性力链和力环，密实度较小的堆积体颗粒排列相对松散，力链网络稀疏，力链的形式以准直线性力链为主，应力主要沿竖向传递；随着相对密实度增大，颗粒排列逐渐紧密，力链分布更均匀，以环形力链为主，受力结构更稳定，在应力沿力链传递的过程中，水平向的应力比例会增大，静止土压力系数也增大。

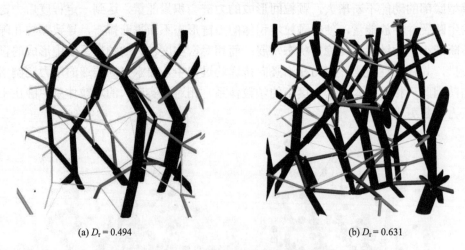

(a) $D_r = 0.494$　　　　　　　　　　(b) $D_r = 0.631$

图 2.4.14　相同位置处三维力链网络

　　此外，从细观颗粒结构角度出发，将颗粒微结构作为一个基本单元分析其稳定性，进而研究砂土颗粒体系中应力的传递机制。目前采用的是 N-cycle 单元分析法（图 2.4.15），该方法指出：随着颗粒微结构单元中力链的增多，微结构单元阶数增大，结构的稳定性变弱，其中微结构单元阶数 $N \leq 4$ 时，称为低阶单元，$N > 4$ 时，称为高阶单元。为此，将离心模型中的砂土简化为单一粒径的颗粒体系，从理论上分析了不同相对密实度下砂土颗粒的应力传递机制，即随着相对密实度的增加，颗粒体系中的结构单元由高阶向低阶演化，说明随着低阶单元的数目增多，颗粒体系中的孔隙逐渐减小，密实度逐渐增大，低阶单元的稳定性更好，起到的侧向支撑作用也更为明显，在竖向应力作用时，能够将应力更多地向侧向传递，导致初始竖向应力向水平向的传递比例增加。

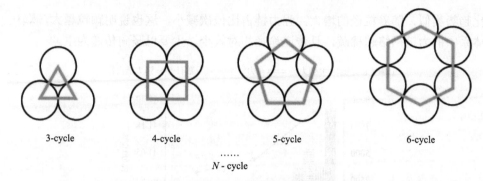

图 2.4.15　*N*-cycle 单元分析法

从数值模拟结果[图 2.4.14（a）]可以看出，当颗粒堆积相对密实度为 0.494时，体系内颗粒微结构以竖向高阶环状单元为主，此时，应力主要沿竖向传递；随着相对密实度增大，颗粒微结构从高阶环状单元结构向低阶单元结构发展，从图 2.4.14（b）中可以明显地看出，力链网络更密集，低阶单元结构增多，相当于增加了侧向支撑，使结构的稳定性提高，导致应力沿力链网络传递的过程中，水平向的应力会增大，水平向应力与竖向应力的比值增大，即静止土压力系数增大。

2. 砂土不同粒径结构分析

由图 2.4.16 可知，一个大颗粒里面包含若干个小颗粒，在相同密度、相同区域的情况下，与由大颗粒构成的颗粒体系相比，由小颗粒构成的颗粒体系中，颗粒与侧壁接触点更多，力链发展得更加充分。

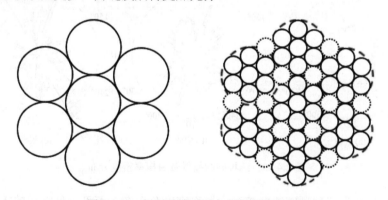

图 2.4.16　相同区域不同大小颗粒数目分布

为进一步量化力链，先对上述三种颗粒力链网络中的强弱力链进行统计，统计结果如图 2.4.17 所示。细砂、中砂、粗砂颗粒的粒径依次增大，相同区域内细砂颗粒的总力链数目最多，中砂颗粒次之，粗砂颗粒最少。其中，强力链占比变化趋势类似，随着粒径的增大，强力链占比依次减小，这也说明颗粒越大，颗粒体系中的力链网络越稀疏，且传递途径相对较少，主要以竖向传递为主。

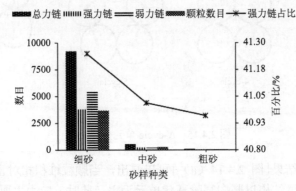

图 2.4.17　三种砂在相同相对密实度下的力链统计

　　将力链方向投影在 *Y-Z* 平面进行角度分区，并获取每个区间力链数目及力链平均强度，得到力链方向分布图。

　　图 2.4.18 为三种不同粒径在同种密实度情况下的接触数目概率密度分布图，对比三种粒径接触数目的分布可以明显看出，沿 0° 和 180° 方向的接触数目，细砂颗粒最多，中砂颗粒次之，粗砂颗粒最少，说明随着颗粒粒径增大，沿水平向的接触数目依次减少。

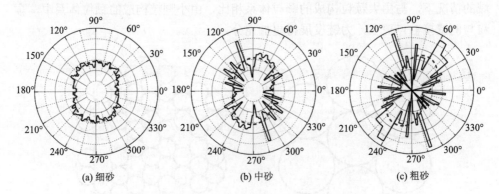

图 2.4.18　三种砂的接触数目概率密度分布

　　图 2.4.19 为三种颗粒法向接触力概率密度分布图，可见三种颗粒的接触力分布主方向为 90° 和 270°（竖向）左右，其中细砂颗粒竖向概率密度最小，为 0.048，中砂颗粒次之，为 0.06，粗砂颗粒最大，为 0.09；0° 和 180°（水平向）方向细砂、中砂、粗砂颗粒的接触力概率依次减小，因此，三种颗粒体系中水平向的接触力与竖向的接触力比值依次减小。说明相同相对密实度下，颗粒体系中的静止土压

力系数与颗粒粒径呈负相关关系。

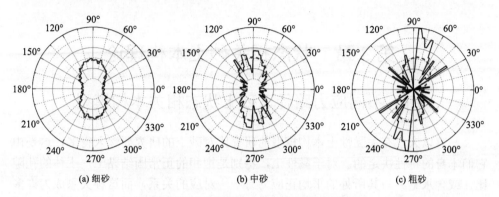

图 2.4.19 三种砂的法向接触力概率密度分布

第3章 状态相关砂土本构理论

3.1 不同应力路径下砂土状态相关本构模型

一直以来，有关黏性土本构模型的研究比对砂土的研究要深入得多，这是由它们本身的特性决定的。对于黏性土，特别是饱和的正常固结黏土，土体的孔隙比（或含水量）与其所处的平均正应力有一一对应的关系，而这种关系成为许多黏性土本构模型的基础，如著名的剑桥模型。众所周知，与黏性土的性质不同，剪胀性是砂土最显著的一个特征，砂土的变形特性不仅取决于其所处的应力状态，而且与其自身的孔隙比等内在状态有关，所以砂土的应力状态与孔隙比没有内在联系。在不同状态下，砂土受剪将表现出不同的变形特性：在相同应力水平下，密砂剪胀，松砂剪缩。无论多么紧密的砂，只要土体所处的平均正应力足够大，受剪时就会表现为松砂的特性。因此，这种复杂的应力-应变关系及变形特征使得对砂土的本构模型的研究变得较为复杂，简单地将黏性土本构模型应用于砂土往往会带来很多问题。

3.1.1 砂土状态相关剪胀理论

土的剪胀 d 在三轴空间的定义为塑性体应变增量与塑性剪切应变增量的比值，即 $d = \mathrm{d}\varepsilon_v^p / \mathrm{d}\varepsilon_q^p$，其中，$\mathrm{d}\varepsilon_v = \mathrm{d}\varepsilon_1 + 2\mathrm{d}\varepsilon_3$ 和 $\mathrm{d}\varepsilon_q = 2(\mathrm{d}\varepsilon_1 - \mathrm{d}\varepsilon_3)/3$。在很多的土体本构模型中，都采用了经典的应力剪胀理论。研究表明，该理论由于忽略了砂土内在状态的影响，而无法应用于砂土的模拟。为了解决这个问题，构建一个涵盖孔隙比及其他内在状态变量的剪胀方程，如下：

$$d = f(\eta, e, Q, C) \tag{3.1.1}$$

式中，C 为一组材料常数；Q 为除孔隙比 e 以外其他影响 d 的内部状态变量；η 为应力比。从式（3.1.1）可以看出，砂土的剪胀不仅取决于应力比 η，还与孔隙比 e 及 Q 等有关。任何由方程（3.1.1）演变而来的特定表达形式或与其相类似的形式都可以被称为状态相关剪胀方程。

上述剪胀方程必须遵循以下两条规则：

（1）在临界状态时，$\eta = M$，$e = e_c$，$d = 0$，则方程（3.1.1）可写成

$$d(\eta = M, e = e_c, Q, C) = 0 \tag{3.1.2}$$

式中，M 为临界状态下的应力比，简称临界应力比；e_c 为临界状态下的孔隙比，

即临界孔隙比，由 *e-p* 空间临界状态线（CSL）确定。

从上述方程可以看出，只有在 $\eta = M$，同时 $e = e_c$ 的时候才能到达临界状态。换句话说，仅有 $\eta = M$ 时不能保证试样处于临界状态。

（2）在相变状态时，$d = 0$，因此方程（3.1.1）可写成

$$d(\eta = M^d \neq M, e \neq e_c, Q, C) = 0 \tag{3.1.3}$$

从式（3.1.3）可以看出，当 $d = 0$ 时并不一定是到达了临界状态。

通过对砂土剪胀特性的研究，Li 和 Dafalias（2000）提出了剪胀的特定表达式：

$$d = d_1 \left(e^{m\psi} - \frac{\eta}{M} \right) \tag{3.1.4}$$

式中，d_1 与 m 为模型常数，均为正值。当 $m = 0$，$d_1 = M$ 时方程（3.1.4）变为 $d = M - \eta$，这就是剑桥模型中的剪胀方程。因而可以说，剑桥模型中的剪胀方程是方程（3.1.4）的一种特例。

很显然，表达式（3.1.4）满足第一条规则，若使其满足第二条规则，则必须有 $\eta^p = Me^{m\psi}$，η^p 为相变状态时的应力比。因此，当 $\psi < 0$（紧密状态）（ψ 为状态参量，用当前孔隙比 e 与临界孔隙比 e_c 之差表示，即 $e-e_c$）时，则 $\eta^p < M_c$；当 $\psi > 0$（松散状态）时，则 $\eta^p > M_c$；当 $\psi = 0$（自然状态）时，有 $\eta^p = M_c$。式（3.1.4）能够反映很多砂土的变形特性。以松砂（$\psi_0 > 0$）的不排水三轴试验为例：初始状态时 $\eta = 0$，从而 $d = d \cdot e^{m\psi_0} = d_{\text{initial}}$，随着剪切的进行，$e^{m\psi}$ 随着 ψ 的不断减小而减小，η / M 随着 η 的不断增大而增大，从而导致 d 不断减小；当试样接近临界状态时，ψ 接近于 0，而 η 则接近于 M，从而使得 d 不断接近于 0；反之亦然。当试样初始状态为紧密状态（即 $\psi_0 < 0$）时，$\eta = 0$，$d = d \cdot e^{m\psi_0} = d_{\text{initial}} > 0$，因此随着剪切的开始，试样表现为剪缩。在应力比达到相变应力比之前（$\eta < M^d$），虽然 η 和 ψ 的绝对值都在不断增加，使 $e^{m\psi}$ 减小而 η / M 增大，从而导致 d 不断减小，但 d 始终是大于 0 的。这说明对于中密至紧密砂样，在到达相变状态之前会一直保持剪缩现象。在相变状态时，$d = 0$，之后则变成 $d < 0$。最后，试样达到临界状态，满足 $\eta = M$、$\psi = 0$ 和 $d = 0$。

3.1.2　砂土屈服准则

对于砂土来说，由于固结引起的土体体积变形很少，可以忽略，即沿着任一等应力比的直线加载或卸载不会发生体积变形。按照屈服准则，这些等应力比的直线在空间上可以作为屈服面，其表达式为

$$f = q - \eta_y p' = 0 \tag{3.1.5}$$

式中，η_y 为屈服应力比；q 为偏应力；p' 为有效球应力。

但是这种假定有一定的误差，因为它忽略了有效平均正应力沿常应力比路径增加而引起的塑性变形。如果要考虑该塑性变形，可以通过增加一条垂直于 p' 轴的屈服面来解决。

3.1.3　砂土流动法则

根据塑性力学理论，流动法则定义为

$$\mathrm{d}\varepsilon_{ij}^{\mathrm{p}} = \frac{\partial Q}{\partial \sigma_{ij}} \tag{3.1.6}$$

式中，Q 代表塑性势面；σ_{ij} 代表应力张量。在三轴空间，流动法则可以表示为

$$\begin{cases} \mathrm{d}\varepsilon_{\mathrm{v}}^{\mathrm{p}} = L \cdot \dfrac{\partial Q}{\partial p} \\[2mm] \mathrm{d}\varepsilon_{\mathrm{q}}^{\mathrm{p}} = L \cdot \dfrac{\partial Q}{\partial q} \end{cases} \tag{3.1.7}$$

式中，p 为平均应力；q 为广义剪应力；L 为塑性加载因子。

根据剪胀的定义，可以将三轴空间的流动法则简化为

$$\mathrm{d}\varepsilon_{\mathrm{v}}^{\mathrm{p}} = L \cdot d \tag{3.1.8}$$

$$\mathrm{d}\varepsilon_{\mathrm{q}}^{\mathrm{p}} = L \tag{3.1.9}$$

式中，d 表示剪胀，可以用式（3.1.4）来描述。从上式可知，三轴空间的流动法则完全由剪胀决定。由于剪胀是随着砂土当前状态的变化而变化的，即使在同一屈服面上状态也是不同的，这就意味着上述流动法则所定义的塑性应变增量方向与屈服面并不是垂直的。因此，上述流动法则是不相关联的。

3.1.4　砂土硬化规律

塑性变形是土体变形的突出特点，即使是在加荷初始应力-应变关系接近直线的阶段，变形仍然包括弹性和塑性两部分，完全的弹性阶段是不存在的。砂土塑性变形的大小与剪胀性的大小有很大关系，从而与土体本身的状态、应力路径、剪切方式和排水条件等有密切关系，这就要求模型中的塑性模量 K_{p} 必须满足一些条件。以三轴排水试验为例，塑性模量 K_{p} 必须满足以下几个条件：

（1）在极小应变时，$\eta \approx 0$，土样处于弹性变形区域，应力-应变关系应以弹性理论来描述，而这就要求当 $\eta = 0$ 时，$K_{\mathrm{p}} \to \infty$；

（2）当 $\eta = M^{\mathrm{p}}$（M^{p} 为峰值应力比）时，$\mathrm{d}q / \mathrm{d}\varepsilon_{\mathrm{q}} = 0$，从而要求此时 $K_{\mathrm{p}} = 0$；

（3）当 $0 < \eta < M^{\mathrm{p}}$ 时，$\mathrm{d}q / \mathrm{d}\varepsilon_{\mathrm{q}} > 0$，因而必须满足 $K_{\mathrm{p}} > 0$，而且随着 η 的增大，K_{p} 不断变小；

（4）在临界状态时，$\eta = M$ 且 $\mathrm{d}q / \mathrm{d}\varepsilon_q = 0$，从而要求在临界状态时亦有 $K_p = 0$；

（5）在应变软化阶段，$\mathrm{d}q / \mathrm{d}\varepsilon_q < 0$，要求 $K_p < 0$。

Li 和 Dafalias 通过研究提出了状态相关的塑性模量的表达式，如下：

$$K_p = hG\left(\frac{M}{\eta} - e^{n\psi}\right) \tag{3.1.10}$$

式中，h 和 n 为两个材料参数；G 为弹性剪切模量；hG 也可看作是硬化参数。研究发现，变量 h 和密度之间存在如式（3.1.11）所示的线性关系：

$$h = h_1 - e \cdot h_2 \tag{3.1.11}$$

式中，h_1 和 h_2 为两个材料常数；e 为当前孔隙比。

从式（3.1.10）中可以看出，K_p 与状态参量 ψ 有关，因此它也是状态相关的，而且满足上述所有条件。图 3.1.1 为紧砂的三轴排水压缩试验中 η、K_p、ψ、d 的变化过程。

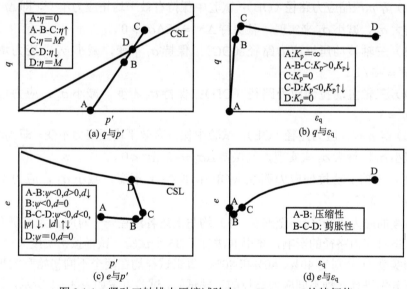

图 3.1.1　紧砂三轴排水压缩试验中 η、K_p、ψ、d 的特征值

3.1.5　砂土状态相关本构模型及数值实现

1. 试验应力路径

为了研究不同应力路径对土体应力-应变关系和强度的影响，试验设计了如图 3.1.2 所示的六种应力路径，其中 q 为偏应力，p' 为有效平均正应力。

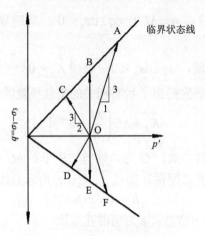

图 3.1.2 p-q 空间应力路径

（1）三轴主动压缩应力路径（OA）：也就是常规三轴试验路径，即保持 σ_3 不变，增大 σ_1，应力增量比 $\Delta q / \Delta p' = 3$。

（2）等 p 压缩应力路径（OB）：试验中保持有效平均正应力不变，即 $\Delta p' = 0$。通过增大 σ_1，减小 σ_3 来实现，且保持 $\Delta \sigma_1 = -2\Delta \sigma_3 > 0$。

（3）三轴被动压缩应力路径（OC）：保持 σ_1 不变，减小 σ_3，应力增量比 $\Delta q / \Delta p' = -3 / 2$。

（4）三轴主动拉伸应力路径（OD）：保持 σ_3 不变，减小 σ_1，应力增量比 $\Delta q / \Delta p' = 3$。

（5）等 p 拉伸应力路径（OE）：试验中保持有效平均正应力不变，即 $\Delta p' = 0$。通过减小 σ_1，增大 σ_3 来实现，且保持 $\Delta \sigma_1 = -2\Delta \sigma_3 < 0$。

（6）三轴主动拉伸应力路径（OF）：保持 σ_1 不变，减小 σ_3，应力增量比 $\Delta q / \Delta p' = -3 / 2$。

后续的应力路径（1）至路径（6）均与上述各路径一一对应。为了研究不同初始状态对应力路径的影响，本书共进行了 36 个试验。试样按密实度共分三组，相对密实度 D_r 分别为 40%、60% 和 80%。每组试样均在两个不同初始有效平均正应力下分别进行六种不同应力路径的三轴试验，试验方案如表 3.1.1 所示。表中试验类型列中的 C 表示三轴压缩试验，E 表示三轴拉伸试验。所有试验的固结过程均采用逐级等向固结，剪切过程均采用排水剪切方式。

2. 本构方程及其数值实现

基于上述砂土的屈服准则、流动法则和硬化规律的定义，Li 和 Dafalias 推导了一个适用于三轴压缩试验的简单的砂土本构模型，其表达式如下：

表 3.1.1　标准砂模型参数

试样编号	相对密度 D_r/%	试验类型	围压 σ_3/kPa	应力路径	$\Delta\sigma_3$	$\Delta\sigma_1$	应力增量比
1				（1）	0	>0	3
2				（2）	<0	$-2\Delta\sigma_3$	等 p
3		C	100	（3）	<0	0	$-3/2$
4				（4）	0	<0	3
5				（5）	>0	$-2\Delta\sigma_3$	等 p
6	40			（6）	>0	0	$-3/2$
7				（1）	0	>0	3
8				（2）	<0	$-2\Delta\sigma_3$	等 p
9		E	200	（3）	<0	0	$-3/2$
10				（4）	0	<0	3
11				（5）	>0	$-2\Delta\sigma_3$	等 p
12				（6）	>0	0	$-3/2$
13				（1）	0	>0	3
14				（2）	<0	$-2\Delta\sigma_3$	等 p
15		C	100	（3）	<0	0	$-3/2$
16				（4）	0	<0	3
17				（5）	>0	$-2\Delta\sigma_3$	等 p
18	60			（6）	>0	0	$-3/2$
19				（1）	0	>0	3
20				（2）	<0	$-2\Delta\sigma_3$	等 p
21		E	200	（3）	<0	0	$-3/2$
22				（4）	0	<0	3
23				（5）	>0	$-2\Delta\sigma_3$	等 p
24				（6）	>0	0	$-3/2$
25				（1）	0	>0	3
26				（2）	<0	$-2\Delta\sigma_3$	等 p
27		C	100	（3）	<0	0	$-3/2$
28				（4）	0	<0	3
29				（5）	>0	$-2\Delta\sigma_3$	等 p
30	80			（6）	>0	0	$-3/2$
31				（1）	0	>0	3
32				（2）	<0	$-2\Delta\sigma_3$	等 p
33		E	200	（3）	<0	0	$-3/2$
34				（4）	0	<0	3
35				（5）	>0	$-2\Delta\sigma_3$	等 p
36				（6）	>0	0	$-3/2$

$$\begin{Bmatrix} \mathrm{d}q \\ \mathrm{d}p' \end{Bmatrix} = \left[\begin{pmatrix} 3G & 0 \\ 0 & K \end{pmatrix} - \frac{h(L)}{3G - \eta_\gamma Kd + K_\mathrm{p}} \begin{pmatrix} 9G^2 & -3\eta_y KG \\ 3KGd & -\eta_y K^2 d \end{pmatrix} \right] \cdot \begin{Bmatrix} \mathrm{d}\varepsilon_\mathrm{q} \\ \mathrm{d}\varepsilon_\mathrm{v} \end{Bmatrix} \tag{3.1.12}$$

式中，$h(L)$ 为赫维赛德（Heaviside）方程，有 $h(L) = \begin{cases} 1, & L > 0 \\ 0, & L \leqslant 0 \end{cases}$；$G$ 和 K 分别是弹性剪切模量和弹性体积模量；K_p 是塑性模量；η_y 为应力比，与土样的应力历史有关；d 是剪胀，可由方程（3.1.4）得到。

对于砂土本构方程（3.1.12），可以看出模型中共定义了 12 个参数，按功能可以分为以下三类，所有模型的参数都可通过室内试验来确定。

临界状态参数：共 5 个，分别为 M、c、e_Γ、λ_c 和 ξ。其中，e_Γ、λ_c 和 ξ 为 e-p 空间临界状态线参数；M 为三轴压缩临界应力比；c 为三轴拉伸临界应力比 M 与三轴压缩临界应力比 Me 的比值。

与状态有关的参数：共 5 个，分别为 d_1、m、h_1、h_2 和 n。

弹性参数：共 2 个，为 G_0 和 K（或 μ）。其中，G_0 为确定弹性模量 G 的无量纲参数；K 为弹性体积模量；μ 为泊松比。

数值模拟采用 Fortran 汇编语言程序，将应力路径的应力增量比代入本构模型方程（3.1.12），求出偏应变、体变、有效平均正应力及偏应力随轴向变形的变化方程式。下面将以三轴主动压缩应力路径为例，详细介绍应力路径试验模拟的求解过程。

将本构模型方程（3.1.12）展开，可得关于应力增量的表达式如下：

$$\begin{cases} \mathrm{d}q = 3G \cdot \mathrm{d}q - \dfrac{1}{3G - \eta_y Kd + K_\mathrm{p}}(9G^2 \cdot \mathrm{d}\varepsilon_\mathrm{q} - 3\eta_y KG \cdot \mathrm{d}\varepsilon_\mathrm{v}) \\ \mathrm{d}p = K \cdot \mathrm{d}\varepsilon_\mathrm{v} - \dfrac{1}{3G - \eta_y Kd + K_\mathrm{p}}(3KGd \cdot \mathrm{d}\varepsilon_\mathrm{q} - \eta_y K^2 d \cdot \mathrm{d}\varepsilon_\mathrm{v}) \end{cases} \tag{3.1.13}$$

由于在剪切过程中保持围压 σ_3 不变，增大轴向应力 σ_1，即 $\mathrm{d}\sigma_3 = 0$ 且 $\mathrm{d}\sigma_1 > 0$，从而有 $\mathrm{d}p = \dfrac{1}{3}(\mathrm{d}\sigma_1 + 2\mathrm{d}\sigma_3) > 0$，$\mathrm{d}q = \mathrm{d}\sigma_1 - \mathrm{d}\sigma_3$，于是可得 $\dfrac{\mathrm{d}p}{\mathrm{d}q} = \dfrac{1}{3}$。将其代入方程组（3.1.13），可得到体变增量与偏应变增量间的关系如下：

$$\frac{\mathrm{d}\varepsilon_\mathrm{v}}{\mathrm{d}\varepsilon_\mathrm{q}} = \frac{G(3Kd + K_\mathrm{p} - \eta_y Kd)}{K(3G + K_\mathrm{p} - \eta_y G)} = \mathrm{TEMP} \tag{3.1.14}$$

式中，TEMP 只是一个临时变量，为了在程序中计算方便而设。

在三轴排水试验中，偏应变 $\varepsilon_\mathrm{q} = 2(\varepsilon_1 - \varepsilon_3)/3$，而体变 $\varepsilon_\mathrm{v} = \varepsilon_1 + 2\varepsilon_3$，从而可以得到偏应变增量与体变增量间的关系如式（3.1.15）所示：

$$\mathrm{d}\varepsilon_\mathrm{v} = 3(\mathrm{d}\varepsilon_\mathrm{a} - \mathrm{d}\varepsilon_\mathrm{q}) \tag{3.1.15}$$

式中，$d\varepsilon_a$ 为轴向应变增量。

将关系式（3.1.15）代入方程（3.1.14），可以得到各应力、应变增量随轴向应变增量变化的表达式：

$$\begin{cases} d\varepsilon_q = \dfrac{d\varepsilon_a}{1 + \text{TEMP} / 3} \\ d\varepsilon_v = \text{TEMP} \cdot d\varepsilon_q \\ dp = K \cdot (d\varepsilon_v - Ld) \\ dq = 3G \cdot (d\varepsilon_q - L) \end{cases} \qquad (3.1.16)$$

式中，L 为加载指数，其表达式为 $L = \dfrac{3G \cdot d\varepsilon_q - \eta_y K d\varepsilon_v}{3G + K_p - \eta_y K d}$。

用 Fortran 语言编程实现上述计算过程。程序模拟采用应变控制方式，即控制轴向应变增量 $d\varepsilon_a$ 变化步长。这样就可以完成对该应力路径下土体应力-应变关系及体积变化的模拟。

按照上述计算方法，同样可以求得其余应力路径下体变增量与偏应变增量之间的关系式。在程序中仅仅只需将临时变量 TEMP 的表达式做相应的改变，即可实现应力路径试验过程的模拟。在此对求解过程不一一详述，仅将求解结果提供如下：

（1）对于等 p 压缩应力路径，有 $dp = 0$，其体变增量与偏应变增量的关系式为 $\dfrac{d\varepsilon_v}{d\varepsilon_q} = \dfrac{3Gd}{3G + K_p} = \text{TEMP}$；

（2）对于三轴被动压缩应力路径，有 $\dfrac{dp}{dq} = -\dfrac{2}{3}$，其体变增量与偏应变增量的关系式为 $\dfrac{d\varepsilon_v}{d\varepsilon_q} = \dfrac{G \cdot (3Kd - 2K_p + 2\eta_y Kd)}{K \cdot (3G + K_p + 2\eta_y G)}$。

该本构模型的屈服准则是建立在三轴压缩试验基础上的，因此对于压缩应力路径试验的模拟，它有着很好的适用性，但对于三轴拉伸路径试验的模拟却不尽然。所以，对于三轴拉伸路径试验的模拟，应该先对在 p-q 平面内与其关于 p 轴对称的压缩应力路径进行模拟，将模拟结果相应地变成负值即可。本书试验中的压缩应力路径和拉伸应力路径在 p-q 平面内关于 p 轴一一对称，因而可以利用拉伸试验参数按照压缩应力路径（1）、（2）、（3）的表达式进行模拟，然后再对模拟结果负值化，以此来实现对拉伸应力路径（4）、（5）、（6）的模拟，所有数值模拟都采用同一组参数，如表 3.1.2 所示。

利用上述模型和参数对所有砂样的有效应力路径试验进行模拟，图 3.1.3 为数值模拟得到的不同应力路径下应力-应变关系曲线和体变-偏应变曲线与试验结果的比较。可以看出，模拟结果与试验结果大致相吻合。模拟结果能够较好地反映砂土在不同应力路径下的应力-应变关系及应变软化现象，而且能够反映出砂土的

表 3.1.2　标准砂模型参数

试验方式	弹性参数	临界状态参数	与状态有关的参数
三轴试验	$G_0=125$ $\nu=0.25$	$M_c=1.2353$ $M_e=0.9635$ $c=0.78$ $e_\Gamma^c=0.802$ $e_\Gamma^e=0.768$ $\lambda_v=0.0283$ $\xi=0.68$	$d_1^c=0.62$ $d_1^e=0.48$ $m=2.52$ $h_1=2.69$ $h_2=1.81$ $n=1.71$

注：带有下标 c 和 e 的参数分别指三轴压缩、三轴拉伸条件下的参数。

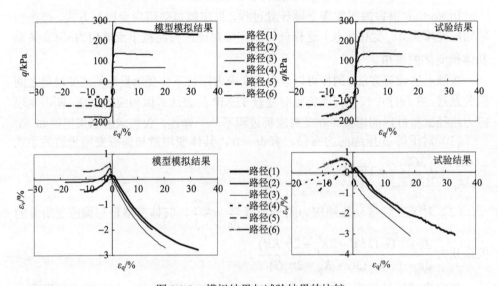

图 3.1.3　模拟结果与试验结果的比较

剪缩和剪胀特性及剪缩到剪胀过渡的趋势。但是，通过比较可以发现，模拟结果还存在一些问题。首先，由于所有模拟均采用应变控制，其应力-应变关系及体变-偏应变关系曲线都是连续渐进的，无法反映出由应力控制的试验在破坏时应力、应变及体变的突变现象。其次，将模拟得到的应力-应变关系曲线与对应的试验结果相比较，其初始段的坡度都比较陡。这可能是确定参数 h_1 和 h_2 时选取应力-应变关系段的不同造成的。再次，模拟所得的土体剪胀性比试验结果要小，这与确定参数时 d_1 选取的体变-应变关系曲线段有关。最后，模拟结果虽然能很好地反映压缩路径下砂土体变的变化趋势，但拉伸路径下体变变化趋势的模拟与试验结果相比却存在一定的差异，有待于进一步的深入研究。

图 3.1.4 为模拟所得的 $p'-q$ 关系曲线，可以看出，虽然模拟结果与试验结果

在具体数值上有所差异，但它能够很好地反映试验过程中应力状态的变化过程及有效平均应力 p' 和偏应力 q 的变化关系。

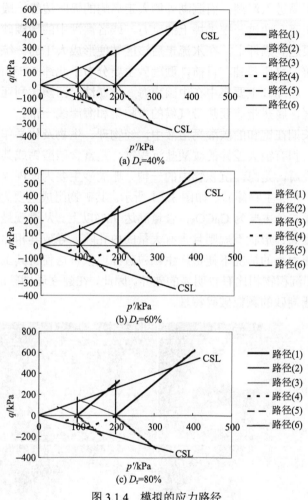

图 3.1.4　模拟的应力路径

3.2　考虑颗粒破碎的珊瑚砂状态相关本构模型

　　"一带一路"倡议和"海洋强国"战略的全面实施，给远海岛礁开发带来更多的发展机遇，需要大量的岛礁开发和港口工程建设。珊瑚礁吹填人工岛是深海海域中极为宝贵的陆域资源。依托人工岛建造的基础设施，如港口航道、机场以及灯塔等，珊瑚砂人工岛成为一座多功能的海上停靠站，不仅可以引导海上航行，还可以为船舶提供补给，在很大程度上保障了航行安全并带来更多经济效益。珊瑚礁主要由外礁坪、内礁坪和潟湖组成。而潟湖内侧一般进行挖深，一方面可为人工筑岛提供砂源，另一方面潟湖挖深后可作为大型船舶的港池，外海的波浪受环礁的掩护，不易进入潟湖；而潟湖外侧人工岛屿的堤防边缘一般与珊瑚礁礁盘外边缘有一定距离。通过开挖礁坪上的礁石，或者潟湖中的珊瑚砂，采用绞吸船的泥浆泵将其泵送到礁坪上，在水流走后该区域便形成人工岛。综上可知，珊瑚砂是人工岛填筑的物质基础，目前，珊瑚砂主要分布于北纬 30° 和南纬 30° 之间，在世界范围内，珊瑚砂主要集中在中国南海、波斯湾、西澳大利亚、墨西哥湾和马尔代夫等地区，属热带或亚热带气候的大陆架和海岸线一带。

珊瑚砂是长期在饱和的碳酸钙溶液中，经物理、生物及化学作用过程而形成的一种与陆相沉积有很大差异的碳酸盐沉积物，是富含碳酸钙或其他难溶碳酸盐类物质的特殊介质，是海洋沉积物中的一种。珊瑚砂主要为珊瑚碎屑，另外混杂有海洋藻类、贝壳类生物碎屑，如图 3.2.1 所示。其矿物组成主要为文石、白云石和方解石，化学成分主要为 $CaCO_3$，含量高达 95% 以上。从微观结构上来看，珊瑚砂颗粒棱角度高、形状不规则且含有大量的内孔隙，导致其相比于陆源硅质砂强度更低，在压力小的情况下便可产生颗粒破碎现象。这使得其工程力学性质与一般陆相、海相沉积物相比有较明显的差异。因此，在建立珊瑚砂的本构模型时，需要着重考虑珊瑚砂的颗粒破碎特性。

图 3.2.1　典型珊瑚砂颗粒

3.2.1　珊瑚砂临界状态

1. 珊瑚砂临界状态探讨

从前文分析可知，无论珊瑚砂的初始状如何，在三轴排水剪切试验中，在某一固结压力下，珊瑚砂会达到一个这样的状态，试样在保持有效平均正应力 p'、偏应力 q 和体积应变 ε_v 不变的情况下，偏应变 ε_q 继续变化，即临界状态。当轴向应变达到 25% 时，无论是剪切应力还是体积应变都基本趋于稳定，此时可以近似认为试样达到了临界状态。本书以轴向应变达到 25% 时得到的试验数据作为临界状态的取值，这样可以得到每组试验达到临界状态时的孔隙比 e、有效平均正应力 p' 和偏应力 q。下面分别在 q-p' 平面和 e-$(p'/p_a)^{\xi}$ 平面内探索珊瑚砂的临界状态。

1）q-p' 平面

各相对密实度的试样在 q-p' 平面内的临界状态点及趋势线如图 3.2.2 所示。从图 3.2.2 可以看出，对于某一相对密实度，不同围压下所有试样的临界状态点都落在一条直线上，该直线的斜率称为临界应力比 M，用方程表示为 $q=Mp'$。

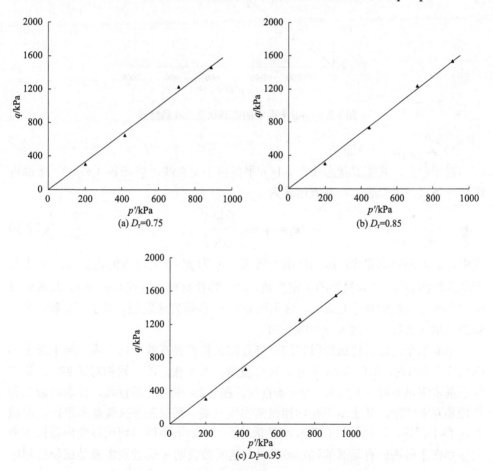

图 3.2.2　q-p' 平面内珊瑚砂的临界状态点及趋势线

基于上述分析，将 3 种不同密实度试样的所有临界状态点绘在 $q\text{-}p'$ 平面内，如图 3.2.3 所示。可以近似认为，在 $q\text{-}p'$ 平面内，珊瑚砂的临界状态试验点呈线性变化趋势，即 $q=Mp'$。对于本书中的珊瑚砂，$M=1.68$。

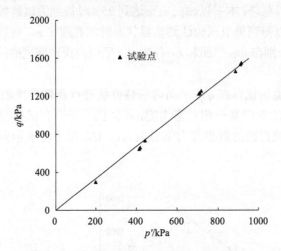

图 3.2.3　$q\text{-}p'$ 平面上的临界状态点及趋势线

2）$e\text{-}(p'/p_a)^\xi$ 平面

对于砂土，其临界状态线在 $e\text{-}\lg p'$ 平面内不是直线，但在 $e\text{-}(p'/p_a)^\xi$ 平面内可用一条直线近似表示，其表达式为

$$e_c = e_\Gamma - \lambda_c \left(\frac{p'}{p_a} \right)^\xi \tag{3.2.1}$$

式中，e_c 为临界孔隙比；p_a 为标准大气压；e_Γ 为 $p'=0$ 时对应的孔隙比；λ_c 为临界状态线的斜率；ξ 为材料的率定参数，对于颗粒材料一般取 $0.6\sim0.8$，其取值对于临界状态形状影响不是很大，这里取 0.7。一些研究还发现，对于石英砂，在三轴排水剪切条件下，这条线是唯一的。

沿着这个思路，将试验得到的临界孔隙比和临界有效平均正应力结果绘于 $e\text{-}(p'/p_a)^\xi$ 平面内，如图 3.2.4 所示。可以发现，对于相同的初始相对密实度，临界状态基本满足方程（3.2.1），为一条直线。图 3.2.4 中有三条直线，分别对应三种初始相对密实度，从上至下初始相对密实度升高，而且三条直线基本平行，但截距 e_Γ 都不相等，这显然与石英砂临界状态不一致。石英砂与珊瑚砂变形特性主要的差别在于珊瑚砂有显著的颗粒破碎性，这间接说明 e_Γ 的差别主要是试验过程中颗粒破碎引起的。

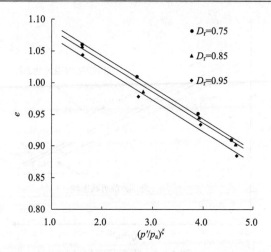

图 3.2.4　不同相对密实度下 e-$(p'/p_a)^\xi$ 平面上的临界状态点及趋势线

2. 考虑颗粒破碎影响的珊瑚砂临界状态

珊瑚砂颗粒容易破碎，颗粒破碎受围压和密度的影响，可以用试样剪切前后的相对破碎势 B_r 来定量描述试验前后的颗粒分布情况。

$$B_r = \frac{B_t}{B_p} \tag{3.2.2}$$

式中，B_r 为相对破碎势；B_p 为初始破碎势，可以用初始颗粒分布曲线与粒径 0.074 mm 竖线所围成的面积来表示；B_t 为总破碎势，可以用试验后试样颗粒分布曲线、初始颗粒分布曲线和粒径 0.074 mm 竖线所围成的面积来表示。

珊瑚砂相对破碎势 B_r 与初始孔隙比 e_0 和围压 σ_c 的关系为

$$B_r = \alpha - \beta e_0 + \lambda(\sigma_c / p_a) \tag{3.2.3}$$

式中，α、β、λ 为材料参数，对于本书中的珊瑚砂，$\alpha=1.22$，$\beta=1.23$，$\lambda=0.023$。

假设有一根临界状态线，在其上土体颗粒不发生破碎，则此线称为起始临界状态线，如图 3.2.5 所示。该线的表达式为

$$e_c^0 = e_\Gamma^0 - \lambda_c \left(\frac{p'}{p_a}\right)^\xi \tag{3.2.4}$$

式中，e_c^0 为不发生颗粒破碎时的临界状态孔隙比；e_Γ^0 为不发生颗粒破碎时 $p'=0$ 对应的临界状态孔隙比，是一个假想的材料参数；λ_c 为临界状态线的斜率。

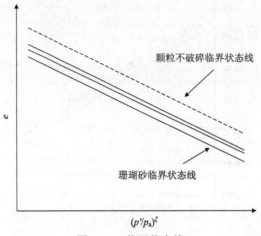

图 3.2.5　临界状态线

由上述分析可知，不同初始密实度下的珊瑚砂临界状态线的截距不同是由颗粒破碎引起的，假设由于颗粒破碎而产生的孔隙比为 Δe^b，则珊瑚砂的临界状态孔隙比 e_c 为

$$e_c = e_c^0 - \Delta e^b \tag{3.2.5}$$

将式（3.2.4）代入式（3.2.5），可得

$$e_c = e_\Gamma^0 - \lambda_c \left(\frac{p'}{p_a}\right)^\xi - \Delta e^b \tag{3.2.6}$$

整理式（3.2.6）可得

$$e_\Gamma^0 - \Delta e^b = e_c + \lambda_c \left(\frac{p'}{p_a}\right)^\xi \tag{3.2.7}$$

式（3.2.7）等号右侧可由珊瑚砂临界状态孔隙比相关数据进行计算，其左侧的 e_Γ^0 为常数，Δe^b 与相对破碎势 B_r 有关。绘制 $[e_c+\lambda_c\,(p'/p_a)^\xi]$ - B_r 关系曲线，如图 3.2.6 所示。二者可近似用直线来表示，即

$$e_\Gamma^0 - \Delta e^b = e_c + \lambda_c \left(p'/p_a\right)^\xi = a - bB_r \tag{3.2.8}$$

式中，a、b 为材料参数，其他参数的含义同上。对于本书中的珊瑚砂，$a=1.15$，$b=0.16$，$\xi=0.70$，$\lambda_c=0.05$。

将式（3.2.8）代入式（3.2.6）可得

$$e_c = a - bB_r - \lambda_c \left(\frac{p'}{p_a}\right)^\xi \tag{3.2.9}$$

综合式（3.2.3）和式（3.2.9），可以得到珊瑚砂在 e-$(p'/p_a)^\xi$ 平面上的临界状态方程：

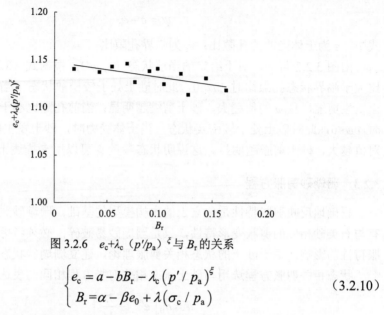

图 3.2.6 $e_c+\lambda_c$ (p'/p_a) $^{\xi}$ 与 B_r 的关系

$$\begin{cases} e_c = a - bB_r - \lambda_c \left(p' / p_a \right)^{\xi} \\ B_r = \alpha - \beta e_0 + \lambda \left(\sigma_c / p_a \right) \end{cases} \tag{3.2.10}$$

即临界状态孔隙比可以通过初始孔隙比 e_0 和有效平均正应力 p' 求得。

3.2.2 珊瑚砂状态参量

合适的状态参量可以直观准确地描述土体的状态，即当前状态、相变状态及临界状态等。本书采用状态参量 ψ 来描述珊瑚砂的状态。状态参量 ψ 将临界状态作为参考，其定义如图 3.2.7 所示，即为

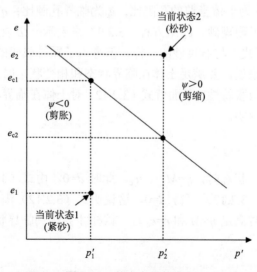

图 3.2.7 状态参量的定义

$$\psi = e - e_{\mathrm{c}} \tag{3.2.11}$$

式中，e 为土体当前的孔隙比；e_{c} 为临界孔隙比。

由图 3.2.7 可知，对于给定的当前状态（e, p'），根据式（3.2.11），当前孔隙比大于临界状态孔隙比时，$\psi > 0$，此时砂土处于较松散状态，当土体受力时，砂土发生剪缩，且 ψ 的值越大，砂土剪缩越明显；当前孔隙比小于临界状态孔隙比时，$\psi < 0$，此时砂土处于较密实状态，当土体受力时，砂土发生剪胀，且 ψ 的绝对值越大，砂土剪胀越明显。这说明状态参量 ψ 可以用来描述土体的不同状态。

3.2.3　珊瑚砂剪胀方程

正确地反映剪胀特性是建立土的本构模型的基础。珊瑚砂属于无黏性土，具有与石英砂相似的剪胀变形特性，只是珊瑚砂易破碎，必须考虑颗粒破碎对其剪胀特性的影响。基于砂土的状态相关剪胀理论，建立珊瑚砂状态相关剪胀方程。

状态相关剪胀方程选用与砂土状态相关剪胀方程相同的表达式，即

$$d = d_0 \left(e^{m\psi} - \frac{\eta}{M} \right) \tag{3.2.12}$$

其中：

$$\psi = e - e_{\mathrm{c}} \tag{3.2.13}$$

$$\eta = \frac{q}{p'} \tag{3.2.14}$$

式中，d 为剪胀；d_0 和 m 为模型参数；ψ 为土体的状态参量；η 为应力比；M 为临界状态应力比；e 为土体当前的孔隙比；e_{c} 为临界孔隙比；q 为偏应力；p' 为有效平均正应力。对于珊瑚砂，e_{c} 用方程（3.2.9）来表示。必须指出，珊瑚砂的剪胀方程（3.2.12）形式上与石英砂的一样，但考虑了颗粒破碎的影响。

对于剪胀方程来说，要满足土体在临界状态和相变状态时的变形，这样才能更好地反映土体的剪胀特性。下面就式（3.2.12）对土体在临界状态和相变状态下变形的适用性进行说明。

1. 临界状态

当土体处于临界状态时，$\eta = M$，$e = e_{\mathrm{c}}$，此时 $d = 0$。由式（3.2.13）可知 $\psi = 0$，将上述条件代入式（3.2.12）可得 $d = 0$，这说明式（3.2.12）满足土体在临界状态时的条件。只有同时满足 $\eta = M$ 和 $e = e_{\mathrm{c}}$ 时，试样才会达到临界状态。

2. 相变状态

当土体处于相变状态时，$\eta = M^{\mathrm{d}}$（相变状态应力比），$e = e^{\mathrm{d}} \neq e_{\mathrm{c}}$，此时 $d = 0$。由

式（3.2.13）可知，$\psi=\psi^{\mathrm{d}}\neq0$，将上述条件代入式（3.2.12）可得

$$d = d_0\left(e^{m\psi^{\mathrm{d}}} - \frac{M^{\mathrm{d}}}{M}\right) = 0 \tag{3.2.15}$$

要使式（3.2.12）满足相变状态条件，则有 $M^{\mathrm{d}} = Me^{m\psi^{\mathrm{d}}}$，故

$$m = \ln\left(M^{\mathrm{d}}/M\right)/\psi^{\mathrm{d}} \tag{3.2.16}$$

式中，M^{d} 为相变状态应力比；ψ^{d} 为相变状态的状态参数。

通过分析可知，式（3.2.12）可以较好地描述珊瑚砂的剪胀特性。对于密实的珊瑚砂试样，在相变状态前试样剪缩，此时 $d>0$；达到相变状态时，$d=0$；随着轴向应变的增大，试样呈现剪胀，此时 $d<0$；随着剪切的继续，体积变形趋于稳定，试样达到临界状态，此时有 $\eta=M$，$e=e_{\mathrm{c}}$，$d=0$。对于松散的珊瑚砂试样，试样剪缩，此时 $d>0$；试样没有相变状态；随着剪切的继续，体积变形趋于稳定，试样达到临界状态，此时有 $\eta=M$，$e=e_{\mathrm{c}}$，$d=0$。

3.2.4　珊瑚砂状态相关本构模型

根据砂土状态相关本构模型，其屈服准则为

$$f = q - \eta p' \tag{3.2.17}$$

加载因子 L 可以定义为

$$L = \frac{1}{K_{\mathrm{p}}}\left(\frac{\partial f}{\partial p'}\mathrm{d}p' + \frac{\partial f}{\partial q}\mathrm{d}q\right) = \frac{\mathrm{d}q - \eta\mathrm{d}p'}{K_{\mathrm{p}}} = \frac{p'\mathrm{d}\eta}{K_{\mathrm{p}}} \tag{3.2.18}$$

式中，K_{p} 为塑性模量。

根据剪胀的定义 $d = \mathrm{d}\varepsilon_{\mathrm{v}}^{\mathrm{p}}/\mathrm{d}\varepsilon_{\mathrm{q}}^{\mathrm{p}}$，塑性应变增量可以表示为

$$\begin{cases} \mathrm{d}\varepsilon_{\mathrm{q}}^{\mathrm{p}} = L \\ \mathrm{d}\varepsilon_{\mathrm{v}}^{\mathrm{p}} = L \cdot d \end{cases} \tag{3.2.19}$$

式（3.2.19）用矩阵表示为

$$\begin{pmatrix} \mathrm{d}\varepsilon_{\mathrm{q}}^{\mathrm{p}} \\ \mathrm{d}\varepsilon_{\mathrm{v}}^{\mathrm{p}} \end{pmatrix} = L\begin{pmatrix} 1 \\ d \end{pmatrix} = \begin{pmatrix} p'\mathrm{d}\eta/K_{\mathrm{p}} \\ \mathrm{d}p'\mathrm{d}\eta/K_{\mathrm{p}} \end{pmatrix} \tag{3.2.20}$$

式中，剪胀 d 可以用式（3.2.12）来表示。

基于上述屈服准则、流动法则和硬化规律的定义，在三轴空间中，当加载因子 $L>0$ 时，应变增量可表示为

$$\mathrm{d}\varepsilon_{\mathrm{q}} = \mathrm{d}\varepsilon_{\mathrm{q}}^{\mathrm{e}} + \mathrm{d}\varepsilon_{\mathrm{q}}^{\mathrm{p}} = \frac{\mathrm{d}q}{3G} + \frac{p'\mathrm{d}\eta}{K_{\mathrm{p}}} = \left(\frac{1}{3G} + \frac{1}{K_{\mathrm{p}}}\right)\mathrm{d}q - \frac{\eta}{K_{\mathrm{p}}}\mathrm{d}p' \tag{3.2.21}$$

$$\mathrm{d}\varepsilon_\mathrm{v} = \mathrm{d}\varepsilon_\mathrm{v}^\mathrm{e} + \mathrm{d}\varepsilon_\mathrm{v}^\mathrm{p} = \frac{\mathrm{d}q}{K} + dd\varepsilon_\mathrm{q}^\mathrm{p} = \frac{d}{K_\mathrm{p}}\mathrm{d}q + \left(\frac{1}{K} - \frac{\mathrm{d}\eta}{K_\mathrm{p}}\right)\mathrm{d}p' \quad (3.2.22)$$

为合理准确地反映珊瑚砂的剪切变形特性，将新建立的珊瑚砂状态相关剪胀方程引入砂土状态相关本构模型中，即

$$\begin{pmatrix} \mathrm{d}q \\ \mathrm{d}p' \end{pmatrix} = \left(\begin{bmatrix} 3G & 0 \\ 0 & K \end{bmatrix} - \frac{h(L)}{K_\mathrm{p} + 3G - K\eta d} \cdot \begin{bmatrix} 9G^2 & -3KG\eta \\ 3KGd & -K^2\eta d \end{bmatrix}\right) \begin{pmatrix} \mathrm{d}\varepsilon_\mathrm{q} \\ \mathrm{d}\varepsilon_\mathrm{v} \end{pmatrix} \quad (3.2.23)$$

式中，G 和 K 分别为弹性剪切模量和弹性体积模量；L 为塑性加载因子；$h(L)$ 为 Heaviside 方程，当 $L > 0$ 时，$h(L) = 1$，当 $L \leqslant 0$ 时，$h(L) = 0$；K_p 为塑性模量；其他符号同前文。

弹性剪切模量 G 可以根据经验公式来计算，即

$$G = G_0 \cdot \frac{(2.97 - e)^2}{1 + e} \cdot \sqrt{p' \cdot p_\mathrm{a}} \quad (3.2.24)$$

式中，G_0 为材料常数；e 为试样固结完成时的孔隙比；p' 为有效平均正应力；p_a 为标准大气压。

弹性体积模量 K 可根据弹性理论进行计算，K 表示为

$$K = G \cdot \frac{2(1 + \nu)}{3(1 + 2\nu)} \quad (3.2.25)$$

式中，ν 为泊松比。

塑性模量 K_p 根据式（3.2.26）计算：

$$K_\mathrm{p} = hG\left(\frac{M}{\eta} - \mathrm{e}^{n\psi}\right) \quad (3.2.26)$$

式中，h、n 为模型参数。

3.2.5 珊瑚砂三轴试验模拟

将上文建立的珊瑚砂状态相关本构模型汇编成 Fortran 语言程序，实现对三轴固结排水剪切试验的模拟，并将计算结果与试验结果进行对比，以验证模型的正确性。

1. 本构模型参数及计算

该模型共包含 15 个参数，分为四组，所有的模型参数都可以根据三轴试验结果进行计算和率定。对于本书中的珊瑚砂，模型参数详见表 3.2.1。

表 3.2.1　珊瑚砂模型参数汇总表

弹性参数	颗粒破碎参数	临界状态参数	状态相关参数
		$M=1.68$	$d_0=2.15$
$G_0=160$	$\alpha=1.22$	$a=1.15$	$m=1.05$
$\nu=0.30$	$\beta=1.23$	$b=0.16$	$h_1=1.71$
	$\lambda=0.023$	$\lambda_c=0.05$	$h_2=0.96$
		$\xi=0.70$	$n=0.80$

下面详细说明一下各数据的计算过程。

将所有试样的所有临界状态点绘在 q-p' 平面内，可以近似认为，在 q-p' 平面内，珊瑚砂的临界状态试验点呈线性变化趋势，即 $q=Mp'$，在该平面内，所有试验点线性拟合线的斜率即为临界应力比 M。对珊瑚砂的相对破碎势与初始孔隙比和围压进行拟合，可以得到颗粒破碎参数 α、β、λ。将临界状态点的试验数据绘制在 e-$(p'/p_a)^\xi$ 平面上，并进行线性拟合，可以得到 λ_c 和不同密实度试样对应的 e_Γ，绘制 e_Γ 与相对破碎势 B_r 的关系曲线，可以得到 a、b。

参数 m 可由式（3.2.16）计算，即在相变状态时 $d=0$，根据三轴试验数据即可计算得到参数 m。

在峰值应力状态时，式（3.2.26）中 $K_p=0$，则有

$$n=\frac{1}{\psi^p}\ln\left(\frac{M}{M^p}\right) \tag{3.2.27}$$

式中，ψ^p 为峰值应力状态时的状态参量；M^p 为峰值应力状态时的应力比。根据三轴试验数据即可计算得到参数 n。

对于三轴排水试验，忽略弹性变形，则有

$$\frac{\mathrm{d}\varepsilon_v}{\mathrm{d}\varepsilon_q}\approx\frac{\mathrm{d}\varepsilon_v^p}{\mathrm{d}\varepsilon_q^p}=d=d_0\left(e^{m\psi}-\frac{\eta}{M}\right) \tag{3.2.28}$$

所以参数 d_0 可以由 ε_v-ε_q 曲线进行校核。

2. 三轴试验模拟结果

为了验证本书建立的本构模型对珊瑚砂应力-应变特性的描述情况，本次模拟选用 0.75、0.85 和 0.95 三种相对密实度，100 kPa、200 kPa 和 300 kPa 三种围压。

图 3.2.8～图 3.2.10 为珊瑚砂室内试验和数值模拟得到的应力-应变曲线和体变-应变曲线对比图。图中带标记的线为试验结果，不带标记的为数值模拟的结果。

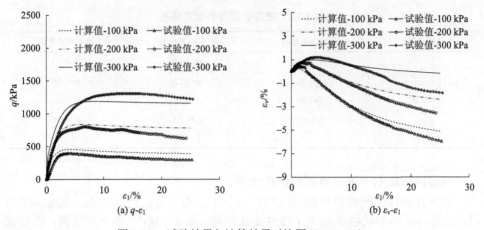

图 3.2.8　试验结果与计算结果对比图（D_r=0.75）

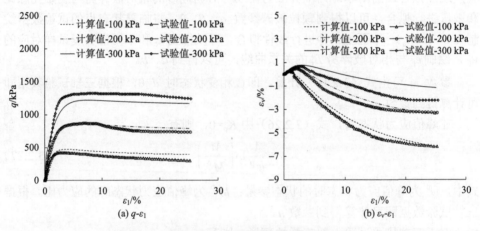

图 3.2.9　试验结果与计算结果对比图（D_r=0.85）

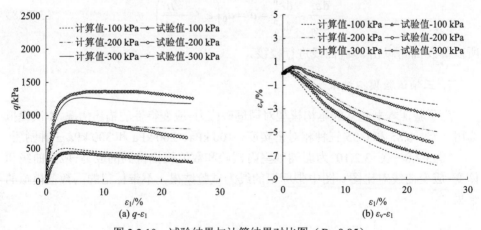

图 3.2.10　试验结果与计算结果对比图（D_r=0.95）

　　可以看出，考虑颗粒破碎影响的状态相关本构模型能较好地描述珊瑚砂的剪胀特性。该模型只需一套参数就可以较好地描述珊瑚砂在不同密实度、不同围压条件下的应力变形特性，既能反映出珊瑚砂在一定固结压力作用下的应变硬化和应变软化现象，又能反映颗粒破碎对珊瑚砂变形特性的影响。

第4章 状态相关近岸地基土-结构接触理论

4.1 大型砂土-钢界面循环剪切特性试验

4.1.1 试验概况

1. 大型桩土界面剪切仪

试验采用自主研发的大型多功能轴对称界面剪切仪（NHRI-860），如图4.1.1所示，主要包括竖向剪切控制系统、法向荷载控制系统、剪切罐、数据采集与存储系统和落砂装置。竖向剪切控制系统包括电动缸和伺服控制系统，通过伺服控制系统对电动缸进行控制，可实现单调和循环荷载/位移控制，竖向荷载范围为0～20 kN、竖向位移范围为0～850 mm以及驱动速率为0.001～25.00 mm/s，并可实现剪切过程中桩-土接触面积的恒定。法向荷载控制系统主要包括空压机和气压表，通过将空气充入罐身对橡皮膜施加法向应力，进而将气压荷载均匀地传到砂样，可施加的法向荷载范围为0～1 MPa。试验装置可制备土样的最大尺寸为860 mm × 350 mm（高 × 直径）。

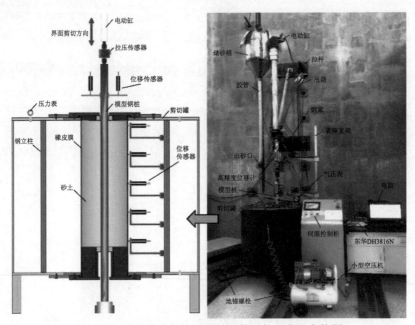

图4.1.1 大型多功能轴对称界面剪切仪示意及实物图

2. 试验土样

试验所用土样取自杭州湾附近海域，取土深度为 10～45 m，试验土样的颗粒级配曲线如图 4.1.2 所示，依据《土工试验方法标准》（GB/T 50123—2019）的相关规定，该土样被定名为含细粒土砂。土样相对质量密度 G_s=2.71，中值粒径 D_{50}=0.28 mm，不均匀系数 C_u=3.75，曲率系数 C_c=0.03，最大孔隙比 e_{max}=1.398，最小孔隙比 e_{min}=0.633，细粒含量 F_c=7.33%。

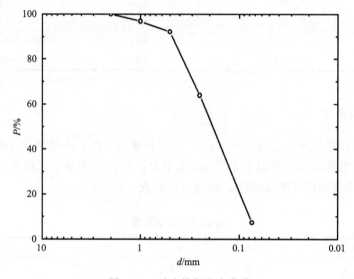

图 4.1.2　砂土粒径分布曲线

采用砂雨法制备土样，首先进行砂雨法制样标定试验，获取落距、网眼孔间距和孔径对砂土相对密实度的影响曲线。然后，在此基础上，称取所需干砂放入落砂装置，通过控制落距获得不同的砂土相对密实度，落砂装置每制样 1 cm 提升一次，每次提升 1 cm，以保证试样的均匀性。最后，对不同初始相对密实度的试样施加法向应力，依据试样体变结果，换算出法向应力与相对密实度关系曲线。在此基础上进行试样相对密实度的设计，以保证不同法向应力下界面试样剪切前的相对密实度一致。

3. 模型桩

为了考虑桩身表面粗糙度对砂土-钢桩界面剪切特性的影响，共设计了 5 根直径 30 mm 的模型钢桩，包含 4 根粗糙钢桩、1 根光滑钢桩。钢桩均采用无缝钢管进行制作，对 4 根钢桩进行表面开三角槽处理，通过控制三角槽间距离、槽宽以及槽深，以模拟不同结构表面粗糙度，光滑钢桩表面则进行镀铬处理及镜面抛光。

当前，评定结构表面粗糙度的方法众多。依据 Frost 等（2002）提出的轮廓算术平均值（R_a法）定量描述结构规则粗糙度，随机粗糙度通过表面粗糙度检测仪测量得到，各钢桩粗糙度结果汇总于表 4.1.1。

表 4.1.1　试验钢桩表面粗糙度　　　　（单位：μm）

编号	规则粗糙度	随机粗糙度	粗糙度 R_a
S0	0	0.2	0.2
S1	30	3.2	33.2
S2	90	1.9	91.9
S3	187.5	4.1	191.6
S4	337.5	3.4	340.9

4. 试验方案

为探讨加载频率、法向应力（σ_n）、相对密实度（D_r）和粗糙度（R_a）对界面循环剪切特性的影响，开展了 4 个 σ_n、4 个 D_r、5 个 R_a 和 5 个加载频率条件下共计 83 组大型界面循环剪切试验，试验方案如表 4.1.2 所示。

表 4.1.2　试验方案

加载频率/Hz	σ_n/kPa	D_r	钢桩编号	剪切次数
0.005	50/100/150/200	0.5/0.6/0.7/0.8	S0/S1/S2/S3/S4	200
0.0025/0.00375/0.01	100	0.7	S2	100

试验充分考虑了试样两端的边界作用影响，试验土样尺寸为 668 mm×250 mm。剪切采用位移控制方式，为保证试验中剪切速率为定值，将循环剪切加载波形设置为三角形，如图 4.1.3 所示。剪切位移幅值 A 设定为 5 mm，循环剪切次数设定为 100~200 次。

4.1.2　试验结果分析

1. 法向应力对界面循环剪切特性的影响

以 R_a=91.9 μm、D_r=0.7、加载频率 0.005 Hz 的试验为例，图 4.1.4 展示了砂土-钢桩界面在不同法向应力下的典型循环剪切应力-剪切位移关系曲线。为能够清晰展现剪切规律，本书展示了有限循环次数（N）的试验数据。此外，为方便叙述及分析，将初次剪切的方向定义为正向剪切，反之为反向剪切。

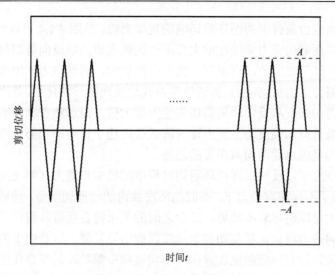

图 4.1.3　界面试验的剪切路径

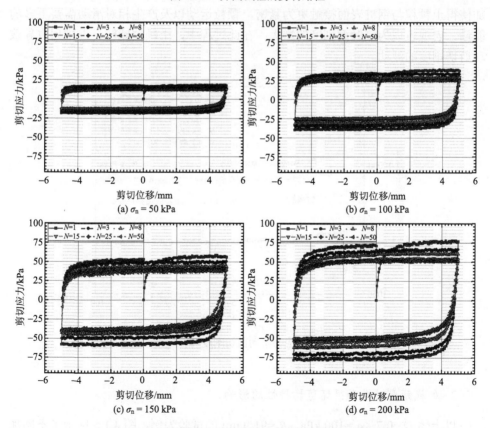

(a) $\sigma_n = 50$ kPa

(b) $\sigma_n = 100$ kPa

(c) $\sigma_n = 150$ kPa

(d) $\sigma_n = 200$ kPa

图 4.1.4　不同法向应力下剪切应力-剪切位移关系曲线

不同法向应力条件下的循环剪切响应规律类似，从图4.1.4可以看出，剪切正向加载时，界面剪切应力非线性增大直至达到稳定值，当反向剪切时，剪切应力亦是非线性下降至稳定值，直至下一次正向剪切时，剪切应力开始重新增大。不同法向应力条件下的剪切应力-剪切位移曲线均呈现循环软化型，首次剪切循环中的正向峰值剪切强度和反向峰值剪切强度为最大值，而后随着循环次数的增加，正反两向的峰值剪切强度均呈现出逐渐降低最终趋于稳定的趋势，滞回曲线随着循环次数增加呈现出逐渐向内拓展的趋势。

动剪切刚度可以反映试样循环剪切过程中的抗变形能力（刘飞禹等，2016），图4.1.5展示了不同法向应力下，不同循环次数内的动剪切刚度。动剪切刚度随着循环次数增大呈现明显衰减趋势，二者之间的关系符合指数函数形式。还可以看出，随着法向应力增加，界面动剪切刚度得到明显发展，这是由于剪切过程中随法向应力增大，砂颗粒接触更加紧密，剪切过程中颗粒间的咬合作用得以充分发挥，土颗粒间的重排列、翻转、跨越以及相对滑动等被抑制，同时法向应力的增加使得土颗粒与钢桩表面接触更为紧密，颗粒运动以及产生相对滑动需要更多的能量，宏观表现为接触面刚度的增大；在此过程中，土颗粒旋转、重排列也导致动剪切刚度的波动。

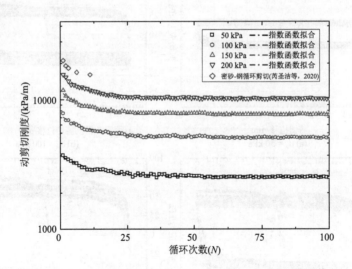

图4.1.5　不同法向应力下动剪切刚度-循环次数关系曲线

2. 加载频率对界面循环剪切特性的影响

以土体D_r=0.7、σ_n=100 kPa、R_a=91.9 μm的试验为例，图4.1.6展示了不同加载频率对界面循环剪切滞回曲线的影响，可以看出，在本试验范围内，加载频率对界面剪切滞回曲线形态的发展规律影响不显著。界面剪切滞回曲线随着加载频率的增加，呈现出先外扩后内缩的趋势。以首次剪切的试验结果为例，随着加载频率从 0.0025 Hz 增加到 0.00375 Hz 时，界面剪切应力由 34.32 kPa 增大至 41.48 kPa，增幅约 20.86%；随着加载频率继续增加到 0.010 Hz，界面剪切应力由 41.48 kPa 减小至 35.19 kPa，降幅约 15.16%。

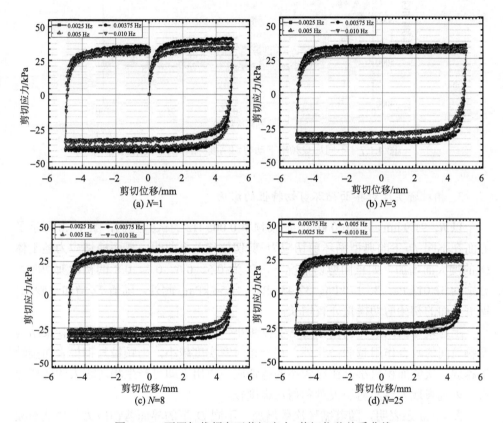

图 4.1.6　不同加载频率下剪切应力–剪切位移关系曲线

图 4.1.7 给出了砂土-钢桩界面在不同加载频率下不同循环次数内的动剪切刚度。可以看出，随着循环次数增加，动剪切刚度呈指数函数形式衰减的基本规律不受加载频率的影响；加载频率对界面动剪切刚度初始值影响较大，而对动剪切刚度残余值影响相对较弱。此外，动剪切刚度波动程度随着加载频率增大呈现小幅增加趋势。

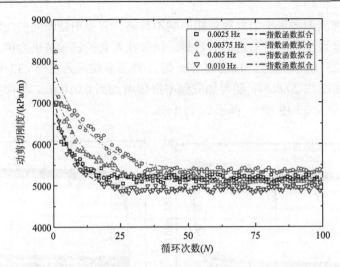

图 4.1.7　不同加载频率下动剪切刚度–循环次数关系曲线

3. 相对密实度对界面循环剪切特性的影响

以 R_a=91.9 μm、σ_n=100 kPa、加载频率 0.005 Hz 的试验为例，图 4.1.8 展示了界面在不同 D_r 下的典型循环剪切应力-剪切位移关系曲线。界面剪切应力随土体 D_r 的增大而增加，如正向剪切情况下，D_r 为 0.5、0.6、0.7、0.8 的初次剪切应力分别为 32.01 kPa、35.17 kPa、37.45 kPa、41.54 kPa；此外，随着 D_r 增加，砂土-钢桩界面的初始剪切模量亦有增长。

上述现象的原因为初始相对密实度越小，砂土颗粒间接触越松散，骨架结构及颗粒间的咬合作用越弱；此外，初始相对密实度越小，土颗粒与钢桩表面接触也越弱，接触面积更小，在比较小的剪切应力作用下即可产生相对较大的剪切变形，宏观表现为界面剪切模量和剪切强度较低。

图 4.1.8 还表明，随着循环次数增加，不同 D_r 下的界面剪切应力差异逐渐减小，试验结束时的试样残余剪切应力基本一致，表明试样接近或达到临界状态，且不同 D_r 试样对应的临界状态基本一致。

图 4.1.9 给出了砂土-钢桩界面在不同 D_r 下不同循环次数内的动剪切刚度。可以看出，不同 D_r 下的砂土-钢桩界面动剪切刚度随着循环次数增加的演变趋势较为一致，区别主要在于初始动剪切刚度大小及衰减快慢的差异，具体为 D_r 越大，初始动剪切刚度越大、衰减越慢。此外，D_r 高的砂土-钢桩界面动剪切刚度的残余值略大一些。

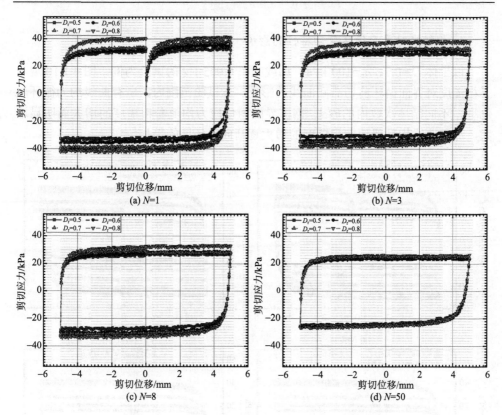

图 4.1.8　不同 D_r 下剪切应力-剪切位移关系曲线

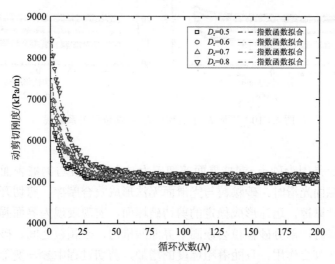

图 4.1.9　不同 D_r 动剪切刚度-循环次数关系曲线

4. 粗糙度对界面循环剪切特性的影响

以土体 D_r=0.7、σ_n=100 kPa、加载频率 0.005 Hz 的试验为例，图 4.1.10 展示了粗糙度对界面循环剪切滞回曲线的影响。本试验范围内，所有曲线均为循环软化型，不同循环次数内的砂土-钢桩界面剪切应力均随着粗糙度的增大而明显增大，滞回曲线均呈现随着粗糙度的增大逐渐向外拓展的趋势。

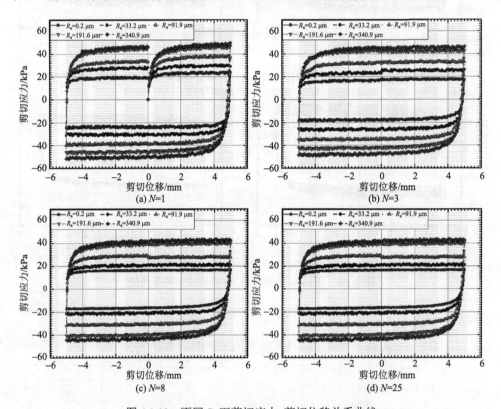

图 4.1.10 不同 R_a 下剪切应力–剪切位移关系曲线

上述现象是因为砂土-钢桩界面剪切应力是由砂颗粒与钢桩表面的摩擦阻力组成，当接触面光滑时，砂颗粒与光滑面无法形成咬合摩擦，剪切开始后，两者之间发生滑动摩擦，迅速形成稳定的剪切破坏面，宏观表现为界面强度值较低；当接触面粗糙时，部分砂颗粒会嵌固于界面凹槽内，砂颗粒之间、砂颗粒与结构面之间均存在咬合作用，且随着粗糙度的增加，剪切过程中参与变形协调的土体范围也增加，接触面的宏观剪切应力也得到提高。图 4.1.11 给出了砂土-钢桩界面在不同钢桩粗糙度下不同循环次数内的动剪切刚度。与图 4.1.7 及图 4.1.9 对比可以看出，相较于相对密实度和加载频率，钢桩粗糙度对界面刚度的影响更为显著，其对动剪切刚度的初始值及残余值均有明显提升。此外，界面粗糙度增加，试样动剪切刚度衰减至稳定阶段所需的循环次数越多。

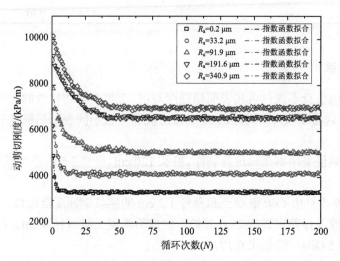

图 4.1.11　不同 R_a 下动剪切刚度–循环次数关系曲线

4.2　砂土–钢界面摩擦特性及非线性损伤静力接触模型

4.2.1　试验概况

1. 砂土颗粒

试验材料选用福建平潭标准砂，3 种土样按颗粒粒径可分为细砂、中砂和粗砂，具体颗粒粒径分布曲线如图 4.2.1 所示，基本物理性质如表 4.2.1 所示。

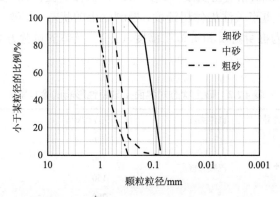

图 4.2.1　福建平潭标准砂砂土粒径分布曲线

表 4.2.1 砂土基本物理性质

类型	$\rho_{min}/(g/cm^3)$	$\rho_{max}/(g/cm^3)$	C_u	C_c	D_{50}/mm
细砂	1.29	1.64	1.45	1.01	0.11
中砂	1.41	1.69	1.51	1.03	0.41

2. 模型桩

为了考虑桩身不同材质和表面粗糙度对桩-土界面剪切特性的影响,共设计了 6 根模型桩,包含 1 根 45#钢桩、1 根混凝土桩和 4 根不同表面粗糙度的铝合金桩,具体如下:

（1）45#钢桩采用钢光轴进行制作,桩长 120 cm、桩径 3 cm、弹性模量 209 GPa、泊松比 0.27。

（2）混凝土桩由 C60 混凝土和直径 1.2 cm 的螺纹钢筋现浇而成,并将脱模后的混凝土桩放入标养室进行 28 d 养护,制成后混凝土桩桩径 4 cm、桩长 95 cm、弹性模量 36.5 GPa、泊松比 0.17。

（3）铝合金桩均采用 6061 型铝合金管制作,桩长 125 cm、桩径 3 cm、壁厚 0.5 cm、弹性模量 68.9 GPa、泊松比 0.33;通过自然氧化、砂纸抛光（1000 目砂纸）和喷砂氧化（40 目金刚砂）对铝合金桩表面进行处理,以模拟不同的桩身表面粗糙度。此外,依据轮廓算术平均值（R_a 法）定量描述上述铝合金桩的表面随机粗糙度（后续简称粗糙度,通过表面粗糙度检测仪测量得到）。

3. 试验方案

砂土状态及桩身粗糙度对桩-土界面接触特性的影响最为显著。因此,本书设计了两组试验,一组主要关注砂土状态的影响,模型桩为混凝土桩,分别从界面法向应力（σ_n）、砂土相对密实度（D_r）及砂土颗粒中值粒径（D_{50}）3 个方面进行研究;另一组则重点关注桩体粗糙度,控制砂土的状态（细砂、$D_r=0.7$ 和 $\sigma_n=100$ kPa）,主要变量为桩身材质和桩体粗糙度（R_a）,具体的试验方案可参考表 4.2.2 和表 4.2.3。

表 4.2.2 砂土状态对界面接触特性影响试验方案

工况编号	砂土类型	桩体类型	法向应力 σ_n/kPa	相对密实度 D_r
S_1			50	0.7
S_2	细砂	混凝土桩	100	0.5/0.6/0.7/0.8
S_3			150	0.7
S_4			200	0.7

续表

工况编号	砂土类型	桩体类型	法向应力 σ_n/kPa	相对密实度 D_r
S_5			50	0.7
S_6	中砂	混凝土桩	100	0.5/0.6/0.7/0.8
S_7			150	0.7
S_8			200	0.7
S_9			50	0.7
S_{10}	粗砂	混凝土桩	100	0.7/0.8/0.9
S_{11}			150	0.7
S_{12}			200	0.7

表 4.2.3　桩体粗糙度对界面接触特性影响试验方案

工况编号	砂土类型	桩体类型	表面粗糙度 R_a/mm	法向应力 σ_n/kPa	相对密实度 D_r
P_1		混凝土桩	0.0670	100	0.7
P_2		钢桩	0.0002	100	0.7
P_3	细砂	铝合金桩	0.0010	100	0.7
P_4		铝合金桩	0.0012	100	0.7
P_5		铝合金桩	0.0041	100	0.7
P_6		铝合金桩	1.2025	100	0.7

4.2.2　砂土状态对界面摩擦系数的影响

为了进一步量化砂土状态对桩-土界面剪切特性的影响,定义界面剪切应力峰值与法向应力之比为界面摩擦系数[式(4.2.1)],其中界面剪切应力峰值取桩-土剪切过程中剪切应力随剪切位移变化趋于平稳的首个剪切应力值。

$$\mu = \frac{\tau_p}{\sigma_n} \tag{4.2.1}$$

式中,μ 为界面摩擦系数;τ_p 为界面剪切应力峰值;σ_n 为法向应力。

1. 法向应力-界面摩擦系数

图 4.2.2 为不同法向应力下三种颗粒粒径砂土的界面摩擦系数分布。可以看出,对于相同颗粒粒径砂土,其在不同法向应力下对应的界面摩擦系数基本一致,细砂、中砂、粗砂的界面摩擦系数依次约为 0.67、0.7 和 0.93,即桩-土剪切过程中界面的摩擦系数受法向应力的影响相对较小。

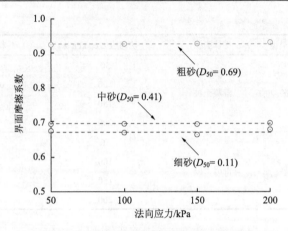

图 4.2.2　法向应力与界面摩擦系数的关系

2. 相对密实度-界面摩擦系数

图 4.2.3 为不同相对密实度下三种颗粒粒径砂土的界面摩擦系数的分布。总体上看,不同颗粒粒径砂土对应的相对密实度-界面摩擦系数分布均呈现出良好的线性关系。但对比后发现, 随着相对密实度的增加, 粗砂的界面摩擦系数增长速率要明显高于细砂和中砂,这主要由于细砂和中砂的颗粒圆度要明显优于粗砂,这也导致了界面剪切过程中粗砂的"犁耕效应"尤为显著,宏观表现为粗砂条件下界面摩擦系数随相对密实度的大幅递增。进一步地,采用线性公式对上述三种颗粒粒径砂土的相对密实度-界面摩擦系数关系进行量化处理,建立了考虑相对密实度影响的砂土-混凝土桩界面摩擦系数经验模型,具体见式（4.2.2）～式（4.2.4）。

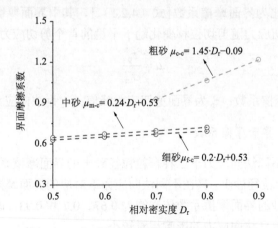

图 4.2.3　相对密实度与界面摩擦系数的关系

$$\mu_{\text{f-c}} = 0.2 \cdot D_{\text{r}} + 0.53 \tag{4.2.2}$$

$$\mu_{\text{m-c}} = 0.24 \cdot D_{\text{r}} + 0.53 \tag{4.2.3}$$

$$\mu_{\text{c-c}} = 1.45 \cdot D_{\text{r}} - 0.09 \tag{4.2.4}$$

式中，$\mu_{\text{f-c}}$ 为细砂-混凝土桩界面摩擦系数；$\mu_{\text{m-c}}$ 为中砂-混凝土桩界面摩擦系数；$\mu_{\text{c-c}}$ 为粗砂-混凝土桩界面摩擦系数。

3. 颗粒粒径-界面摩擦系数

图 4.2.4 为砂土颗粒粒径与界面摩擦系数的关系曲线。可以看出，砂土的颗粒粒径越大，其对应的界面摩擦系数也越大。从微观角度看，对于桩-土剪切过程，增大砂土的颗粒粒径在一定程度上可认为提高了土颗粒-结构面间的相对粗糙度，对应界面"犁耕效应"的增强，最终导致了界面摩擦系数的增大。进一步地，对试验数据进行分析，发现采用指数函数可较好地描述不同颗粒粒径下砂土-混凝土桩的界面摩擦系数分布规律，具体结果见式（4.2.5）。

$$\mu_{\text{p-c}} = 0.002 \cdot e^{7.26 \cdot D_{50}} + 0.67 \tag{4.2.5}$$

式中，$\mu_{\text{p-c}}$ 表示考虑颗粒粒径影响的砂土-混凝土桩界面摩擦系数；D_{50} 为砂土的中值粒径。

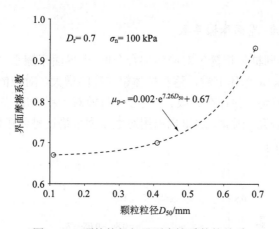

图 4.2.4　颗粒粒径与界面摩擦系数的关系

4.2.3　桩表面粗糙度对界面摩擦系数的影响

1. 桩身材质-界面摩擦系数

图 4.2.5 为不同桩身材质对应的桩-土界面摩擦系数分布（D_{r}= 0.7、细砂、

σ_n=100 kPa）。不同桩身材质下的界面摩擦系数差异明显，其中混凝土桩（P_1 工况）的界面摩擦系数最大，钢桩（P_2 工况）最小。对不同材质接触面与砂土剪切过程进行分析后发现，接触面刚度对界面摩擦系数的影响较大，具体表现为接触面刚度越大，对应的界面摩擦系数越小。从本书试验结果可知，钢桩的表面刚度最大，但对应的界面摩擦系数最小，故可认为不同材质下界面摩擦系数差异主要与桩表面粗糙度不同有关，受表面刚度的影响相对较小。

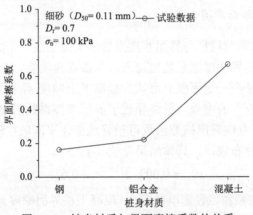

图 4.2.5　桩身材质与界面摩擦系数的关系

2. 桩体粗糙度–界面摩擦系数

图 4.2.6 为不同桩体粗糙度对应的铝合金桩–土界面摩擦系数分布（D_r= 0.7、细砂、σ_n=100 kPa）。总体上看，随着桩体粗糙度的增大，对应的界面摩擦系数呈现出非线性增长趋势，并存在上限。实际上，目前对于粗糙度–界面摩擦系数之间的关系已有大量研究，因此，这里也沿用对数模型来描述桩体粗糙度–界面摩擦系数关系，具体如下：

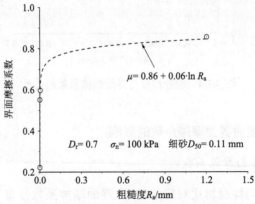

图 4.2.6　桩体粗糙度与界面摩擦系数的关系

$$\mu_{\text{f-c}} = 0.86 + 0.06 \cdot \ln R_{\text{as}} \tag{4.2.6}$$

式中，$\mu_{\text{f-c}}$ 为细砂–铝合金桩的界面摩擦系数；R_{as} 为桩体表面粗糙度（R_a）与 1 mm 的比值。

4.2.4　桩–土界面非线性损伤接触模型

1. 模型构建

大量研究表明，界面的破坏主要由刚度较弱侧的介质出现损伤引起。对于剪切过程中的桩–土界面，桩身因刚度较大，其在整个过程中的损伤可忽略不计，故这里主要关注土体损伤对桩–土界面剪切特性的影响。由于桩周土体在持续剪切过程中损伤不断累积，此过程中局部损伤状态的土体被视为无损伤与损伤状态土的混合。

对于无损伤状态土体，采用应力比–剪切位移指数关系式：

$$\eta = b \cdot (1 - e^{-a\gamma}) \tag{4.2.7}$$

式中，η 为应力比（$\eta = \tau/\sigma_{\text{n}}$）；$\gamma$ 为剪切位移；a、b 为模型相关参数。

令式（4.2.7）中无损伤状态土体的应力比 η 等于界面摩擦系数 μ_{i}，得到

$$\mu_{\text{i}} = b_{\text{i}} \cdot (1 - e^{-a_{\text{i}}\gamma}) \tag{4.2.8}$$

式中，μ_{i} 为无损伤土体的界面摩擦系数；a_{i}、b_{i} 为相关参数。

进一步地，依据指数曲线的几何性质，$a_{\text{i}} \cdot b_{\text{i}}$ 为剪切应力–剪切位移曲线的初始斜率，记作初始剪切刚度 K_{si}，具体公式如下：

$$K_{\text{si}} = K_{\text{i}} \cdot \gamma_{\text{w}} \cdot \left(\frac{\sigma_{\text{n}}}{P_{\text{a}}} \right)^{n} \tag{4.2.9}$$

式中，K_{i} 为刚度系数；n 为刚度指数；γ_{w} 为水的容重。

考虑到剪切过程中达到破坏状态时的界面剪切应力 τ_{f} 与 τ_{ult} 不尽相同，引入破坏比 R_{f} 来表征 τ_{f} 与 τ_{ult} 的差异：

$$R_{\text{f}} = \frac{\tau_{\text{f}}}{\tau_{\text{ult}}} \tag{4.2.10}$$

此外，对剪切应力–剪切位移曲线剪切刚度 K_t 的定义，具体公式如下：

$$K_t = K_{\text{si}} \left(1 - R_{\text{f}} \cdot \frac{\tau_{\text{i}}}{\tau_{\text{f}}} \right) \tag{4.2.11}$$

假定 t 时刻界面剪切位移为 γ_t，应变增量为 $\Delta\gamma$，则无损伤状态土体界面剪切应力如下：

$$\tau_{\text{i}(t+\Delta t)} = \tau_{\text{i}(t)} + K_t \Delta\gamma \tag{4.2.12}$$

式中，t 为计算总步长；Δt 为计算子步长。则 $t+\Delta t$ 时刻无损伤状态土体界面摩擦系数如下：

$$\mu_{i(t+\Delta t)} = \mu_{i(t)} + G_t \Delta \gamma \tag{4.2.13}$$

对于损伤状态土体，这里直接参考本书桩-土界面摩擦试验结果，即当界面剪切应力达到峰值后逐渐趋于稳定，且稳定时的界面剪切应力与法向应力符合正比例关系，即

$$\tau_d = \mu_d \cdot \sigma_n \tag{4.2.14}$$

式中，τ_d 为损伤状态土体的界面剪切应力；μ_d 为损伤状态土体的界面摩擦系数。

对于土体损伤变量，采用指数函数形式进行描述，具体如下：

$$\psi = 1 - e^{-\omega \gamma} \tag{4.2.15}$$

$$\omega = f \left(\frac{\sigma_n}{P_a} \right)^g \tag{4.2.16}$$

式中，f、g 为指数函数的相关参数，且 g 反映法向应力对界面土体损伤的影响；f、g 均可由界面剪切试验获取。

假定 t 时刻界面的剪切位移为 γ_t，对应的应变增量为 $\Delta \gamma$，则 $t+\Delta t$ 时刻的土体损伤因子为

$$\psi_{t+\Delta t} = 1 - e^{-\omega \cdot (\gamma + \Delta \gamma)} \tag{4.2.17}$$

则考虑土体损伤影响的界面剪切应力公式如下：

$$\tau_{t+\Delta t} = \left(\tau_{i(t)} + K_t \Delta \gamma \right) e^{-\omega (\gamma + \Delta \gamma)} + \left(1 - e^{-\omega (\gamma + \Delta \gamma)} \right) \tau_n \tag{4.2.18}$$

对应的考虑土体损伤影响的界面摩擦系数公式如下：

$$\mu_{t+\Delta t} = \left(\mu_{i(t)} + G_t \Delta \gamma \right) e^{-\omega (\gamma + \Delta \gamma)} + \left(1 - e^{-\omega (\gamma + \Delta \gamma)} \right) \mu_r \tag{4.2.19}$$

2. 模型参数确定及验证

本书建立的桩-土界面摩擦系数指数损伤接触模型共有 7 个参数，分别为 G_i、λ、R_f、μ_p、μ_r、f、g，均可通过桩-土界面剪切试验直接获得。基于 ABAQUS-FRIC 编写了该桩-土界面摩擦系数指数损伤接触模型，并将其应用于三维桩-土界面摩擦试验数值模拟。数值模型的地基土采用南水双屈服面本构模型（该模型能够反映土体的静水压缩屈服和剪胀特性，以及合理地描述土体的变形特性），土体单元选择 C3D8I（八节点六面体线性非协调单元）；模型桩采用线弹性模型，单元格类型为实体单元 C3D8；模型的地基土尺寸和边界设置与大型界面剪切试验一致，数值模型如图 4.2.7 所示。界面摩擦系数指数损伤接触模型参数见表 4.2.4，地基土细砂南水模型参数见表 4.2.5。

图 4.2.7　三维桩-土界面摩擦试验数值模型

表 4.2.4　指数损伤接触模型参数

模型桩	G_i	λ	μ_p	R_f	μ_r	f	g
混凝土桩	1350	2.3	0.67	1.0	0.67	1.24	0.5
铝合金桩	2510	0.38	0.53	1.0	0.53	1.46	0.33

注：此处铝合金桩为 P_3 工况，对应的粗糙度 R_a=0.001。

表 4.2.5　细砂南水模型参数（D_r= 0.7）

c	φ	k	$\Delta\varphi$	n	K_{ur}	R_{fu}	C_d	N_d	R_d
1	35.69	508.58	0	0.56	1017.16	0.875	0.0013	1.06	0.61

图 4.2.8 为相对密实度 D_r=0.7 时，不同法向应力下细砂与混凝土桩（S_1-S_4 工况）、铝合金桩（P_3 工况）界面摩擦系数试验值与指数损伤接触模型计算值分布。可以看出，本书提出的桩-土界面摩擦系数指数损伤接触模型，能较好地预测不同土体的状态及桩体粗糙度下砂土地基桩-土界面接触非线性特征；同时，本模型可反映界面法向应力、地基土相对密实度、颗粒粒径及桩体粗糙度等关键因素对界面剪切应力的影响，以及因接触面剪切位移变化而产生的损伤。

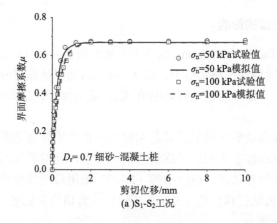

（a）S_1-S_2工况

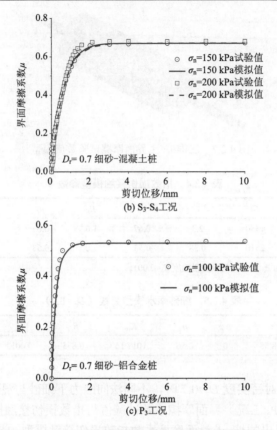

图 4.2.8　典型工况界面摩擦系数试验值与模拟值对比

4.3　砂土-钢界面动剪切模量、阻尼比影响因素及表征模型

4.3.1　剪切位移幅值的影响

以 σ_n 为 100 kPa、R_a 为 91.9 μm、D_r 为 0.7 及加载速率为 0.1 mm/s 的试验为例，图 4.3.1 展示了不同剪切位移幅值下，砂土-钢界面临界状态对应的动剪切模量及等效黏滞阻尼比，分别采用初始剪切刚度 K_{si}、阻尼比理论最大值 D_{max} 对二者进行了归一化处理。

总体来说，界面动剪切模量随着剪切位移幅值的增加而逐渐降低，等效黏滞阻尼比随着剪切位移幅值的增加而逐渐增大。目前，针对界面动剪切模量、阻尼比表征模型的研究较为缺乏。芮圣洁等（2020）采用双曲线函数和对数函数分别描述动剪切模量-剪切位移幅值（K-A）、阻尼比-剪切位移幅值（D-A）的关系，其建议的表达式分别为

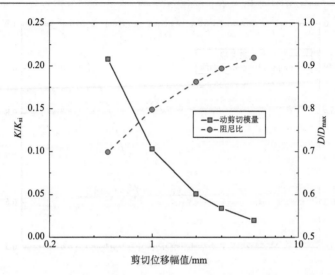

图 4.3.1　动剪切模量、阻尼比与不同剪切位移幅值的关系

$$K = a / A , \quad D = b \lg A + c \tag{4.3.1}$$

式中，A 为剪切位移幅值；a 为表征 K-A 关系的模型参数；b 和 c 为表征 D-A 关系的模型参数。

上述模型本质是针对试验结果的简单拟合，针对小剪切位移及大剪切位移情况的界面动剪切模量、阻尼比会产生较大预计偏差，具体为：当剪切位移无穷小时，动剪切模量计算值为无穷大，阻尼比计算值小于 0；当剪切位移无穷大时，阻尼比计算值会超过理论最大值 0.64，这与实际试验结果不符。此外，上述模型中也未考虑 K-A 曲线与 D-A 曲线的内在联系，其将 K-A 曲线与 D-A 曲线视为相互独立的两条曲线进行研究。

实际上，与土体动力特性类似，界面 K-A、D-A 关系在对数坐标下呈现出类 S 形曲线的增长或衰减变化规律（陈国兴和刘雪珠，2004）。当剪切位移较小时，界面通常处于近似弹性体状态，此时的动剪切模量接近初始剪切模量 K_{si}，滞回曲线近似一条直线，阻尼比接近于 0，此阶段随着剪切位移幅值的增大，K/K_{si} 无明显衰减，D/D_{max} 无明显增长；随剪切位移增加，界面逐渐进入塑性阶段，滞回圈迅速扩展，K/K_{si} 的衰减及 D/D_{max} 的增长速率均开始加快；当剪切位移足够大时，滞回圈形状基本稳定，K/K_{si} 及 D/D_{max} 趋于平稳，整体演变趋势示意图如图 4.3.2 所示。

基于对上述界面循环剪切规律的分析，本书的 K-A 经验模型采用如下曲线方程表示：

$$K / K_{si} = 1 - \frac{1}{1 + (a / A)^b} \tag{4.3.2}$$

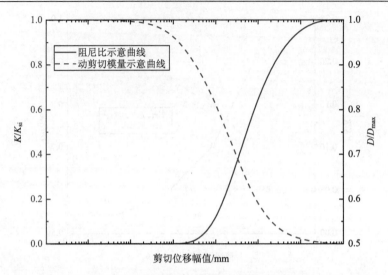

图 4.3.2　动剪切模量、阻尼比变化趋势示意图

式中,a 和 b 为动剪切模量曲线的形状系数,对于本书 σ_n 为 100 kPa、R_a 为 91.9 μm、D_r 为 0.7 及加载速率为 0.1 mm/s 的试验,a=0.175,b=1.19。

此外,$K\text{-}A$ 曲线和 $D\text{-}A$ 曲线均是剪切应力-剪切位移曲线特性的外化表现形式,二者不应独立分析。在 $D\text{-}A$ 曲线预测模型方面,通过在 $D\text{-}A$ 曲线中引入动剪切模量指标,来考虑 $K\text{-}A$ 曲线与 $D\text{-}A$ 曲线的内在联系,具体采用的公式如下:

$$D=D_{max}\left(1-K/K_{si}\right)^{f(A)} \tag{4.3.3}$$

式中,$f(A)$ 为表征阻尼比曲线形状的参数。在针对土体动力特性的类似研究模型中,假定 $f(A)$ 为与土的类型有关(杨文保等,2020),而与剪切位移幅值无关的常数。

对本书 σ_n 为 100 kPa、R_a 为 91.9 μm、D_r 为 0.7 及加载速率为 0.1 mm/s 的试验,进行拟合预测。图 4.3.3 展示了 $f(A)$ 为常数$[f(A)$ =2.15$]$时界面阻尼比的预测结果,可以看出预测结果与实测结果差异明显:在小剪切位移(A 小于 1 mm)情况下会低估界面阻尼比,而在大剪切位移(A 大于 1 mm)情况下会高估界面阻尼比。可见,在界面阻尼比表征模型中不能将 $f(A)$ 视为常数,有必要进行进一步研究。

以 σ_n 为 100 kPa、R_a 为 91.9 μm、D_r 为 0.7 及加载速率为 0.1 mm/s 的试验为例,依据阻尼比实测数据进行 $f(A)$ 的反演。图 4.3.4 展示了 $f(A)$ 反演结果与剪切位移幅值的关系,可以看出随着剪切位移幅值增大,$f(A)$ 逐渐增大,二者呈现出良好的线性关系,R^2 大于 0.96,可以用如下公式表示:

$$f(A)=\eta_D A+A_{d0} \tag{4.3.4}$$

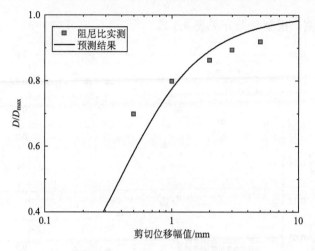

图 4.3.3　界面阻尼比的预测结果

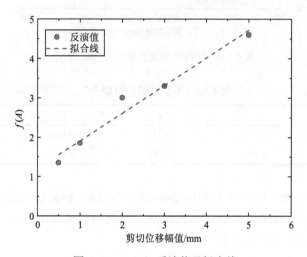

图 4.3.4　$f(A)$ 反演值及拟合线

式中，η_D、A_{d0} 为拟合参数，在本书中分别为 0.703 和 1.204。

综合式（4.3.2）～式（4.3.4），则得到修正后的 D-A 曲线模型：

$$D=D_{max}\left[\frac{1}{1+(a/A)^b}\right]^{\eta_D A+A_{d0}} \tag{4.3.5}$$

至此 K-A 曲线及 D-A 曲线经验模型已经建立完毕。图 4.3.5 展示了该模型对本书试验的预测结果，模型参数如表 4.3.1 所示。此外，芮圣洁等（2020）曾利用环剪仪器，针对干燥钙质砂-钢板开展了循环剪切试验，研究了不同剪切位移幅值情况下的界面动剪切模量及阻尼比，为方便对比，将其结果重新整理，亦用本书模型进行了预测，模型参数亦见表 4.3.1。

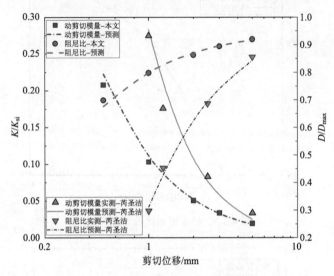

图 4.3.5　动剪切模量及阻尼比预测效果

表 4.3.1　不同试验的模型参数

项目	a	b	η_D	A_{d0}
本书试验	0.175	1.19	0.703	1.204
芮圣洁等	0.579	1.701	0.843	2.559

由图 4.3.5 可知，模型对本书石英砂-钢界面试验、钙质砂-钢界面试验表现出了良好的适用性，本书模型对 K-A 曲线及 D-A 曲线均表现出了良好的预测精度，证明了其具有较强的合理有效性。

4.3.2　相对密实度的影响

相对密实度对界面强度特性影响显著，而相对密实度对动剪切模量及阻尼比的影响研究较为缺乏。以 σ_n 为 100 kPa、R_a 为 91.9 μm 及加载速率为 0.1 mm/s 的试验为例，图 4.3.6 展示了不同相对密实度情况下，砂土-钢桩界面临界状态所对应的动剪切模量、等效黏滞阻尼比随剪切位移幅值的变化。可以看出，本书试验条件下，随着相对密实度变化，动剪切模量及阻尼比虽然有一定波动，但基本与相对密实度无关，说明在本书试验范围内，即便在不同剪切位移幅值情况下，不同初始相对密实度的砂土-钢桩临界状态仍具有较好的一致性。

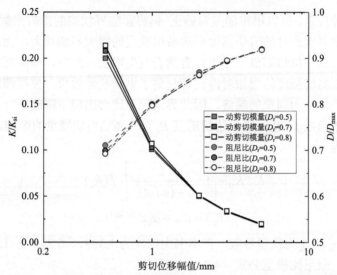

图 4.3.6　不同相对密实度下动剪切模量、阻尼比与剪切位移幅值的关系

4.3.3　粗糙度的影响

以 σ_n 为 100 kPa、D_r 为 0.7 及加载速率为 0.1 mm/s 的试验为例，图 4.3.7 展示了在不同粗糙度情况下，砂土-钢界面的动剪切模量、等效黏滞阻尼比随剪切位移幅值的变化。可以看出，相较于相对密实度，界面粗糙度对动剪切模量、等效黏滞阻尼比的影响显著。随着界面粗糙度增大，砂土-钢界面的动剪切模量有所提升，阻尼比呈现逐渐下降趋势，且剪切位移幅值越小，动剪切模量及阻尼比的变动越大。

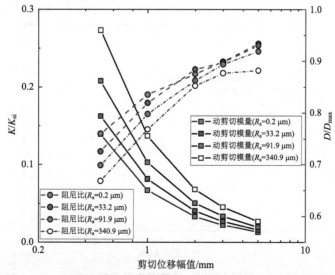

图 4.3.7　不同粗糙度下动剪切模量、阻尼比与剪切位移幅值关系

上述这种现象，可以用粗糙度对砂土-钢界面临界状态的影响来解释：如前述可知，界面临界状态时的剪切强度会随着粗糙度的增大不断增大，而动剪切模量为剪切强度与剪切位移幅值的比值，自然会发生增长；此外，相同剪切位移幅值情况下，界面剪切强度的增加对滞回圈起到了纵向拉伸效果，使得滞回圈形态呈现从宽厚饱满转变为扁窄的趋势，因此界面阻尼比会出现下降趋势。

引入指数函数 $f(R_a)$ 来描述粗糙度 R_a 对界面动剪切模量的影响，则 K-A 曲线模型修正为

$$K/K_{si} = \left[1 - \frac{1}{1+(a/A)^b}\right] \cdot f(R_a) \tag{4.3.6}$$

$$f(R_a) = K_{r0} + \alpha_k e^{(R_a/\zeta_k)} \tag{4.3.7}$$

式中，K_{r0}、α_k 及 ζ_k 为模型参数，在本书中依次为 1.399、−0.737 及−152.371。

相应地，阻尼比模型公式（4.3.5）修正为

$$D = D_{max}\left[1 - \frac{(a/A)^b \cdot f(R_a)}{1+(a/A)^b}\right]^{\eta_D A + A_{d0}} \tag{4.3.8}$$

在试验数据的基础上，对不同粗糙度情况下的阻尼比拟合参数 η_D、A_{d0} 进行反演，发现 η_D 与界面粗糙度呈负相关关系，A_{d0} 与界面粗糙度基本无关，可视为常数（即 A_{d0}=1.204）。进一步地整理 η_D 与界面粗糙度的关系，如图 4.3.8 所示。可以看出 η_D-R_a 的关系可以用对数函数表示：

$$\eta_D = \eta_1 + \eta_2 \ln R_a \tag{4.3.9}$$

式中，η_1、η_2 为模型参数，在本书中分别为 1.1448 和−0.095。

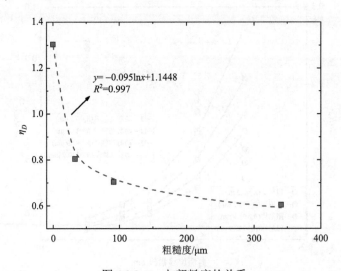

图 4.3.8　η_D 与粗糙度的关系

将式（4.3.9）代入式（4.3.8），得到考虑粗糙度影响的 D-A 曲线模型：

$$D=D_{\max}\left[1-\frac{(a/A)^b \cdot f(R_a)}{1+(a/A)^b}\right]^{(\eta_1+\eta_2 \ln R_a)A+A_{d0}} \tag{4.3.10}$$

图 4.3.9 展示了本书模型预测结果和实测结果的对比，模型参数如表 4.3.2 所示。可以看出，本书模型预测效果良好，采用同一套参数，就能较好地预测砂土–钢界面在不同粗糙度、不同剪切位移幅值情况下的动剪切模量及阻尼比演变规律。

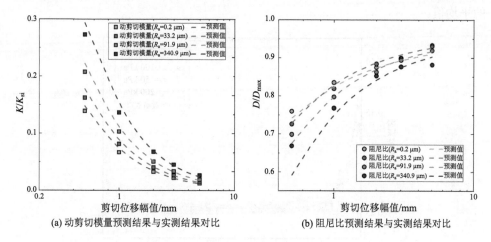

(a) 动剪切模量预测结果与实测结果对比　　　(b) 阻尼比预测结果与实测结果对比

图 4.3.9　模型预测结果与实测结果对比

表 4.3.2　模型参数

动剪切模量参数	a	b	K_{r0}	α_k	ζ_k
数值	0.175	1.19	1.399	−0.737	−152.371
阻尼比参数	η_1	η_2	A_{d0}	/	/
数值	1.1448	−0.095	1.204	/	/

4.4　砂土–钢界面循环软化特性及表征模型

4.4.1　基本模型

在本书试验范围内，砂土–钢桩界面的初始"结构"在循环剪切作用下不断调整、劣化，剪切强度呈逐渐衰减至稳定残余值的趋势，是一种微观层面上连续累积且不可逆的结构损伤现象，可采用损伤力学概念进行描述。摩擦系数衰减是循环剪切导致界面损伤的外化表现形式，因此，本书采用摩擦系数衰减曲线作为循环软化函数的构造基础。假定损伤量（D）是累积塑性位移（z_p）的函数，对于完

全无损的试样，$D=0$；对于完全损伤的试样，$D=1$；损伤函数可表示为

$$D = 1 - S(z_p) \tag{4.4.1}$$

损伤本构模型的关键在于构建合理表征界面循环特性的损伤函数。结合一组界面剪切试验数据说明摩擦系数的演变趋势，进而确定损伤函数的形式。图 4.4.1 展示了不同法向应力情况下，摩擦系数随着累积塑性位移的演变规律。考虑到正向剪切和反向剪切的峰值强度基本一致，此处的摩擦系数为正向剪切和反向剪切的平均值。

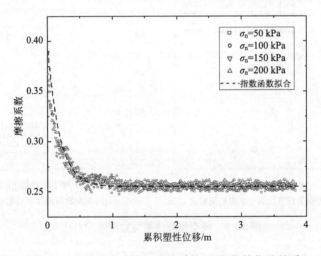

图 4.4.1　不同法向应力下摩擦系数–累积塑性位移关系

由图 4.4.1 可以看出，在本书法向应力范围内，界面摩擦系数随累积塑性位移的演变趋势基本一致，均呈现出强烈的非线性衰减趋势，摩擦系数虽有一定波动但基本与法向应力无关；循环剪切试验中后期，摩擦系数基本稳定，试样达到了临界状态。摩擦系数–累积塑性位移关系可采用指数函数进行描述，R^2 大于 0.96，公式如下：

$$\mu = \mu_r + (\mu_\Gamma - \mu_r) e^{z_p \zeta_\Gamma} \tag{4.4.2}$$

式中，μ_r 为临界摩擦系数；μ_Γ 为函数在 y 轴的截距，可认为是界面摩擦系数理论最大值，定义为初始摩擦系数；ζ_Γ 为模型参数，用于调节摩擦系数的衰减速率。两个模型参数与土体类型、颗粒强度及形状、结构粗糙度等有关。

利用 μ_Γ 及 μ_r 对式（4.4.2）进行归一化处理，即可得到损伤量 D 的表达式：

$$S(z_p) = \frac{\mu - \mu_r}{\mu_\Gamma - \mu_r} = e^{z_p \zeta_\Gamma} \tag{4.4.3}$$

$$D = 1 - e^{z_p \zeta_\Gamma} \qquad (4.4.4)$$

4.4.2　相对密实度的引入

以 σ_n 为 100 kPa、R_a 为 91.9 μm 和加载速率为 0.1 mm/s 的试验为例，图 4.4.2 展示了不同土体相对密实度情况下，摩擦系数随累积塑性位移的演变规律。

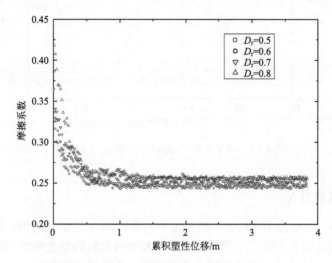

图 4.4.2　不同 D_r 下摩擦系数-累积塑性位移关系

总体上看，随着相对密实度的增加，衰减至稳定阶段所需的累积塑性位移有一定增大。这是因为循环剪切作用会改变初始砂土骨架结构，影响砂土-钢桩表面间的连锁作用，剪切过程中砂颗粒会持续滑动、滚动及磨损，直至形成可适应当前循环剪切作用的砂-钢稳定结构。密实砂土间的初始骨架结构更强、孔隙更小，砂颗粒滑动、滚动等位置调整较为困难，因此需要更大的累积塑性位移才能形成稳定的砂土-钢桩界面接触结构。

图 4.4.3 展示了以式（4.4.4）对试验结果进行拟合的情况，可以看出模型参数 ζ_Γ 与 D_r 之间存在良好的线性关系，$R^2 = 0.976$，可用如下公式表示：

$$\zeta_\Gamma = \beta + \lambda D_r \qquad (4.4.5)$$

式中，β 和 λ 为材料常数。

联合式（4.4.4）及式（4.4.5），则可得到考虑相对密实度 D_r 的界面循环剪切损伤函数：

$$D = 1 - e^{z_p(\beta + \lambda D_r)} \qquad (4.4.6)$$

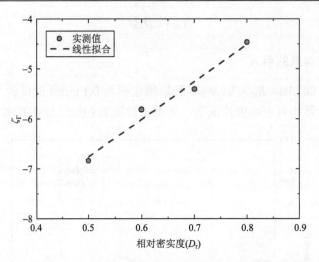

图 4.4.3　模型参数 ζ_Γ-相对密实度 D_r 关系曲线

4.4.3　粗糙度的引入

以 D_r 为 0.7、σ_n 为 100 kPa 及加载速率为 0.1 mm/s 的试验为例,图 4.4.4 展示了不同界面粗糙度 R_a 情况下,摩擦系数随累积塑性位移的演变规律。随着 R_a 增加,摩擦系数的衰减越明显,试样摩擦系数到达稳定阶段所需的累积塑性位移也越大。

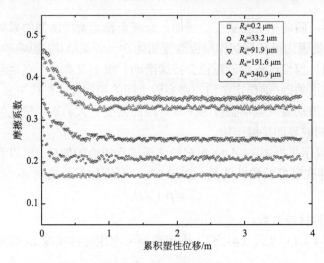

图 4.4.4　不同粗糙度下摩擦系数-累积塑性位移关系

根据式(4.4.6),将试验得到的不同粗糙度 R_a 下 λ 和 β 进行计算汇总。由图 4.4.5(a)可知,λ 虽然有一定波动但基本与 R_a 无关,可视为常数(即 λ=7.97);

由图 4.4.5（b）可知，β 和 R_a 的关系曲线可用指数函数拟合：

$$\beta = \beta_0 + \beta_R e^{R_a/\eta} \tag{4.4.7}$$

式中，β_0、β_R、η 为材料参数，在本书中依次为−9.18、−25.12 及−43.09。

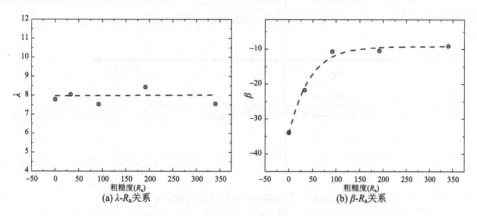

图 4.4.5　参数 λ、β 与粗糙度的关系

联合式（4.4.6）及式（4.4.7），则可得到考虑相对密实度 D_r 和界面粗糙度 R_a 的循环剪切损伤函数：

$$D = 1 - e^{z_p(\beta_0 + \beta_R e^{R_a/\eta} + \lambda D_r)} \tag{4.4.8}$$

4.5　考虑循环软化及阻尼比效应的界面动力接触模型

4.5.1　基本假定

循环剪切作用下砂土−钢桩界面应力位移曲线可由骨架曲线、卸载曲线和再加载曲线构成的滞回圈来反映，如图 4.5.1 所示。基于骨架曲线的形式来构造滞回圈是一种普遍思路（Zhou et al., 2024；张陈蓉等，2020；尚守平等，2007；栾茂田和林皋，1992；赵丁凤等，2017；陈国兴和庄海洋，2005），构造滞回圈的关键在于如何表征出滞回圈的形态和演化趋势。当前最为常见的构造方法为 Masing 类滞回圈，其被广泛应用于各类土体及界面的一维动应力−应变关系构建。

Masing 法则构造滞回圈的原理如图 4.5.1 所示，卸载曲线、再加载曲线由放大 2 倍的骨架曲线旋转移动、平移得到（刘方成，2008）。因此，Masing 法则认为卸载曲线、再加载曲线与骨架曲线之间呈固定对应关系，且滞回曲线为封闭滞回圈，即滞回圈形态完全取决于骨架曲线的形式。

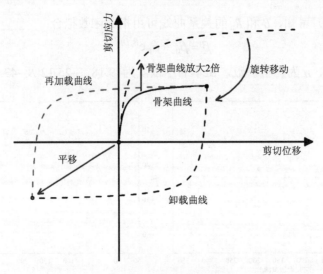

图 4.5.1　Masing 法则构造滞回圈示意图

本书中的砂土-钢桩界面存在明显的循环软化特性,剪切强度随着循环剪切进行不断衰减,且衰减程度和速率受土体相对密实度及结构表面粗糙度耦合的作用。此外,试验还表明砂土-钢桩滞回圈具有一定非对称性,卸载曲线、再加载曲线的形态具有多变性,Masing 法则均无法描述。

在前述循环软化表征模型的基础上,如图 4.5.2 所示,本节进行界面动本构模型构建,首先做如下基本假定:①初始加载过程中,应力-位移曲线为初始骨架曲

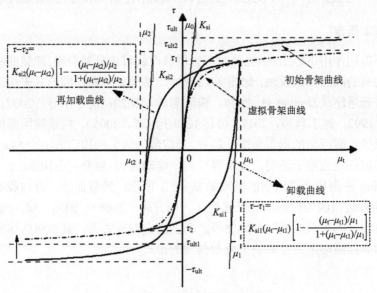

图 4.5.2　滞回圈构造示意图

线；②在初始骨架曲线基础上引入界面循环剪切损伤函数，并将其定义为虚拟骨架曲线，以作为后续每次剪切的骨架曲线；③卸载及再加载曲线与虚拟骨架曲线在交会后，后继加卸载过程中应力-位移曲线与虚拟骨架曲线一致。

上述假定①、③与其他滞回圈构造的方法无异，两个假定已经得到国内外学者的认可。本模型与当前方法的主要区别在于：假定②中通过引入循环剪切损伤函数，对骨架曲线的轨迹进行调整，从而对每次加卸载点的坐标起到控制作用，最终起到对卸载曲线、再加载曲线形状演化的控制效果。

4.5.2　考虑循环软化的骨架曲线构造

以初始加载曲线作为界面剪切模型的骨架曲线，本书试验数据表明，小变形情况下土体与结构界面静力接触行为的主要特点为非线性，双曲线模型可以较好地表征此特征。本书以双曲线模型框架为构建骨架曲线的基础模型：

$$\frac{u_t}{\tau}=a_t+b_t u_t \tag{4.5.1}$$

其次以 u_t/τ 为纵坐标，以 u_t 为横坐标，双曲线关系则可转换为线性关系，可得上述线性方程的截距为 a_t，斜率为 b_t。进一步地，依据双曲线和线性方程的几何性质，可得以下公式：

$$a_t=\frac{1}{K_{si}},b_t=\frac{1}{\tau_{ult}} \tag{4.5.2}$$

式中，K_{si} 为初始剪切刚度（初始剪切模量），即双曲线模型在 u_t=0 处的切线斜率；τ_{ult} 为当 $u_t \to \infty$ 的剪切应力，即双曲线模型渐近线的纵坐标值。

联立式（4.5.1）和式（4.5.2），并对式（4.5.1）中的变量 u_t 求导可得对应的时变切线剪切模量 k：

$$k=\frac{\partial \tau}{\partial u_t}=\left(1-\frac{\tau}{\tau_{ult}}\right)^2 K_{si} \tag{4.5.3}$$

将 τ_{ult}/K_{si} 定义为参考剪切位移 u_0，则式（4.5.3）可改写为

$$\tau=K_{si}u_t\left[1-H(u_t)\right] \tag{4.5.4}$$

$$H(u_t)=\frac{u_t/u_0}{1+u_t/u_0} \tag{4.5.5}$$

式（4.5.4）及式（4.5.5）即为 Hardin-Drnevich（H-D）模型在界面剪切本构领域的扩展。Martin 等将 H-D 模型扩展为三参数模型，记为 Davidenkov 模型，其采用 A、B、u_0 对 $\tau/K_{si}u_t$-u_t 进行拟合，$H(u_t)$ 公式为

$$H(u_t) = \left\{ \frac{(u_t / u_0)^{2B}}{1 + (u_t / u_0)^{2B}} \right\}^A \tag{4.5.6}$$

式中，A、B、u_0 是与界面特性有关的参数。需要指出的是，此时，u_0 已不再是具有明确物理意义的参考剪切位移，而仅是一拟合参数（李扬波等，2018）。Davidenkov 模型的骨架曲线可表示为

$$\tau = K_{si} u_t \left[1 - \left\{ \frac{(u_t / u_0)^{2B}}{1 + (u_t / u_0)^{2B}} \right\}^A \right] \tag{4.5.7}$$

显然，当 A 为 1.0，B 为 0.5 时，Davidenkov 模型退化为双曲线形式的 H-D 模型。Davidenkov 模型的本质是通过调整 A 和 B 参数的数值区间，以表征不同土体类型间的差异性。Davidenkov 模型存在的问题是参数无明确物理意义，舍弃了双曲线模型参数的直观性，精确取值较为困难，往往需要参数反演确定计算参数。此外，当 B 小于 0.5 时，剪切位移无穷增大时，剪切应力也为无穷大，这一趋势与土体实际应力–应变关系不符。考虑到本书试验结果的特点，本书依旧采用双曲线模型为骨架曲线的基本形式。

虚拟骨架曲线为无损伤和临界状态的线性叠加，将试验结束时的状态近似作为临界状态，则表达式为

$$\tau = (1 - D)\tau_\Gamma + D\tau_r \tag{4.5.8}$$

式中，τ_Γ 为无损伤的界面剪切应力，为初始摩擦系数与法向应力的乘积，即 $\tau_\Gamma = \mu_\Gamma \sigma_n$；$\tau_r$ 为临界状态的界面剪切应力，为临界摩擦系数与法向应力的乘积，即 $\tau_r = \mu_r \sigma_n$。

此外，考虑到剪切过程中界面剪切破坏状态时的界面剪切应力与 τ_{ult} 之间的差异，引入破坏比的概念：

$$\tau_{ult} = \frac{\tau_f}{R_f} \tag{4.5.9}$$

式中，R_f 为破坏比；τ_f 为界面剪切破坏状态时的界面剪切应力。

初始剪切模量是构建双曲线本构的重要参数。Clough 和 Duncan（1971）提出的模型已得到广泛应用，本书的试验结果亦采用该模型为界面初始剪切模量 K_{si} 的基础模型：

$$K_{si} = K_1 \gamma_w \left(\frac{\sigma_n}{P_a} \right)^n \tag{4.5.10}$$

式中，K_1 为无量纲刚度系数；n 为刚度指数；γ_w 为水的容重，取值为 9.8 kN/m³；P_a 为标准大气压，取值为 101 kPa，实际上 P_a 也可以设为其他值。将 K_{si}/γ_w 与 σ_n/P_a 绘制于双对数坐标系中，则直线的斜率为 n，截距为 $\lg K_1$：

$$\lg\left(\frac{K_{si}}{\gamma_w}\right)=\lg K_1+n\lg\left(\frac{\sigma_n}{P_a}\right) \tag{4.5.11}$$

联立式（4.5.7）～式（4.5.11）及式（4.5.3），则得到虚拟骨架曲线的表达形式：

$$\tau=\frac{e^{z_p\zeta_\Gamma}u_t\sigma_n\mu_\Gamma K_1\gamma_w\left(\frac{\sigma_n}{P_a}\right)^n}{\sigma_n\mu_\Gamma+R_f u_t K_1\gamma_w\left(\frac{\sigma_n}{P_a}\right)^n}+\frac{(1-e^{z_p\zeta_\Gamma})u_t\sigma_n\mu_r K_1\gamma_w\left(\frac{\sigma_n}{P_a}\right)^n}{\sigma_n\mu_r+R_f u_t K_1\gamma_w\left(\frac{\sigma_n}{P_a}\right)^n} \tag{4.5.12}$$

至此，虚拟骨架曲线已经构造完毕。以一组试验（D_r 为 0.7，R_a 为 91.9 μm，σ_n 为 100 kPa）结果为例，图 4.5.3 展示了骨架曲线随着循环次数 N 的演变趋势。由图 4.5.3 可见，本书借助损伤函数构建的虚拟骨架曲线，能较好地反映界面强度循环软化特性。

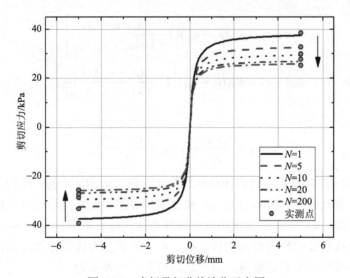

图 4.5.3　虚拟骨架曲线演化示意图

4.5.3　考虑阻尼比修正的滞回圈构造

当循环剪切过程中剪切位移方向发生转变时，需要考虑剪切应力-剪切位移曲线的反转效应。为了很好地表征界面循环剪切的力学行为，必须对应力-位移曲线反转点进行判别。本模型中应力-位移曲线的反转判别准则如下：

$$\begin{cases} \vec{\tau} : \dot{u}_t > 0, & \text{加载} \\ \vec{\tau} : \dot{u}_t \leqslant 0, & \text{卸载} \end{cases} \qquad (4.5.13)$$

除循环软化特性外，滞回圈的另一重要特性为阻尼比，而目前缺乏从阻尼比角度开展土-结构界面滞回圈方面的研究。由前述可知，本书中砂土-钢桩界面的等效黏滞阻尼比可达 0.5～0.6，而黏土的等效黏滞阻尼比一般不超过 0.25，界面滞回曲线相较于土体的滞回曲线更为饱满，采用传统 Masing 加卸载法会造成界面阻尼比有较大的预测偏差。因此，不同于 Masing 法则的"二倍"关系，本书的加卸载法摒弃了骨架曲线与卸载曲线、再加载曲线的严格对应关系，直接研究滞回曲线方程与阻尼比的相关性。

首先，以界面循环剪切进行一定次数后，试样达到临界状态的封闭滞回圈为例，讨论界面阻尼比的影响因素。假定卸载曲线和再加载曲线均符合双曲线函数，表达形式为

卸载曲线：
$$\tau - \tau_1 = K_{s1}(u_t - u_{t1})\left[1 - \frac{|u_t - u_{t1}|/u_1}{1 + |u_t - u_{t1}|/u_1}\right] \qquad (4.5.14)$$

再加载曲线：
$$\tau - \tau_2 = K_{s2}(u_t - u_{t2})\left[1 - \frac{(u_t - u_{t2})/u_2}{1 + (u_t - u_{t2})/u_2}\right] \qquad (4.5.15)$$

其中，
$$u_1 = \frac{\tau_1 - \tau_{ult1}}{K_{s1}}, \quad u_2 = \frac{\tau_{ult2} - \tau_2}{K_{s2}} \qquad (4.5.16)$$

式中，τ_{ult1} 和 τ_{ult2} 分别为卸载曲线和再加载曲线渐近线的纵坐标，即为虚拟骨架曲线渐近线的纵坐标；τ_1 和 τ_2 分别为卸载曲线和再加载曲线交点的纵坐标，可依据剪切位移幅值（u_{t1} 或 u_{t2}）和虚拟骨架曲线表达式进行求解；u_1 及 u_2 分别为卸载曲线及再加载曲线的参考剪切位移；K_{si}、K_{si1} 及 K_{si2} 为虚拟骨架曲线、卸载曲线及再加载曲线的初始剪切模量，三者之间的关系可表示为

$$K_{si1} = \psi_1 K_{si}, \quad K_{si2} = \psi_2 K_{si} \qquad (4.5.17)$$

式中，ψ_1 及 ψ_2 为材料参数，通过 ψ_1、ψ_2 间的差异可以描绘出滞回圈的非对称性。

基于阻尼比的定义，依据式（4.5.14）～式（4.5.16）可推导出界面阻尼比表达式为

$$\begin{aligned}
D_{am} = {} & \frac{2(\tau_{ult2} - \tau_{ult1})}{\pi(\tau_1 - \tau_2)} - \frac{(\tau_{ult2} - \tau_2)^2}{\pi u_{t1}(\tau_1 - \tau_2)K_{si2}}\ln\left(1 + \frac{2u_{t1}K_{si2}}{\tau_{ult2} - \tau_2}\right) \\
& - \frac{(\tau_1 - \tau_{ult1})^2}{\pi u_{t1}(\tau_1 - \tau_2)K_{si1}}\ln\left(1 + \frac{2K_{si1}u_{t1}}{\tau_1 - \tau_{ult1}}\right)
\end{aligned} \qquad (4.5.18)$$

进一步对式（4.5.18）分析，可知在相同剪切位移幅值 u_t 情况下，界面阻尼比 D_{am} 受到刚度参数（K_{si1}、K_{si2}）和强度参数（$|\tau_{ult1}-\tau_1|$、$|\tau_{ult2}-\tau_2|$）的共同影响。为研究两类参数与阻尼比的关联性，以一组参数为例进行演示说明。为简便起见，将卸载曲线及再加载曲线的初始剪切模量、参考剪切位移及渐近线纵坐标值均设为一致，示例的初始参数具体为 $u_{t1}=u_{t2}=5$ mm、$K_{si1}=K_{si2}=100$ kPa/mm、$|\tau_{ult1}-\tau_1|=|\tau_{ult2}-\tau_2|=50$ kPa。

图 4.5.4 展示了阻尼比随着单一因素发展的关系曲线，可以看出刚度参数 K_{si1} 对阻尼比的影响最为显著：在初始阶段，随着 K_{si1} 增大，阻尼比即发生快速增长；随着 K_{si1} 进一步增大，阻尼比增加速率迅速降低，阻尼比逐渐趋于定值，接近理论最大值 0.64。相较于 K_{si1} 参数，$|\tau_{ult1}-\tau_1|$ 变化造成的阻尼比波动十分有限，随着 $|\tau_{ult1}-\tau_1|$ 的增大，界面阻尼比呈现缓慢下降趋势。另外，该分析结果为前文中不同界面粗糙度情况下砂土-钢桩阻尼比差异提供了理论解释：$|\tau_{ult1}-\tau_1|$ 随着界面粗糙度的增加而增大，进而导致砂土-钢桩阻尼比出现了一定程度的下降。

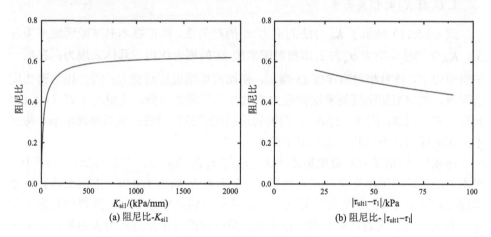

图 4.5.4　阻尼比参数分析

考虑到 $|\tau_{ult1}-\tau_1|$ 的物理意义明确，取值容易获取，可依据阻尼比试验结果反演出一个针对 K_{si1} 及 K_{si2} 的修正系数，来提高对界面阻尼比的预估精度，具体形式是将式（4.5.17）修改为

$$K_{si1} = \chi\psi_1 K_{si}, \quad K_{si2} = \chi\psi_2 K_{si} \tag{4.5.19}$$

式中，χ 为阻尼比修正系数，可根据式（4.5.18）、式（4.5.19）及界面阻尼比的实测结果进行联合反演。值得注意的是，式（4.5.18）难以使用解析方法直接求解，可采用数值迭代的方法求解近似值。

至此，完整的滞回圈模型已经建立完毕，该滞回圈构造方法相较于传统 Masing 类法则的优势在于：①通过引入循环软化模型，可以描述界面滞回曲线向临界状态强度转变的过程；②考虑了卸载曲线、再加载曲线初始剪切模量的差异，可以描述滞回曲线的非对称性；③引入了阻尼比修正系数，对卸载曲线、再加载曲线初始剪切模量进行修正，显著提升模型对阻尼比的预测精度。

4.5.4　相对密实度的引入

上述骨架曲线、滞回曲线模型能够较好地描述界面在不同应力状态下的循环剪切规律，但其特点是对于同一类型界面，若土体相对密实度或结构粗糙度发生变化，骨架曲线、滞回曲线模型参数也将随之改变，即该模型将同一种界面在不同土体相对密实度、不同结构粗糙度时视为不同材料，模型需进一步改进。骨架曲线、滞回曲线模型中有三类需要确定的关键参数，分别为刚度参数 K_{si}，强度参数 μ_r、μ_r 及阻尼比修正系数 χ。本节思路为直接研究相对密实度 D_r 与 K_{si}、μ_r、μ_r 及 χ 的相关性，从而实现相对密实度 D_r 的引入。

1. D_r 与 K_{si} 的相关关系

式（4.5.11）展示了 K_{si} 与法向应力 σ_n 的相关性，而依据本书试验研究成果发现，K_{si} 受到法向应力 σ_n 与土体相对密实度 D_r 的耦合作用，具体表现为：在同一法向应力下，随着相对密实度 D_r 增加，初始剪切刚度逐渐变大；同一相对密实度情况下，初始剪切刚度随着法向应力增大亦呈现增加趋势，这说明了式（4.5.11）具有一定局限性。因此，将砂土-钢桩初次剪切试验数据进行重新整理汇总，得到不同法向应力、不同相对密实度下的 K_{si}。

图 4.5.5 给出了双对数坐标系中 K_{si}/γ_w 与 σ_n/P_a 的关系，可以看出式（4.5.10）对本书的试验结果具有良好预测效果，相关系数 R^2 均大于 0.96。不同土体相对密实度 D_r 得到的拟合结果规律较为一致，各拟合线间近似平行。随着相对密实度 D_r 的增大，拟合线的斜率基本保持不变，拟合线的截距呈逐渐增大趋势，表明试样在剪切过程中越来越难产生塑性变形。

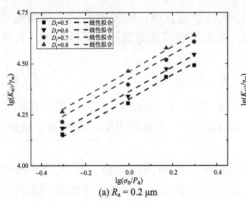

(a) $R_a = 0.2\ \mu\mathrm{m}$

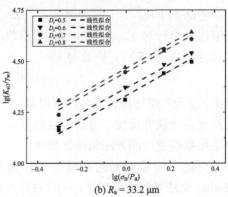

(b) $R_a = 33.2\ \mu\mathrm{m}$

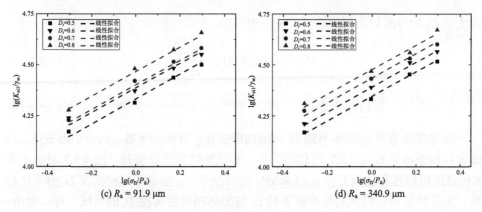

(c) $R_a = 91.9\ \mu m$　　　　　(d) $R_a = 340.9\ \mu m$

图 4.5.5　$\lg(K_{sil}/\gamma_w)$ 与 $\lg(\sigma_n/P_a)$ 的关系

图 4.5.6（a）进一步展示了 K_1 和 n 与相对密实度 D_r 的相关性，对于每一种界面粗糙度，K_1 都随着相对密实度 D_r 的增大而增大，二者之间存在良好的线性关系，R^2 均大于 0.95，可用如下公式表示：

$$K_1 = a_1 + a_2 D_r \tag{4.5.20}$$

式中，a_1 和 a_2 为材料常数，对于本书界面剪切试验，$a_1=24225$、$a_2=9360$。

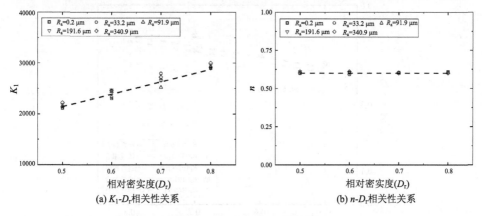

(a) K_1-D_r相关性关系　　　　　(b) n-D_r相关性关系

图 4.5.6　K_1 和 n 与 D_r 的关系

图 4.5.6（b）表明参数 n 与土体相对密实度 D_r 的相关性不明显，在本书试验范围内可视为常数，即 $n=0.605$。由图 4.5.6 还可以看出，在土体相对密实度 D_r 相等情况下，不同粗糙度对应的 K_1 和 n 基本一致，说明结构粗糙度对界面初始剪切刚度的影响较小，在后续研究中可忽略结构粗糙度对界面初始剪切刚度的影响。

综上所述，将式（4.5.20）代入式（4.5.10），则考虑法向应力 σ_n 和土体相对

密实度 D_r 的界面初始剪切模量可统一表示为

$$K_{si} = (a_1 + a_2 D_r)\gamma_w \left(\frac{\sigma_n}{P_a}\right)^n \qquad (4.5.21)$$

2. D_r 与 μ_Γ、μ_r 的相关关系

临界摩擦系数 μ_r 基本不随 D_r 的增加而变化，可视为常数，此处不再赘述。为研究初始摩擦系数 μ_Γ 与 D_r 的相关关系，对试验结果重新整理。图 4.5.7 展示了在 5 种界面粗糙度和法向应力 σ_n=100 kPa 的情况下，μ_Γ 随着相对密实度 D_r 的变化趋势。通过数据拟合得到初始摩擦系数 μ_Γ 与土体相对密实度 D_r 的曲线。可以看出，在本书试验条件下，不同界面粗糙度对应的 D_r-μ_Γ 分布均呈现出良好的线性关系，R^2 均大于 0.96，其拟合方程可为

$$\mu_\Gamma = \mu_0 + \alpha_\Gamma D_r \qquad (4.5.22)$$

式中，μ_0 和 α_Γ 为材料常数。μ_0 可认为是最松散状态的砂土-钢桩界面的初始摩擦系数；α_Γ 表征界面初始摩擦系数随相对密实度增大而增大的程度，在本书中可视为常数，α_Γ=0.3175。

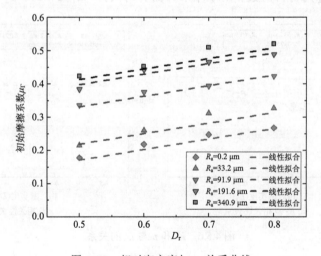

图 4.5.7　相对密实度与 μ_Γ 关系曲线

3. D_r 与 χ 的相关关系

由前述可知，阻尼比受界面剪切位移影响最大，其次为界面粗糙度，而基本不受相对密实度的影响。以 R_a=0.2 μm（最光滑）及 R_a=340.9 μm（最粗糙）为例进行 χ 反演，图 4.5.8 展示了不同相对密实度情况下，界面临界状态时的阻尼比修

正系数 χ 随着剪切位移幅值的变化。从图 4.5.8 中可以看出：相同粗糙度、相同相对密实度情况下，修正系数 χ 随剪切位移幅值的增长基本不变；相同粗糙度、相同剪切位移幅值情况下，修正系数 χ 随相对密实度的变化也基本不变，因此在进行滞回曲线模型构造时，不同相对密实度及剪切位移幅值情况下的修正系数 χ 可视为常数。

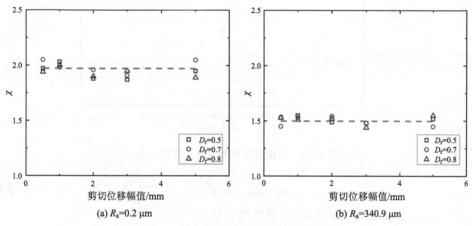

(a) $R_a = 0.2\ \mu\text{m}$　　　　　　　　(b) $R_a = 340.9\ \mu\text{m}$

图 4.5.8　修正系数 χ 与相对密实度的关系

4.5.5　粗糙度的引入

与相对密实度的引入方法相同，本小节对粗糙度与前述模型参数的相关性进行探讨。结构粗糙度对初始剪切刚度 K_{si} 的影响较弱，其作用主要体现在对强度参数 μ_Γ、μ_r 及阻尼比修正系数 χ 的影响，以下进行分别叙述。

1. R_a 与 μ_Γ、μ_r 的相关关系

图 4.5.9 展示了 μ_0 随粗糙度变化的变化趋势。可以看出，μ_0-R_a 关系曲线可以用指数函数进行拟合，R^2 大于 0.96，可用式（4.5.23）进行表征：

$$\mu_0 = \mu_{0R} + \alpha_0 e^{R_a/\zeta_0} \tag{4.5.23}$$

式中，μ_{0R}、α_0 及 ζ_0 为表征 μ_0-R_a 相关性的拟合参数，在本书中依次为 0.268、–0.266 及 –100。

图 4.5.9 为粗糙度与 μ_0 的关系，可得到考虑粗糙度 R_a 及相对密实度 D_r 耦合作用的初始摩擦系数 μ_Γ 预测公式：

$$\mu_\Gamma = \mu_{0R} + \alpha_0 e^{R_a/\zeta_0} + \alpha_\Gamma D_r \tag{4.5.24}$$

此外，临界摩擦系数 μ_r-粗糙度关系可用式（4.5.25）表示：

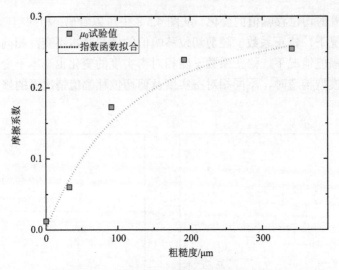

图 4.5.9　粗糙度与界面摩擦系数的关系

$$\mu_r = \mu_{rR} + \alpha_r e^{R_a/\zeta_r} \qquad (4.5.25)$$

式中，μ_{rR}、α_r 及 ζ_r 为表征 μ_r-R_a 关系的拟合参数。

2. R_a 与 χ 的相关关系

随着粗糙度增大，阻尼比修正系数 χ 呈逐渐下降趋势。进一步定量分析粗糙度对阻尼比修正系数 χ 的影响，图 4.5.10 展示了阻尼比修正系数 χ 与粗糙度 R_a 的拟合关系曲线。值得注意的是，此处的系数 χ 为不同相对密实度情况下的平均值。

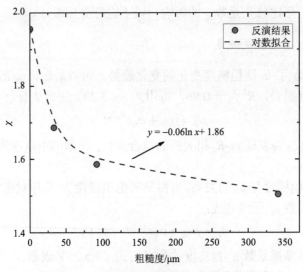

图 4.5.10　阻尼比修正系数 χ 与粗糙度的关系

图 4.5.10 表明可用对数函数来描述阻尼比修正系数 χ 随粗糙度增大呈现出的下降趋势，公式为

$$\chi = \chi_1 \ln R_a + \chi_0 \tag{4.5.26}$$

式中，χ_1 和 χ_2 为模型参数。

4.5.6　模型验证

1. 简化模型验证

本书不显含粗糙度和相对密实度影响的简化本构模型共有 9 个参数：刚度参数 K_1、ψ_1 及 ψ_2，刚度指数 n，破坏比 R_f，初始状态参数 μ_Γ，临界状态参数 μ_r，软化参数 ζ_Γ 和阻尼比修正系数 χ。对简化模型进行验证，针对 Hostun 砂-钢界面，Shahrour 和 Rezaie（1997）开展了常法向应力情况下的循环剪切试验，该试验的法向应力为 100 kPa，界面为光滑钢界面，循环剪切位移幅值为 1 mm，简化界面模型参数如表 4.5.1 所示。

表 4.5.1　简化界面模型的参数

刚度参数	K_1	ψ_1	ψ_2
参数值	194100	2.27	1.34
初始状态参数	μ_Γ	临界状态参数	μ_r
参数值	0.58	参数值	0.43
损伤参数	ζ_Γ	刚度指数	n
参数值	−115	参数值	0.70
破坏比	R_f	阻尼比修正系数	χ
参数值	1.0	参数值	0.81

图 4.5.11 给出了根据本书模型的加卸载法则和根据原始 Masing 法则计算的结果对比，可见本书模型能更好地捕捉界面滞回圈的非对称特点，而基于 Masing 法则预测的滞回圈形状更为对称及饱满，预测结果与试验结果吻合度较差。

2. 完整模型验证

本书完整界面模型主要包括 18 个参数，分别为：刚度参数 a_1、a_2、ψ_1 及 ψ_2，刚度指数 n，初始状态参数 μ_{0R}、α_0、ζ_0 及 α_Γ，临界状态参数 μ_{rR}、α_r 及 ζ_r，损伤参数 β_0、β_R、η 及 λ，阻尼比修正系数 χ_0 及 χ_1。全部参数均可通过界面循环剪切试验数据进行计算和率定。

以本书试验结果进行完整界面模型的验证，参数如表 4.5.2 所示。图 4.5.12 展示了相对密实度为 0.7、结构粗糙度为 91.9 μm、法向应力为 100 kPa 的模拟结

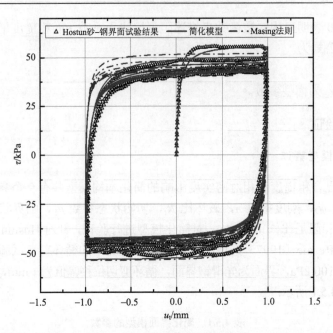

图 4.5.11　简化界面模型的验证

果，可以看出滞回曲线随着循环次数增加呈现出逐渐向内收缩的趋势，本书模型能较好地反映这一演化规律。

表 4.5.2　完整界面模型的参数

刚度参数	a_1	a_2	ψ_1	ψ_2
参数值	24225	9360	2.65	2.65
初始状态参数	μ_{0R}	α_0	ζ_0	α_Γ
参数值	0.268	−0.266	−100	0.3175
临界状态参数	μ_{rR}	α_r	ζ_r	
参数值	0.371	−0.203	−145	
损伤参数	β_0	β_R	η	λ
参数值	−9.18	−25.12	−43.09	7.97
刚度指数	n			
参数值	0.605			
阻尼比修正系数	χ_0	χ_1		
参数值	1.86	−0.06		

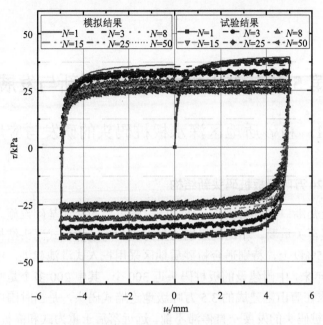

图 4.5.12　完整界面模型的验证

第 5 章　深水板桩结构的创新与发展

5.1　粉砂质地区深水板桩码头的研发与应用

5.1.1　5 万～20 万吨级板桩码头新结构

码头泊位是港口建设的核心，作为国家最重要的交通基础设施之一，对于国民经济的发展至关重要。相比同级别的重力式和高桩承台式码头结构，板桩码头造价要节省 25%以上，特别适合粉砂质地区采用挖入式港池建港。中华人民共和国成立 70 多年来，中国建设的板桩码头近 300 个，其中 200 多个是中小型码头泊位。20 世纪末在唐山港建成的 3.5 万吨级地连墙式码头，是当时国内最大的板桩码头。此后板桩码头的发展一直停滞不前，远远落后于重力式和高桩承台式码头。

现代港口的发展要求码头泊位必须深水化，能否建成深水泊位成为板桩码头结构生存的关键。对于板桩式码头，水深的变化对其强度和稳定性的影响是极其敏感的：码头前沿水深加大以后，作用于前墙上的土压力急剧加大，导致前墙的内力和变形随之增大，当达到某一水深时，前墙由于过大的内力和变形就会发生破坏。单靠加大前墙的断面已不能解决上述问题，换言之，已设计不出经济合理的深水单锚式板桩码头结构。这正是国内外板桩码头研究停滞不前的主要原因。因此，要发展深水板桩码头泊位，必须研发新的板桩结构。

板桩码头新结构开发的难点在于如何解决港池挖深与土压力和结构变形之间的矛盾，涉及的关键科学问题是地基土与码头结构的相互作用。为了解决这个问题，中交第一航务工程勘察设计院有限公司、南京水利科学研究院、唐山港口实业集团有限公司、大连理工大学、天津深基工程有限公司等单位开展了产学研联合攻关，从板桩结构的土压力理论研究出发，进行了系统的理论与试验研究，基于"遮帘"和"分离卸荷"的原理，先后开发了"半遮帘式"、"全遮帘式"、"分离卸荷式"和"带肋板的分离卸荷式"4 种板桩码头新结构，如图 5.1.1 所示，将中国板桩码头结构建设水平从 3.5 万吨级提升至 20 万吨级。

2003 年起，随着板桩码头新结构的研发，研究成果在河北省唐山港京唐港区和曹妃甸港区逐步推广应用，目前已建成深水板桩码头泊位 57 个，码头岸线达 14.7 km，年吞吐量超过 2.58 亿 t，成为粉砂质地区优先选择的码头结构型式。2012 年，板桩码头新结构从粉砂质地区推广应用到淤泥粉土质地区，在江苏省盐城市

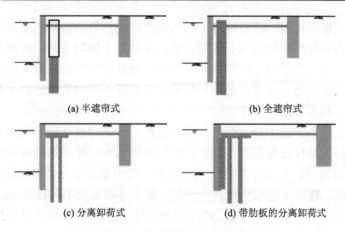

图 5.1.1　深水板桩码头新结构

滨海港建设了 2 个 10 万吨级分离卸荷式板桩码头,进一步拓展了新结构的应用范围,实现了滨海港建设 10 万吨级深水码头泊位的梦想。

5.1.2　深水板桩码头离心模拟技术

　　土工离心模型试验作为港口工程结构开发、结构与地基相互作用研究最有效的技术手段之一,其试验原理的核心是借助离心机高速旋转为模型创造一个与原型应力水平相同的应力场,最终恢复原型实际工程中的自重应力水平。在港工结构物离心模拟试验中,地基土层与结构物的模拟、量测与数据采集技术、波浪荷载的模拟、施工过程的模拟等是决定离心模型试验结果是否可靠的重要环节。

1. 港口工程离心模型试验地基土层模拟方法

　　此次研发的用于离心模型试验大中型平面应变试验模型箱的黏土地基土层固结仪及土层模拟技术,相比于利用离心机高速旋转提供的超重力场环境固结土样,能较好地模拟黏土地基的固结过程,显著提升了黏土地基土样制备质量,实现了港口工程离心模型试验地基土层的准确模拟。根据刚度相似原理,提出采用铝合金替代港工结构钢筋混凝土材料,实现港工结构物的精细化模拟。在港工结构物离心模拟试验中,模型地基土层的模拟质量直接决定着离心模型试验结果的质量,选用合适的模型地基制备材料、采取恰当的制备技术和控制好关键的技术指标极其重要。按照土工离心模型相似准则,只有当模型地基土层所有的物理力学性质与原型地基土层对应的指标完全相同时,模型所表现出的性状才能完全代表原型。由于土的物理力学性质的复杂性,要满足模型地基土层与原型地基土层所有的物理力学性质指标完全相同这一要求目前尚难以做到,但针对不同的研究对象,可以实现模型与原型的关键地基土层的主要物理力学性质指标一致或接近。对于控制土体强度的模型试验，应将地基土层的强度作为模型制备时主要的控制指标；对于研究结构物变形性状的离心模型试验，在地基土层制备时，应控制其变形指标满足相似要求。为了满足模型地基土层主要物理力学性质指标与原型土层对应的指标一致或接近这一最基本的相似要求，应根据不同类型的地基土层，考虑其材料的选取、制备方法和程序。

地基土层模拟的技术特点为：① 黏土层制备时采用自主研发的大尺寸平面应变型模型土样固结仪在地面预压固结，可较快地达到所要求的强度控制指标，且地基土强度均匀。② 地基中的砂土层制备时采用分层夯实法或者砂雨法。分层夯实法相对简单，将砂土层细分成几个分层，每个分层厚度不超过 5 cm，计算好每个分层所需的土体质量，用木槌均匀击实到所要求的厚度。砂雨法采用干密度控制法，即保持某一固定落距将砂土试样均匀撒落至模型箱内，落距大小是根据所需的密度，通过砂土层密度与落距关系曲线确定的。③ 人工填筑土层制备时采用分层夯实法。配料时按照制备含水率和所需干密度计算加水量和土料质量，混合拌匀密封，待土料含水率均匀后使用。制备时将整个土层细分成几个分层，每个分层厚度不超过 5 cm，采用分层击实法制作。每个分层制作完成后，对层面进行刨毛处理。

港口工程中涉及的原型结构大多由钢筋混凝土材料组成，由于钢筋混凝土材料组成细部结构尺寸模型较难模拟，以及在混凝土材上安装传感器、粘贴应变片时非常困难，试验结果的准确性难以保证。因此，模型材料多采用同为弹性材料且密度相近的铝合金作为替代材料。结构物模拟技术方法包括：① 拉压模型构件采用等抗拉刚度相似原理设计；② 抗弯模型构件采用等抗弯刚度相似原理设计。

2. 港口工程离心场下波浪荷载模拟装置

自主研发了三种波浪荷载模拟装置（拟静力波浪荷载模拟装置、循环往复等效波浪荷载模拟装置和超重力造波机模拟装置），以适应不同港口工程结构物承受波浪荷载作用的模拟需要。三种模拟方式难度依次递增，模拟效果愈来愈接近真实情况，有效揭示了波浪荷载、结构与地基之间的动力相互作用。主要技术性能包括：① 采用拟静力加载作动装置模拟波浪荷载，即将波浪力简化为静态水平力对结构的作用。该装置主要由荷载作动装置机构箱、荷重传感器和水平力作用端构成，以 1.2 mm/min 等应变速率模式施加水平力，100 g 超重力条件下它所模拟的最大原型波浪荷载合力可达 150 MN。② 采用循环往复荷载作动装置，给承受波浪荷载作用的结构物施加循环往复荷载，循环荷载的峰值取值为波浪力的合力值。该装置是基于电磁激励器原理研制开发的一套非接触式循环波浪荷载模拟器系统，通过循环波浪荷载模拟器两侧电磁激励器的推挽作用，提供相差为 180°、频率范围在 5～25 Hz 之间的正弦波（半波）式往复作用力，波浪合力峰值可达 1200 N。③ 超重力场中造波机系统主要由造波机主机系统、消浪系统及数据采集与控制系统组成。该装置可在离心加速度为 120 g 的条件下实现波浪-结构-地基动力相互作用的模拟，反映波浪的所有特征，包括控制波浪的频率、波长和幅值，模拟波浪的最大频率范围为 0.5 Hz，最大波幅为 8 m，波型为正弦波；可实现超过 60 m 水深条件和大于 120 m 研究范围的模拟，为研究海洋建筑物的变形与受力特性提供试验手段。

3. 港口工程港池开挖模拟

此次研发了 4 自由度离心机机器人式操纵臂，实现了离心机运转下分层开挖港池模拟：开发了离心模型试验专用机器人系统，用于试验过程中港池的开挖。主要技术指标为：可在 100 g 的离心加速度下正常工作；可实现 X、Y、Z 轴和 θ 轴四轴联动；X 向最大行程为 900 mm，Y 向最大行程为 400 mm，Z 向最大行程为 500 mm，θ 轴可 360°无限制旋转；可携带 4 件操作工具，包括港池开挖设备，可在试验过程中不停机自动切换。与以往的机器人操纵臂相比，该设备运行离心加速度高达 100 g，且具有行程大、重复精度高、承载能力强等特点，因而可以根据试验要求，实现在离心机运转下港池开挖、土石坝填筑及施加循环荷载等复杂的试验操作，从而大大提高离心模型的相似程度和试验结果的精度。

5.1.3　深水板桩码头土压力模型和计算方法

对于分离卸荷式板桩码头，准确获得港池开挖前结构上的初始应力是后续研究的基础。考虑到码头前墙、卸荷承台及锚锭墙均处于静止状态，可将前墙和卸荷承台近似视为带卸荷承台的刚性结构。对于此类结构，由于卸荷承台的卸荷作用，卸荷承台以下土体表面的竖向应力为零，造成作用于墙身侧向土压力的重新分布。下面将重点介绍港池开挖前考虑卸荷作用的刚性挡土墙后侧向土压力计算方法。

首先计算竖向土压力。对于未设置卸荷承台的地基竖向应力（E_z），可直接采用土体的自重压力，即 $E_z = \gamma z$，其中 γ 为土体的容重，z 为计算点到土体表面的距离。而对于设置卸荷承台的地基竖向应力，需要采用分区的方法进行计算。图 5.1.2 为考虑卸荷效应的地基竖向应力分区计算示意图，共分为 4 个区域界面，从上到下依次为未卸荷区、完全卸荷区、部分卸荷区及未卸荷区。未卸荷区的竖向应力按照未设置卸荷承台的地基竖向应力进行计算，下面重点介绍完全卸荷区及部分卸荷区地基竖向应力的计算方法。完全卸荷区及部分卸荷区的影响范围分别按照图 5.1.2 所示的几何关系确定，其中 φ 为土体的内摩擦角。对于完全卸荷区，卸荷承台以下土体表面的竖向应力自零开始，以下计算仍然按照该区域的自重应力计算方法进行，需要注意的是，z 为计算点到卸荷承台下表面的垂直距离；类似地，对于部分卸荷区，一般也假设该区域的土压力为线性分布，该区域土层上表面的竖向应力按完全卸荷区算出，土层底面的竖向应力按未卸荷区算出。故刚性挡土墙上的侧向土压力可以按照式（5.1.1）～式（5.1.3）进行计算：

$$E_0 = E_z (1 - \sin \varphi) \tag{5.1.1}$$

$$E_a = E_z \tan^2 \left(45^\circ - \frac{\varphi}{2} \right) \tag{5.1.2}$$

$$E_p = E_z \tan^2 \left(45^\circ + \frac{\varphi}{2} \right) \tag{5.1.3}$$

式中，E_0 为静止土压力；E_a 为主动土压力；E_p 为被动土压力；E_z 则可用考虑卸荷效应的竖向土压力分区计算方法得到。

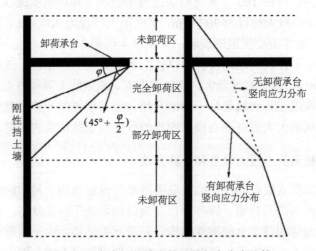

图 5.1.2　考虑卸荷效应的地基竖向应力计算

对于分离卸荷式板桩码头，由于设置了卸荷承台和灌注桩，需要考虑卸荷作用和灌注桩的遮帘作用对码头整体土压力的影响。下面主要对分离卸荷式板桩码头的土压力计算方法进行研究。土压力大小与其对应挡土结构的位移密切相关。当挡土结构位移达到挡土墙高的一定比例时土压力才会达到主动极限状态。按苏联规范法计算的泥面以下的陆侧土压力小于或等于主动土压力，但大量现场监测结果显示，实际陆侧土压力均处于主动及静止土压力之间，故传统的直接采用苏联规范法计算挡土结构土压力的方法是不合适的，需对苏联规范法进行修正。

图 5.1.3 为 Terzaghi 提出的经典土压力与挡土墙位移关系曲线。众多学者通过假设各种数学表达式来反映土压力和位移间的关系，总体思路均是通过指定函数

类型来对试验结果进行拟合，进而得出相应的土压力-位移计算模型。这里选择正弦型函数来对位移模型进行拟合，具体形式如下：

$$E_a = E_0 - E_r 、\quad E_p = E_0 + E_s \tag{5.1.4}$$

$$E_r = \sin\left(\frac{\pi \cdot \delta}{2\delta_{ocr}}\right)E_{rmax} \tag{5.1.5}$$

$$E_s = \sin\left(\frac{\pi \cdot \delta}{2\delta_{pcr}}\right)E_{smax} \tag{5.1.6}$$

式中，E_a 为主动土压力；E_p 为被动土压力；E_0 为静止土压力；δ 为开挖面以下前墙的位移值；δ_{ocr} 为达到主动土压力极限值时所需要的位移；δ_{pcr} 为达到被动土压力极限值时所需要的位移；E_{rmax} 为当 E_a 处于极限值[砂土可取 $E\tan^2(45°-\varphi/2)$]对应的 E_r；E_{smax} 为 E_p 处于极限值[砂土可取 $E\tan^2(45°+\varphi/2)$]对应的 E_s。

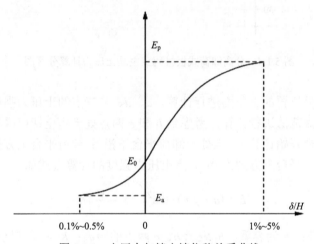

图 5.1.3   土压力与挡土墙位移关系曲线

　　由前述可知，板桩前墙变形导致其土压力呈"R"形分布。考虑到采用传统的苏联规范法过程过于烦琐，增加了土压力计算的复杂程度。这里根据分离卸荷式板桩码头的结构特点，将计算区域简化为四段进行计算。图 5.1.4 为不同开挖深度对应的土压力分区结果，其中卸荷平台与锚杆的高程一致，点 a、b、c、d、e 分别为未卸荷区、完全卸荷区、部分卸荷区及未卸荷区的边界位置。港池的开挖深度对其前墙土压力分布影响显著，且影响区域主要集中在部分卸荷区，具体表现为对部分卸荷区上、下边界位置（点 c、d 的竖向坐标）的影响。

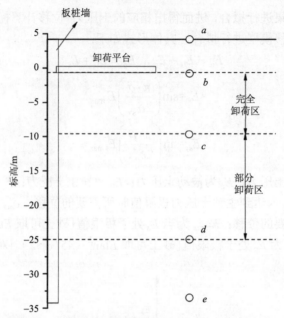

图 5.1.4　分离卸荷式板桩码头主动土压力计算分区图

下面对边界位置的土压力进行计算，a、d、e 三点的土压力强度按照上文提出的修正苏联规范法进行计算；考虑到 b 和 c 两点处于完全卸荷区域，故其竖向应力从卸荷平台开始计算（b 点处于卸荷平台下沿）；卸荷平台上方按修正苏联规范法计算的值，平台下方则为 0；c 点土压力强度的计算公式如下：

$$E_c = (q + \gamma h_1) \cdot \tan^2\left(45° - \frac{\varphi}{2}\right) K \qquad (5.1.7)$$

式中，q 为载荷；γ 为容重；h_1 表示 b、c 两点的距离；K 为板桩挠曲影响系数，通过查表获得。

以模拟的京唐港 36#泊位所采用的分离卸荷式板桩码头结构为例，通过不同方法计算获得的两种港池深度下码头前墙的土压力分布，如图 5.1.5 所示，具体的计算参数见表 5.1.1。

表 5.1.1　土压力计算参数

参数	h/m	H/m	δ/m	γ/（kN/m³）	φ/（°）
取值	25	38.2	3	19.3	32

注：h 为锚锭墙高度；H 为前墙高度。

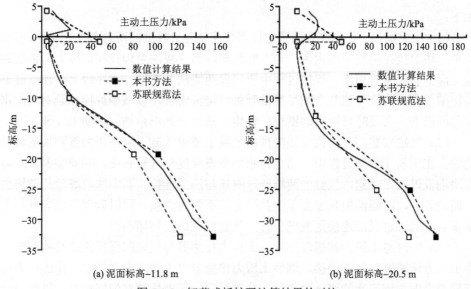

(a) 泥面标高-11.8 m   (b) 泥面标高-20.5 m

图 5.1.5   卸荷式板桩码计算结果的对比

由图 5.1.5 可知,采用本书方法计算得到的前墙土压力分布与数值模拟结果吻合度较好,特别是在部分卸荷区的上下边界点位置（c、d 点）,由本书方法得出的结果与数值计算结果更加吻合,可以认为本书分离卸荷式板桩码头前墙土压力的计算方法较合理。

5.1.4 深水板桩码头结构土压力现场监测

对于深水板桩码头结构,原型监测由于可直接反映其工作性能而显得尤为必要。而土压力监测又是原型监测的难点,也是板桩码头结构设计的重点,监测成果具有极重要的技术价值。土压力测量采用界面式土压力测量仪器,其埋设方法较多,主要是根据现场实际情况选取。对于码头地下连续墙与桩体,其深度可达近 40 m,其埋设技术受到限制,目前国内常用的方法为"挂布法"和"液压顶出法",其中挂布法因操作简单使用最广泛,但对于本结构工程,存在严重的技术问题,即埋设时既不能保证土压力盒的受力面方向与墙体平行,也无法使土压力盒与土体、土压力盒与墙体紧密接合;而液压顶出法为国外引进的技术,是美国基康（GEOKON）公司推荐的安装方法。该安装方法需要成套的安装附件,安装效果良好,但仪器及安装附件费用昂贵,一般工程难以承受,无法在国内推广。

因此,便采用了气缸顶出法埋设土压力传感器,即将土压力传感器安装在气缸端头,将气缸固定在相应位置上,待钢筋笼放入沉槽段,用气压泵通过连接管道将气压传送给气缸,利用活塞杆将土压力传感器推向侧壁,待混凝土浇筑初凝结束再卸压,以保证土压力传感器与被测面垂直并紧贴土层表面。具体埋设方法如下：

（1）法兰焊接。在钢筋笼的预定位置焊接法兰，气缸的两端各连接一块法兰，其中一块焊接在钢筋笼的内侧，与主筋相接，另一块法兰焊接在钢板上，钢板通过加焊钢筋与主筋相连，焊接过程中应确保两块法兰在同一水平线上，使气缸能与槽壁垂直。气缸与法兰之间尽量做到先焊接再安装，以减少焊接热量对气缸密封件的影响。必要时可以省略钢板，直接在法兰上加焊钢筋，以便于安装。

（2）气缸安装。气缸顶出法的顶出装置主要由气缸、进出压力管和加压装置构成。在钢筋笼制作过程中，结合传感器布设深度与气缸长度，在安装部位，将两块钢板焊接在一起，气缸的两端通过螺丝与法兰连接，其中法兰螺丝孔凹陷的一面朝外，以防螺丝的长度高于法兰平面，不利于焊接。同时确保气缸方向与槽壁垂直。气缸进气口连接尼龙气压管，气缸出气口安装堵头。

（3）气缸与土压力传感器连接。土压力传感器与气缸间采用拴锁结构相连。将土压力传感器与气缸连接，调整土压力传感器受力面方向并固定，使土压力传感器受力面与钢筋笼的直立面平行。应对每只土压力传感器做好标号，以便将已连接配套长度电缆的土压力传感器埋设到预定深度。

（4）电缆与气压管的安装和连接。在气缸与土压力传感器安装过程中，应连接气压管，并进行仪器和气缸性能测试，测试合格后分别进行通信电缆和压力管的绑扎，与钢筋接触部位需做保护装置。气压管分捆进行绑扎，并分别将其穿过钢丝套管以做保护，钢丝套管绑扎于钢筋笼上。气压管集中连接到气泵上并通过气压分配器进行中央控制；气压管应逐条做好标识，以便识别，同时做好警戒标识与保护工作。

（5）保护板安装。保护板可以起到很好的保护与定位的作用，在土压力传感器的两侧分别安装两块保护板，保持土压力传感器与保护板在同一竖直线上，将保护板的两端分别焊接于箍筋位置，保护板的两端应有一定的坡度，使保护板凸出钢筋笼的高度略大于连接后土压力传感器凸出的高度。

（6）加压装置的安装。加压装置由气泵、储气罐、多管路分气排、不锈钢对丝、铜球阀、快插接头和气压管等部分组成。

采用气缸顶出法埋设土压力传感器如图 5.1.6 所示，该方法制作简单，操作方便，并能保证每只仪器都紧贴墙壁，可避免安装中受力方向出现偏差，使埋设后的土压力传感器能有效地测得基坑侧壁土压力及其变化，为日后测量中真实反映土体对地连墙的压力提供了保障，同时为此类超深基坑工程的仪器埋设探索了一条可靠、简便、成功率高的新途径。

图 5.1.6　气缸顶出法埋设土压力传感器过程

5.2　淤泥质地区深水板桩码头的研发与应用

5.2.1　淤泥质地区深水板桩码头新结构

1. 固化淤泥地基与板桩组合式结构

为降低板桩结构土压力，对前墙陆侧主动区、港侧被动区地基土体进行固化处理，提高地基土的强度，利用固化土侧向土压力系数小于原状淤泥土的特性，降低作用在前墙上的土压力，从而降低前墙、锚锭结构及拉杆的受力与变形，减小码头后方地基的沉降与水平位移，提升板桩结构的整体稳定性。在满足结构稳定性的前提下，可仅对主动区地基土进行固化，地基处理的范围、固化剂的掺入量等参数根据码头设计参数和地基土工程特性确定，如图 5.2.1 所示。

图 5.2.1　固化淤泥地基与板桩组合式码头结构

固化淤泥地基板桩码头地基土体在侧限约束条件下水平向有效应力与竖向有效应力的比值不仅与地基土体的竖向有效应力有关，还与水泥含量和养护龄期等因素相关，即土体的静止土压力系数是一个变化的数值。针对水泥固化淤泥地基板桩结构的受力和变形特性，开展了不同水泥含量、养护龄期条件下固化淤泥地基受力和变形特性的研究。

2. 复合地基与板桩组合式结构

1）复合地基与板桩组合式结构码头设计方案

结合深层水泥搅拌法地基处理方式和单锚式板桩码头的优势，提出了复合地基与板桩组合式结构码头型式（图 5.2.2），即对软弱土地基按照水泥搅拌法进行处理，形成复合地基增强体，结构要素设计主要结合现有的港工设计规范、规程以及相关研究成果的设计思路，水泥搅拌桩复合地基的处理范围主要通过力学分析来复核取值的合理性，并考虑施工效率、周围施工环境等一些因素。

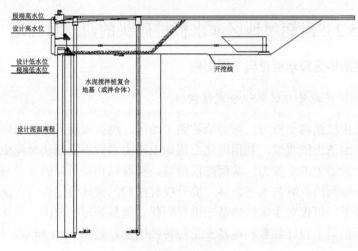

(a) 码头横截面

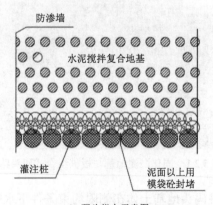

(b) 码头纵向示意图

图 5.2.2　复合地基与板桩组合式码头结构

江苏海润达港口有限公司在通州湾建设散货泊位时，为降低工程造价、减少港池水域面积占用，采用了水泥搅拌桩复合地基与单锚板桩的组合式码头结构。码头前板桩墙采用 Φ1200 mm@1300 mm 单排钻孔灌注桩结构做支挡结构，前墙后设置 2 排 Φ900 mm@600 mm 高压旋喷桩作为止水帷幕，其后 14.93 m 宽的软弱土地基采用 18%的水泥掺入比，按照 Φ600 mm@1000 mm 水泥搅拌桩进行加固处理，处理深度为 18 m。

2）复合地基与板桩组合式码头结构的特点

复合地基与板桩组合式码头结构包括密排灌注桩前墙、锚锭墙、高压旋喷桩、复合地基、拉杆，密排灌注桩前墙是先行浇筑留有一定间隙的一排灌注桩，后在密排灌注桩桩顶上制作胸墙，采用现浇型式固结成一体，在临近墙身后方采用高压旋喷形成相互交错的防渗桩；密排灌注桩前墙、锚锭墙通过拉杆连接；在密排灌注桩前墙和锚锭墙之间，采用深层水泥搅拌法对软土地基进行加固形成复合地基。

该结构解决了软弱土地基上建设大型板桩码头应用技术的空白，通过采用密排灌注桩前墙和高压旋喷桩的组合，解决了地下连续墙墙身在特殊地基（软土地基、含混石的地基）上的不适宜性，又解决了前墙墙身的防渗难题，同时前墙和锚锭墙之间的复合地基应用增加了地基的承载能力，减少了作用于前墙的侧向土压力，由于该新型板桩码头结构在陆地施工，不受风浪影响，尤其是不占用港池面积，与其他类型码头结构相比，具有施工速度快、工期短、造价省等优点。

5.2.2　固化淤泥地基板桩码头组合结构受力变形机理

1. 固化淤泥地基板桩码头结构型式

为了研究水泥固化淤泥地基板桩码头结构的受力和变形特性，以京唐港 10 万吨级板桩码头为研究对象，研究不同条件下固化淤泥地基上单锚式、遮帘式和分离卸荷式板桩码头结构受力和变形特性。10 万吨级的单锚式、遮帘式和分离卸荷式板桩码头结构如图 5.2.3 所示。

2. 固化淤泥地基板桩码头结构有限元模型建立

1）固化淤泥地基模拟

根据板桩码头结构沿着岸线方向的对称性，模拟中地基土体沿码头岸线方向宽度取为 5.5 m，垂直于码头岸线方向长度为 80 m，模拟的地基土体深度为 60 m，地基土体的有限元模型如图 5.2.4 所示。

2）板桩码头结构模拟

10 万吨级单锚式、遮帘式和分离卸荷式板桩码头结构的模拟分别如图 5.2.5、图 5.2.6 和图 5.2.7 所示。前墙、遮帘桩、卸荷承台、灌注桩和锚锭墙的钢筋混凝土材料采用 C3M8 实体单元进行模拟。

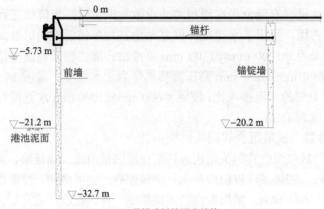

(a) 单锚式板桩码头结构

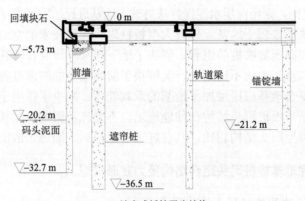

(b) 遮帘式板桩码头结构

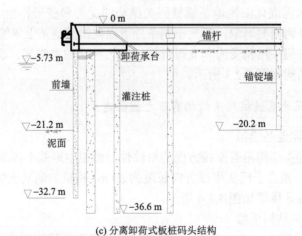

(c) 分离卸荷式板桩码头结构

图 5.2.3　固化淤泥地基 10 万吨级板桩码头结构型式

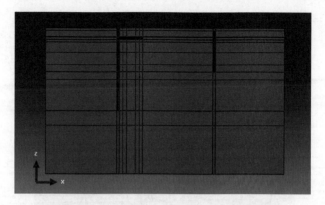

图 5.2.4　地基土体有限元模型（分离卸荷式）

图 5.2.5　10 万吨级单锚式板桩码头结构有限元模型

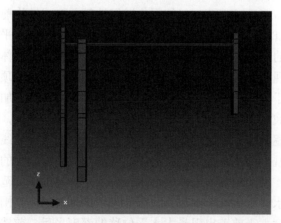

图 5.2.6　10 万吨级遮帘式板桩码头结构有限元模型

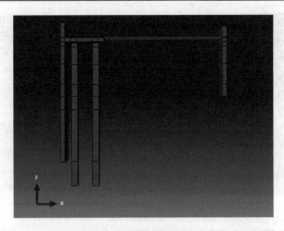

图 5.2.7　10 万吨级分离卸荷式板桩码头结构有限元模型

3）固化淤泥地基与结构接触及施工过程模拟

实际工程中，前墙、遮帘桩、卸荷承台、灌注桩和锚锭墙与地基土体相互接触，数值模拟中结构与土相互作用采用基于接触力学的接触本构模型进行模拟。码头结构施工和港池开挖过程的模拟通过单元的 "激活" 和"移除"功能实现。

3. 固化淤泥地基板桩码头相互作用性状

板桩码头结构的建设属于典型的挖方工程，前墙受力和变形是工程界普遍关注的问题，因此，本书主要分析了港池开挖工程结束之后，前墙的水平位移、作用于前墙上的土压力、前墙弯矩和拉杆力的变化规律。

1）单锚式板桩码头受力和变形特性

图 5.2.8 为第 28 天龄期，港池开挖至–21.2 m（港池水深 15.47 m）时水泥含量（CC）为 4%、6%、8%和 10%的固化淤泥地基单锚式结构前墙的水平位移变化曲线。由图 5.2.8 可知，当港池开挖至设计深度之后，前墙水平位移表现出上部较大、下部较小的规律。由于锚杆和开挖面下部地基土体对墙体的约束，前墙的最大水平位移出现在接近 1/2 开挖深度位置，而不是在墙底的顶部，尤其在地基土体水泥含量高于 8%之后，墙体中部水平位移最大的特征更加显著。从墙体顶部向海侧位移最大深度位置处，该范围内墙体的水平位移较大，随着深度的继续增加，水平位移逐渐减小。由墙体的水平位移随深度的变化曲线可以看出，板桩码头前墙的变形规律并不是平动、绕墙底的转动或者两者结合的变形模式，而是如下的变形模式：从前墙墙顶至前墙出现最大水平位移的深度范围内，墙顶的水平位移约为最大水平位移的 80%以上，因此可以认为该深度范围内墙体的变形模式为平动，当深度大于前墙出现最大水平位移的深度之后，前墙的水平位移可以认为是平动和绕墙底转动的组合变形模式。而随着养护龄期的增加，前墙向海侧

平移的模式变得更加复杂，墙体中部向海侧的平移明显大于顶部，这时选用简单的平移或者平移与转动的组合已经不能准确地描述墙体的变形规律。

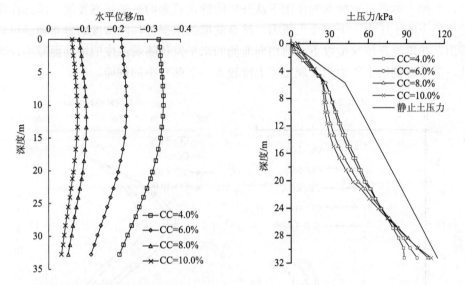

图 5.2.8　单锚式结构前墙水平位移随深度的分布　　图 5.2.9　单锚式结构前墙陆侧土压力随深度的分布

　　图 5.2.9 为 28 天龄期，港池开挖至–21.2 m（港池水深 15.47 m）时水泥含量为 4%、6%、8%和 10%的固化淤泥地基单锚式板桩码头前墙陆侧土压力随深度的变化规律。养护龄期为 60 天和 90 天时，前墙陆侧土压力分布特性与 28 天养护龄期相似。港池开挖之后，墙后的土体随着前墙的水平位移产生向海侧的侧向变形，作用在前墙上的土压力逐渐从港池开挖之前的静止土压力向主动土压力方向发展，因此作用在前墙上的土压力小于静止土压力。在前墙上部锚杆和底端土体的嵌固约束条件下，前墙的水平位移不能无限制地发展，当位移达到一定值时，墙体的受力进入平衡状态。此时，墙体中部向海侧水平位移较大，后方相应位置处的土体更加接近主动极限状态，故而土压力较小。而前墙底部位移较小，墙后土体更加接近静止状态，因此土压力较大，使前墙上的土压力表现出"中部较小、底部较大"类似"R"形的分布特征。当水泥含量升高至 8%和 10%时，土压力随深度表现出"R"分布的特征更加明显。

　　图 5.2.10 为养护龄期为 28 天，港池开挖至–21.2 m 时水泥含量为 4%、6%、8%和 10%的固化淤泥地基单锚式板桩码头前墙海侧土压力随深度的变化规律。养护龄期为 60 天和 90 天时，土压力分布特性与 28 天养护龄期相似。从图 5.2.10 中可以看出，前墙海侧土压力随深度的增加呈非线性减小趋势，土压力值远大于

静止土压力。相同深度处，地基土体水泥含量越高，作用在前墙海侧的土压力越大。当港池开挖结束之后，码头前墙在陆侧土压力的作用下发生向海侧的水平位移，海侧土体在前墙位移的作用下从开始的静止状态向被动状态发展，因此作用在前墙上的土压力大于静止土压力。结合前墙的水平位移随深度的分布曲线可以看出，在港池开挖深度以下，前墙向海侧的水平位移随着深度的增加而减小，因此，前墙海侧的土压力也表现出了上部较大、下部较小的规律。

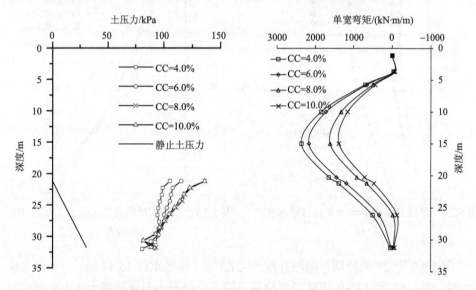

图 5.2.10　单锚式结构前墙海侧土压力随深度　图 5.2.11　单锚式结构前墙弯矩随深度的分布
　　　　　　的分布

　　图 5.2.11 为 28 天龄期，港池开挖至−21.2 m 时水泥含量为 4%、6%、8% 和 10% 的固化淤泥地基单锚式板桩码头前墙弯矩随深度的变化曲线。可以看出，前墙的弯矩表现为上下部较小、中部较大的特征，最大弯矩出现位置大约为前墙 15 m 深度处，位于前墙深度方向中部偏上的位置。以上数据表明，水泥含量对前墙最大弯矩的影响存在两个不同的含量区间，当水泥含量小于等于 6% 时，前墙最大单宽弯矩随水泥含量的增加而减小；在水泥含量为 6%～8% 时，水泥含量增加引起前墙单宽弯矩降低的幅度增大；当水泥含量超出该区间之后，水泥含量增加引起前墙最大单宽弯矩降低的幅度变缓。

　　图 5.2.12 为养护龄期为 28 天，港池开挖至−21.2 m 时固化淤泥地基单锚式板桩码头锚锭墙两侧土压力随深度的分布曲线。可以看出，锚锭墙海侧与陆侧的土压力在港池开挖之后均表现为非线性增大的特性。从图 5.2.12 （a）可以看出，在港池开挖结束之后，锚锭墙海侧上部土压力大于静止土压力，下部小于静止土压

力。从图 5.2.12（b）可以看出，锚锭墙陆侧土压力随深度的增加呈非线性变化，并且土压力小于静止土压力。锚锭墙两侧土压力分布特性不同主要是墙体的位移引起的。港池开挖之后，前墙向海发生水平移动，锚锭墙随之发生移动。墙体海侧上部土体受土体的挤压，土压力介于静止土压力与被动土压力之间。陆侧土体在墙体发生位移后，土压力逐渐从静止土压力向主动土压力发展，小于静止土压力。

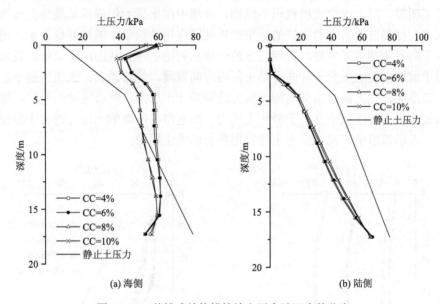

图 5.2.12　单锚式结构锚锭墙土压力随深度的分布

2）遮帘式板桩码头受力和变形特性

图 5.2.13 给出了 28 天龄期，港池开挖至–21.2 m 时水泥含量为 4%、6%、8% 和 10% 的固化淤泥地基遮帘式板桩码头前墙水平位移随深度的变化曲线。可以看出，当港池开挖至设计深度之后，前墙水平位移表现出中部较大、顶部和底部相对较小的规律，最大水平位移出现在 1/2 开挖深度靠下的位置。从不同条件下前墙水平位移的规律可以看出，各个条件下前墙底部的水平位移均超过了墙体最大水平位移的 50%，可以认为，前墙在港池开挖之后的主要变形为向海侧的平动。同时，由于遮帘桩和拉杆的作用，前墙顶部和底部的位移与最大位移相比相对较小，前墙位移基本为水平位移和顶部、底部绕墙体中部某一点转动相结合的变形模式。

图 5.2.14 给出了 28 天养护龄期，开挖至–21.2 m 时不同水泥含量下固化淤泥地基遮帘式板桩码头前墙陆侧土压力随深度的变化规律。可以看出，港池开挖结束之后作用在前墙上的土压力小于静止土压力，表现出随深度的增加非线性增大的特性，土压力随深度的变化曲线类似于 "R" 形分布。还可看出，不同水泥含

量下固化淤泥地基上前墙土压力的分布曲线有所不同。当水泥含量为4%和6%时，深度方向5～20 m的位置处前墙上的土压力出现了显著的降低，土压力值远小于相同深度处的静止土压力。当水泥含量升高至8%和10%时，前墙5～20 m深度范围内土压力的降低更加明显。开挖面以下，前墙陆侧土压力随深度增加而增大的幅度明显大于开挖面以上，并且地基土体水泥含量越高，土压力随深度增大的趋势越明显。对于遮帘式板桩码头结构，前墙中部土压力的降低是墙体向海侧发生水平位移和前墙后方遮帘桩的遮帘效应共同作用的结果。港池开挖之后，前墙发生了向海侧的水平位移，前墙后方的土体从初始的静止状态向主动状态发展，作用于前墙上的土压力逐渐向主动土压力方向发展，位移越大，土压力越小。另外，在港池开挖之前遮帘桩两侧土压力均为静止土压力，随着港池的开挖，遮帘桩海侧土压力逐渐减小并小于静止土压力，而遮帘桩陆侧的土压力远大于海侧土压力，表明遮帘桩可减小后方土体作用在前墙的土压力。

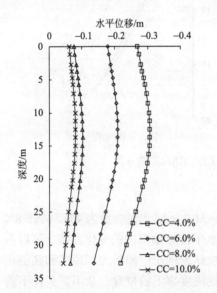

图 5.2.13　遮帘式结构前墙水平位移随深
度的分布

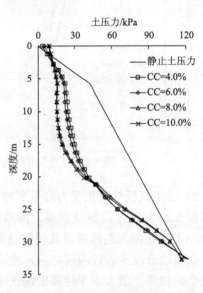

图 5.2.14　遮帘式结构前墙陆侧土压力随深
度的分布

　　图 5.2.15 为 28 天龄期，港池开挖至–21.2 m 时不同水泥含量的固化淤泥地基遮帘式板桩码头前墙海侧土压力随深度的变化规律。可以看出，作用在前墙海侧的土压力随深度的增加逐渐降低，但土压力值远大于静止土压力。当港池开挖结束之后，前墙在陆侧土压力的作用下发生向海侧的水平位移，海侧土体在前墙位移的作用下从开始的静止状态向被动状态发展，因此作用在前墙上的土压力大于静止土压力。结合前墙的水平位移随深度的分布曲线可以看出，在港池开挖深度

以下，前墙向海侧的水平位移随着深度的增加而减小，前墙海侧上部土体更接近被动极限状态，土压力也变大。

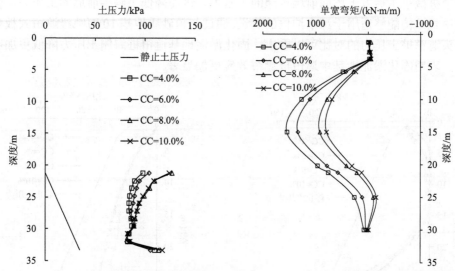

图 5.2.15　遮帘式结构前墙海侧土压力随深度　图 5.2.16　遮帘式结构前墙弯矩随深度的分布
　　　　　　的分布

　　图 5.2.16 为 28 天龄期，港池开挖至−21.2 m 时不同水泥含量的固化淤泥地基遮帘式板桩码头前墙弯矩随深度的变化规律。可以看出，前墙的弯矩表现为上部和下部较小、中部较大，即类似"S"形的分布特性。墙体最大弯矩出现位置大约为前墙 15 m 深度处，位于前墙沿深度方向中部偏上的位置。还可以看出，随着水泥含量的增加，前墙的最大正弯矩逐渐减小，弯矩的降低在水泥含量大于 6%之后更加明显。当水泥含量从 4%增大至 6%时，最大单宽弯矩从 1549.1 kN·m/m减小至 1343.4 kN·m/m，降低了约 13%。当水泥含量从 6%升高至 8%时，前墙最大单宽弯矩减小至 921.7 kN·m/m，降低了 31.4%，随着水泥含量继续上升至 10%，最大单宽弯矩继续减小至 789.1 kN·m/m，降低了 14.4%。

　　图 5.2.17 为养护龄期 28 天，不同水泥含量的固化淤泥地基遮帘式板桩码头遮帘桩海侧和陆侧土压力沿深度的分布曲线。可以看出，遮帘桩上的土压力在港池开挖之后发生了变化，但桩体两侧土压力变化特性明显不同。图 5.2.17（a）表明，港池开挖之后，遮帘桩海侧上部的土压力远小于静止土压力，并且水泥含量越高，桩体上部的土压力越小。而图 5.2.17（b）表明，港池开挖之后，遮帘桩陆侧土压力随深度的增加呈非线性增大趋势，土压力同样小于静止土压力。从桩体两侧土压力的对比可以看出，海侧土压力远小于陆侧桩体上的土压力。桩体两侧土压力的不同主要受遮帘桩的影响。港池开挖之后，由于遮帘桩刚度较大，桩体海侧土

体的水平变形较大,陆侧土体的变形较小,海侧土压力比陆侧更加接近主动土压力,因此海侧土压力较小。遮帘桩两侧土压力的变化表明,在设置遮帘桩之后,遮帘桩减小了后方土体向前墙传递的土压力,进而降低了码头前墙的土压力,使遮帘式结构能够适用于深水泊位的建设。通过与粉砂质地基 10 万吨级遮帘式板桩码头遮帘桩土压力的对比可以看出,固化淤泥地基遮帘桩海侧土压力降低更加明显,表明固化淤泥地基中遮帘桩遮帘效应更加显著。

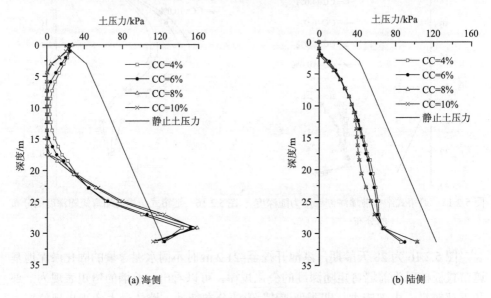

图 5.2.17　遮帘桩土压力随深度的分布

　　图 5.2.18 给出了遮帘式板桩码头锚锭墙两侧土压力随深度的分布曲线。可以看出,锚锭墙海侧与陆侧的土压力在港池开挖之后均表现为非线性变化的特性。从图 5.2.18(a)可以看出,在港池开挖结束之后,锚锭墙海侧上部土压力大于静止土压力,下部小于静止土压力。从图 5.2.18(b)可以看出,锚锭墙陆侧土压力随深度的增加呈非线性变化,并且土压力小于静止土压力。锚锭墙两侧土压力分布特性不同主要是墙体的位移引起的。港池开挖之后,在前墙向海发生水平移动的影响下,锚锭墙随之向海侧移动。由于锚杆位于墙体上部,在锚杆的牵引下墙体海侧上部位移较大,土体受到挤压,土压力介于静止土压力与被动土压力之间。而陆侧土体在墙体发生位移后,土压力逐渐从静止土压力向主动土压力发展,因此小于静止土压力。

　　3)固化淤泥地基不同码头结构型式工作特性

　　采用上文数值模拟的方法分别计算了不同水泥含量、不同养护龄期条件下 10 万吨级单锚式、遮帘式和分离卸荷式板桩码头的受力和变形规律,下面将以水泥含量为 10%、养护龄期 90 天条件下固化淤泥地基上板桩码头的计算结果为例，对比单锚式、遮帘式和分离卸荷式板桩码头的受力和变形特性。

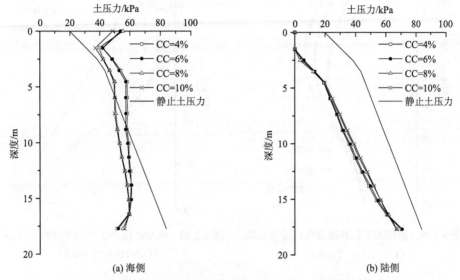

图 5.2.18　遮帘式结构锚锭墙土压力随深度的分布

　　图 5.2.19 为港池开挖至−21.2 m（港池水深 15.47 m）时单锚式、遮帘式和分离卸荷式板桩码头前墙的水平位移随深度的变化规律。可以看出，当淤泥地基水泥含量为 10%、养护龄期为 90 天时，单锚式、遮帘式和分离卸荷式板桩码头前墙水平位移均表现出随深度的增加先增大后减小的特性，前墙底部的水平位移小于顶部的水平位移。最大水平位移出现在前墙 1/2 高度靠上位置处。

　　图 5.2.20 为港池开挖至−21.2 m（港池水深 15.47 m）时单锚式、遮帘式和分离卸荷式板桩码头前墙土压力随深度的变化曲线。可以看出，三种结构型式作用于码头前墙的土压力随深度的增加均表现为非线性增大的规律，土压力随深度变化近似呈现"R"形分布。三种码头结构型式前墙 5～20 m 深度范围内土压力均出现了明显的减小，开挖深度以下，土压力随深度增加的速度逐渐加快。对比单锚式、遮帘式和分离卸荷式码头结构前墙土压力随深度的分布曲线可以看出，在开挖深度以上的范围内，三种结构型式中单锚式结构前墙土压力最大，遮帘式居中，分离卸荷式最小。通过前墙土压力的对比可以看出，在前墙后方设置遮帘桩之后，在遮帘桩遮帘作用下，前墙中上部的土压力与单锚式相比明显降低。增加了卸荷承台的卸荷式板桩码头，在卸荷承台的作用下，承台下方完全卸荷区的土压力进一步降低，明显低于遮帘式结构前墙的土压力。通过对比可以看出，三种不同的码头结构型式中，分离卸荷式结构能够最大限度地降低作用于码头前墙的土压力，更加适合作为深水码头结构。

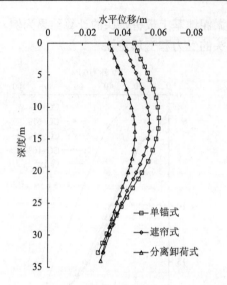

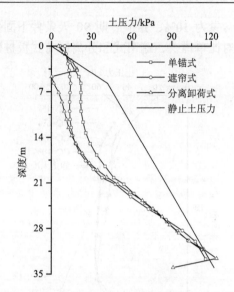

图 5.2.19　前墙水平位移随深度的分布曲线
（CC=10%，T=90 d）

图 5.2.20　前墙陆侧土压力随深度的分布曲线
（CC=10%，T=90 d）

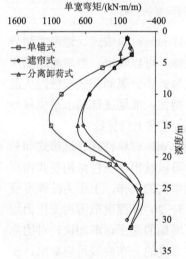

图 5.2.21　前墙单宽弯矩随深度
的分布曲线（CC=10%，T=90 d）

图 5.2.21 为水泥含量为 10%，养护龄期为 90 天，港池开挖至−21.2 m 时单锚式、遮帘式和分离卸荷式板桩码头前墙单宽弯矩随深度的变化曲线。可以看出，三种不同板桩码头结构前墙单宽弯矩随深度的变化规律大致相同，都表现为前墙上部和下部较小、中部较大的特性。还可以看出，固化淤泥地基单锚式、遮帘式和分离卸荷式板桩码头结构前墙单宽弯矩随着深度均表现为"S"形分布，前墙最大单宽弯矩均位于墙体中部偏上的位置，相同条件下，遮帘式和分离卸荷式结构前墙单宽弯矩明显较小。此外，与砂土地基对比，固化淤泥地基码头前墙单宽负弯矩明显较小。

5.2.3　复合地基板桩组合结构的设计与计算

1. 有限元模拟

复合地基与板桩组合码头结构的数值分析主要对软弱土地基分别采用不同水泥掺入比（2.5%、3.5%、4.3%、5.5%、6.5%）的水泥搅拌桩地基处理后的单锚式板桩结构进行受力变形分析，以掌握复合地基与板桩组合码头结构的工作机理。

2. 复合地基板桩码头数值计算模型与步骤

1）计算模型

复合地基板桩码头有限元计算模型计算尺寸的确定如下：依据模型的总体布置和考虑模型的边界约束，平面尺寸为 150 m×70 m，前墙采用直径 1.2 m 的钻孔灌注桩，长度为 36.2 m，首先对陆侧土体实施高压旋喷桩施工，形成止水帷幕，在此基础上，根据等刚度、等效理论将该型钻孔灌注桩换算为等效厚度 1 m 的地下连续墙结构。锚锭墙厚度为 0.6 m，墙高 2.5 m。前墙距锚锭墙 33 m，钢拉杆长 33 m，等间距 1.5 m 布置，距地面 4.2 m，选用 Q390 mmΦ70 mm。水泥搅拌桩处理宽度 B 为 14.89 m，处理深度 H_0 为 22.2 m，桩间距为 0.7 m，水泥掺入比为 18%。因前墙和锚锭墙都选用钢筋混凝土材料，所以有限元建模采用 C3D8I 线弹性单元，通过该单元可以获得前墙和锚锭墙的变形和弯曲参数。钢筋混凝土选用线弹性模型，弹性模量为 28 GPa，泊松比为 0.167。钢拉杆采用不传递力矩的 TRSS 单元进行模拟，钢筋的弹性模量取 206 GPa，泊松比取 0.3，模型的截面积同真实情况相同，并忽略拉杆与土体的摩擦及自重。需要指出的是，由于本次模拟地基土体为深层水泥搅拌法加固软弱土地基，而加固土在侧限约束条件下水平向有效应力与竖向有效应力的比值不仅与地基土体的竖向有效应力有关，还与水泥含量和养护龄期等因素相关，即土体的静止土压力系数是一个变化的数值，为了便于比较，地应力平衡时水泥固化淤泥静止土压力系数统一取 0.45。

2）施工过程模拟

施工过程模拟主要是指地下连续墙的浇筑、水泥土搅拌桩及港池开挖的模拟。地下连续墙浇筑采取的方法是：先将地基土挖去结构的部分，然后将地基土与结构的界面都做法向约束。在地应力平衡之后，放开约束的同时，逐步建立土与结构之间的接触，并施加结构的重力。这样便可以平稳地建立结构与地基土之间的接触。水泥土搅拌桩的模拟采用了实体单元建模嵌入地基土中的方法。港池的开挖利用单元的"生死"功能进行模拟。所谓单元的"生死"，就是将单元的刚度、质量乘以一个极小值，故可认为刚度、质量近似等于零，因此计算中不考虑这部分单元的影响。所谓"生"即单元的激活，激活后的单元可以重新返回到原来的刚度和质量，这时实体单元上既没有了初始应力，也没有了初始应变。

3）施工工况分析步骤

对于前沿港池的开挖，数值计算同样选用单元的"生死"功能。对于单锚式板桩码头，港池的开挖分三个阶段：第一阶段，前墙前沿港池开挖深度至-5 m；第二阶段，开挖深度至-10 m；第三阶段，开挖深度至-17.7 m。

3. 复合地基板桩码头变形分析

1）前墙和锚锭墙位移对比分析

前墙的位移数值计算结果如图 5.2.22（a）所示，处理前、后位移曲线如"弓"形变化，与未处理软弱土地基上板桩前墙位移计算结果相比，水泥搅拌桩处理后板桩码头前墙的位移值显著减小，采用水泥搅拌桩处理后位移最大值位置有所下移，且伴随着深度的加大，在墙身底部位移差值逐渐减小，在墙端附近趋于一致；锚锭墙的位移数值计算结果如图 5.2.22（b）所示，位移曲线变化与前墙的位移变化表现并不一致，在采用水泥搅拌桩处理软弱土地基后，锚锭墙的位移值逐渐减小，减小幅度随深度近似呈线性关系。

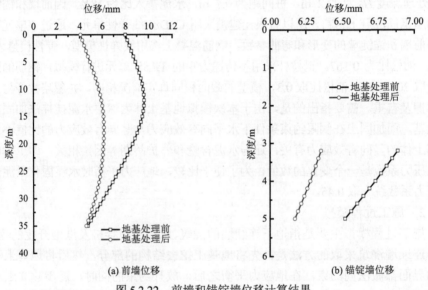

(a) 前墙位移　　　　　　　　　(b) 锚锭墙位移

图 5.2.22　前墙和锚锭墙位移计算结果

2）前墙和锚锭墙土压力对比分析

前墙陆侧的土压力计算结果如图 5.2.23（a）所示，与软弱土地基未处理时的前墙土压力值相比，墙身土压力增大，且整体随深度近似呈线性关系。之所以出现处理后土压力增大的现象，是由于水泥搅拌桩数目较多，排列紧密，土拱现象表现不明显，但桩的刚度较大，导致前墙位移较小，从而使土压力更接近于主动土压力。单锚式板桩码头前墙位移较大，土压力更接近于主动土压力，因此搅拌桩处理后出现了土压力增大的现象。但此时锚杆的拉力是减小的，后面的弯矩和拉杆内力的分析进一步说明前墙的内力是变小的。处理前、后，位移值越大，土压力值则越小。另外，前墙海侧土压力变化和陆侧土压力变化表现并不一致，根据图 5.2.23（b）可知，处理前、后海侧的土压力值基本一致。

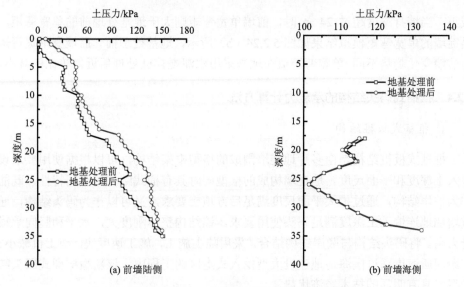

图 5.2.23　前墙土压力计算结果

3）前墙和锚锭墙单宽弯矩对比分析

前墙的单宽弯矩模拟结果如图 5.2.24（a）所示，墙身整体单宽弯矩变化趋势可近似认为符合反"S"形曲线变化，与地基处理前单宽弯矩数值模拟结果相比，采用水泥搅拌桩处理后，前墙单宽弯矩在深度 24 m 范围以内，单宽弯矩值明显

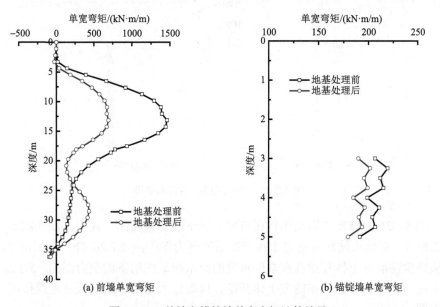

图 5.2.24　前墙和锚锭墙单宽弯矩计算结果

减小，当墙身深度超过 24 m 时，前墙单宽弯矩则大于地基处理前的单宽弯矩。锚锭墙的单宽弯矩模拟结果如图 5.2.24（b）所示，地基处理前、后墙身单宽弯矩与前墙变化趋势不同,单宽弯矩值在地基采用水泥搅拌桩处理后近似等比例减小。

5.2.4　框桶式码头结构的承载力计算方法

1. 框桶式板桩结构

框桶式板桩结构是由多片地连墙围成的格型框架结构，可以根据使用要求设计入土深度和平面尺度。地连墙构成的格型同时具有桶式结构的空间特性，既能作为护岸结构，通过扩大平面尺度满足后方填土要求，又可以作为码头结构，通过增加地连墙入土深度满足码头使用要求。该结构整体刚度大，水平和竖向承载能力高。将码头结构与驳岸结构结合，采用陆上施工，施工速度快，施工机械小。在淤泥质海岸通过围海造地建设大型挖入式港区的工程中，该新型框桶式码头结构型式具有明显的技术经济优势。

依托江苏省连云港港徐圩港区工程建设，提出了框桶式板桩码头结构，新结构断面由前、后墙和拉板组成，如图 5.2.25 所示。结构尺度为：前墙厚 1.2 m，后墙厚 1.0 m，拉板厚 0.8 m；结构顶部标高+7 m，前墙底标高–40 m，后墙底标高–40 m，拉板底标高–25 m；前后墙间距 16 m，拉板间距 12 m。

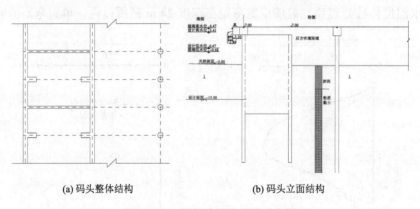

(a) 码头整体结构　　　　　　　(b) 码头立面结构

图 5.2.25　框桶式码头结构示意图

图 5.2.26 为框桶式码头结构在典型工况下的受力简图。其中，图 5.2.26（a）为工况 1，即码头结构在前方土体开挖后的受力图；图 5.2.26（b）为工况 2，即码头结构在前方土体开挖及极端低水位的静水荷载作用下的受力图；图 5.2.26（c）为工况 3，即码头结构在前方土体开挖、极端低水位的静水荷载及堆载作用下的受力图。

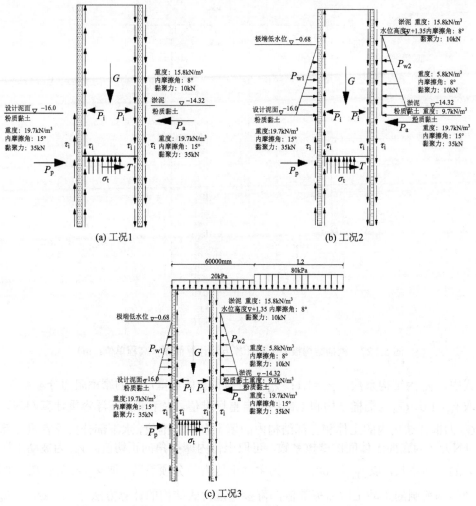

(a) 工况1　　　　　　(b) 工况2

(c) 工况3

图 5.2.26　框桶式码头结构典型工况受力简图（高程单位：m）

2. 框桶式板桩结构整体稳定验算方法

1）抗滑稳定验算

采用极限平衡计算方法对框桶式板桩结构的整体稳定性进行分析，具体方法如图 5.2.27 所示。

抗滑稳定验算计算公式为

$$\frac{1}{\gamma_{\mathrm{d}}}\left[\gamma_{\mathrm{G}}\left(G_{\mathrm{st}}+G_{\mathrm{sl}}\right)f+r_{\mathrm{c}}cB+\left(\gamma_{\mathrm{Ep}}E_{\mathrm{p}}K_{\mathrm{s}}-\gamma_{\mathrm{Ea}}E_{\mathrm{a}}\right)\right]\geqslant0 \tag{5.2.1}$$

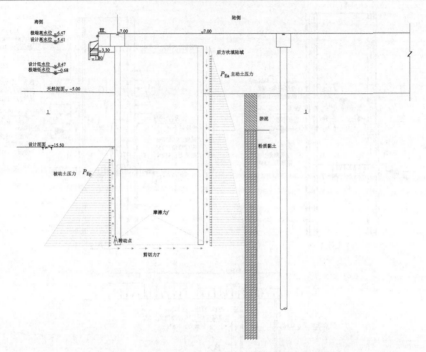

图 5.2.27　框桶结构极限平衡计算方法计算简图（高程单位：m）

式中，γ_d 为结构系数，$\gamma_d = 1.1$；γ_G 为结构和土体自重产生的摩擦阻力分项系数，取 $\gamma_G = 1.0$；G_{st} 为框桶结构和上部结构自重标准值，水下部分按浮容重计算（kN）；G_{sl} 为框桶结构内的土体和上部结构内的填土自重标准值，水下部分按浮容重计算（kN）；f 为底面土体间的摩擦系数，可取土体内摩擦角的正切值；γ_{Ep} 为被动土压力的分项系数，取 $\gamma_{Ep} = 1.00$；γ_{Ea} 为主动土压力的分项系数，取 $\gamma_{Ea} = 1.35$；E_a 为框桶结构前侧的主动土压力标准值，可参考重力式结构的计算方法计算（kN）；E_p 为框桶结构前侧的被动土压力标准值，可参考重力式结构的计算方法计算（kN）；K_s 为框桶结构前侧的被动土压力折减系数，在 0.3～1.0 之间，根据所允许的结构水平位移情况选取；c 为框桶结构面土体的黏聚力系数（kPa）；B 为框桶结构有效面积；γ_c 为黏聚力分项系数，$\gamma_c = 1.0$。

　　2）抗倾覆稳定验算

　　抗倾覆稳定验算计算公式为

$$\frac{1}{\gamma_d}\Big[\gamma_f M_f + \big(\gamma_{Ep} M_{Ep} K_s - \gamma_{Ea} M_{Ea}\big)\Big] \geqslant 0 \qquad (5.2.2)$$

式中，γ_d 为结构系数，$\gamma_d = 1.35$；γ_f 为框桶结构内外的分项系数；γ_{Ep} 为被动土压力的分项系数，取 $\gamma_{Ep} = 1.00$；γ_{Ea} 为主动土压力的分项系数，取 $\gamma_{Ea} = 1.35$；

M_{Ea} 为框桶结构前侧的主动土压力标准值对框桶结构底转动点的稳定力矩（kN·m）；M_{Ep} 为框桶结构前侧的被动土压力标准值对框桶结构底转动点的稳定力矩（kN·m）；M_f 为框桶结构内外的摩擦力标准值对框桶结构底转动点的稳定力矩（kN·m）；K_s 为框桶结构前侧的被动土压力折减系数，在 0.3～1.0 之间，根据所允许的框桶结构水平位移情况选取。

5.2.5　淤泥质地区深水板桩码头结构精细化现场监测

1. 光纤测量板桩结构变形的验证试验

为研究分布式光纤传感技术测量板桩结构变形的精度和可行性，分别采用 18 m 长 C240 型和 192 m 长 C160 型双 C 型钢及 18 m 20#a 型槽钢作为变形分布式监测试验系统的测量结构，将分布式传感光纤分别粘贴于 C 型钢或槽钢的上、下内表面，根据测得的 C 型钢与槽钢发生弯曲变形时其上、下内表面的应变差值，计算被测结构的变形。试验系统中变形结构架设于高度可调节的变形调节基座上，以调节测量结构的节点沉降。

将上述方法应用于江苏海润达通用泊位板桩前墙密排灌注桩的测量，结果表明借助合理的变形监测辅助结构，利用分布式光纤传感技术可以满足板桩应力监测要求，其测量精度达到毫米级。为验证分布式光纤传感技术测量板桩侧向变形的精度和可行性，设计了 60 m 长、横截面 200 mm×200 mm 的方钢作为分布式监测系统的辅助测量结构，方钢测量结构分别设置有沉降和侧向位移调节节点，试验过程中同时调整位移调节节点的沉降和侧向变形，通过粘贴于方钢上、下外表面的应变传感光纤测量方钢的沉降变形，并研究方钢发生侧向变形时对其沉降变形测量结果的影响，再通过测量应变传感光纤验证其侧向变形测量精度和可行性，并研究方钢发生沉降变形时对侧向变形测量结果的影响。鉴于辅助测量结构为窄长形结构，沉降或侧向变形变化引起另一个方向两根对称光纤的应变变化基本相同，在差值计算中能够互相抵消，因此两个方向的变形计算理论上不会产生互相干扰。

侧向变形和沉降变形验证试验各完成 10 组，侧向变形验证时同时调整方钢的沉降变形，以研究沉降变形对侧向变形监测结果的影响，沉降变形验证以同样的方式开展，考虑验证试验计算结果与实测值的对比规律基本一致，为了更清晰地展示对比结果，这里仅取出第 1 组和第 6 组的试验结果加以说明。方钢验证试验的第 1 组和第 6 组侧向位移测量结果如图 5.2.28 所示。验证结果表明，采用分布式光纤传感技术监测板桩结构的侧向变形是可行性的，测量结构的沉降变形对其影响可忽略，其测量精度为毫米级。

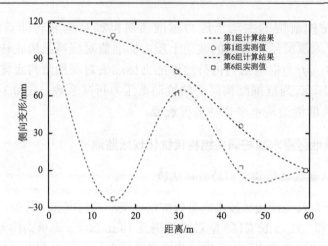

图 5.2.28　方钢沿线侧向位移计算与实测变形对比

2. 板桩码头分布式光纤监测方案

依托江苏省南通港海润达通用泊位 5 万吨级淤泥质板桩码头开展现场试验技术研究。采用分布式传感光纤对板桩墙灌注桩全长开展变形、受力的分布式监测，并同步在码头结构上分别安装土压力计、钢筋应力计和锚杆拉力计等点式监测仪器以及活动测斜仪和测斜管开展原型监测，以便基于更全面的原型监测数据，深入研究板桩墙的工作机理与安全特性。在码头板桩墙选择相邻 2 根灌注桩（编号 1#桩、2#桩）布置传统原型监测仪器和分布式光纤监测系统。传统监测仪器设计为：1#桩仅布置测斜管 1 套，2#桩布置土压力计、钢筋应力计和锚杆拉力计，其中土压力计和钢筋应力计分别沿桩身布置 3 层。2 根原型试验灌注桩各布置 1 套分布式光纤监测系统，其应变传感光纤布置形式为：在灌注桩的东、西、南、北向沿桩身布置 4 条相互平行的传感光纤，呈"十"字对角构成"东西""南北"两组方向的监测系统[图 5.2.29（a）]。为便于测量，相邻向光纤经桩底折返引至桩顶，形成两条"U"形回路[图 5.2.29（b）]。应变传感光纤选用 V0 型应变传感光纤，通过捆扎在钢筋笼垂直主筋上进行定位和保护，数据采集使用瑞士 OMNISENS 公司产的 DiTeSt 分布式光纤监测系统，其应变测量最小空间分辨率为 0.1 m，准确度为 ±10 $\mu\varepsilon$。

3. 分布式光纤监测前墙灌注桩的变形与受力

原型灌注桩 1#桩 2020 年 1 月 14 日开始浇筑混凝土并于当日成桩完成，2#桩 2020 年 1 月 15 日成桩完成，5 月 7 日开始浇筑桩顶贯梁至 5 月 15 日结束，6 月 28 日码头前沿港池开始开挖，0 m 高程以上墙前土体采用陆上开挖方式进行，0 m

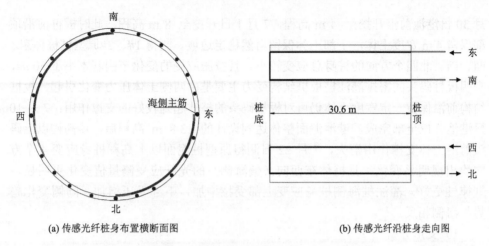

(a) 传感光纤桩身布置横断面图　　　　　　　　　　(b) 传感光纤沿桩身走向图

图 5.2.29　板桩墙灌注桩传感光纤布置示意图

高程以下水下部分采用吸泥船进行搅吸处理,至 7 月 10 日 2 根原型试验桩前沿港池开挖全部完成,港池泥面达到设计的 -13.8 m 高程。港池开挖过程中,对板桩墙的灌注桩内应变传感光纤进行监测,监测结果显示 2 根原型桩各自在东、西、南、北四个方向沿桩身的应变分布规律两两对应,一致性较好。分别以 1#桩东西向光纤和 2#桩南北向光纤监测结果为例,其港池开挖过程中的桩身应变分布变化规律如图 5.2.30 所示。图 5.2.30 中桩身应变测量结果对应港池开挖不同阶段:6

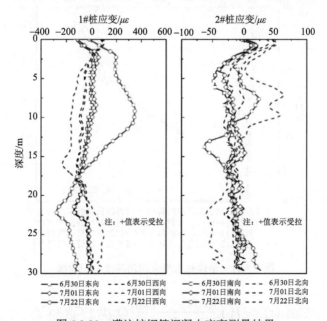

图 5.2.30　灌注桩钢筋混凝土应变测量结果

月 30 日港池前沿开挖至–4 m 高程，7 月 1 日开挖至–8 m 高程，此时板桩前沿顶部保留 4 m 宽度土体，下部土体保留自然稳定边坡。测得 1#、2#原型桩桩体东、西、南、北四个方向的桩身总应变较小，且拉压应变的变化范围基本小于 50 $\mu\varepsilon$，表明板桩码头的密排灌注桩板桩结构受力主要是由两侧土体压力变化引起，板桩结构前沿保留一定宽度土体仍可对板桩码头的桩体起到较好的支撑作用；7 月 10 日港池开挖全部完成，港池泥面整体达到设计的–13.8 m 高程后，该高程以上码头前沿土体支撑作用消失，7 月 22 日测得原型桩泥面以上高程桩身应变 4 个方向均出现明显变化，且桩体东西向（偏海侧）的光纤应变测量值变化更明显，规律性更好，灌注桩海侧桩身应变上部受拉增加，下部受压增加，陆侧变化趋势与海侧相反。

1）变形分析

基于码头港池开挖过程中 1#和 2#原型桩应变测量结果，采用合理反映受弯结构受力变形特性的拟合方法对灌注桩东西向和南北向的应变差值进行拟合，得到拟合曲线，再基于测得的原型灌注桩东西向和南北向应变差值拟合曲线，根据材料力学受弯结构变形理论，通过式（5.2.3）积分算得 1#、2#桩沿深度方向的水平位移分布曲线，将该曲线与 1#桩中心位置埋设的测斜管监测的结果进行对比，如图 5.2.31 所示。

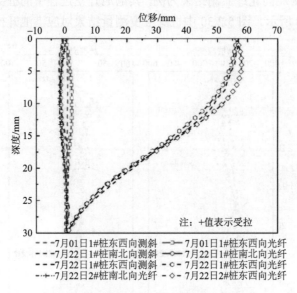

图 5.2.31　灌注桩水平位移沿深度分布曲线

$$y_D(x) = -\int\left[\int\frac{[(\varepsilon_1(x) - \varepsilon_2(x))]}{Y}\mathrm{d}x\right]\mathrm{d}x + C_1 x + C_2 \tag{5.2.3}$$

式中，$\varepsilon_1(x)$、$\varepsilon_2(x)$ 为某深度下桩身横截面对角 2 条光纤的应变测量值；Y 为两根光纤之间的间距，这里指桩的直径；C_1、C_2 为待求参数，可根据桩身位移的边界条件求得，一般假定桩端嵌固在基岩中，水平位移为零，桩顶位移可由全站仪或活动测斜仪测出。

分布式光纤监测系统测得港池开挖全过程灌注桩水平位移主要发生在码头海侧东西方向，平行于码头岸线的南北向水平位移较小。码头前沿港池开挖到设计泥面高程−13.80 m 后，分布式光纤监测系统测得的 1#桩东西向最大水平位移为 56.4 mm（海侧为正），位于桩顶，2#桩东西向最大水平位移为 57.5 mm，位于桩顶以下 4.85 m 左右位置；港池开挖到设计泥面以后测得南北向最大水平位移为 2.3 mm（南向为正），位于桩顶以下 9.92 m 左右位置。分布式光纤监测系统测得的灌注桩在东西向和南北向的水平位移与活动测斜仪测量结果吻合良好，具体表现为：在港池开挖全过程中，二者在桩体水平位移沿深度方向的分布规律和增长变化规律基本吻合，测得的桩体水平位移量基本一致。以 7 月 22 日 1#桩东西向水平位移测量结果为例，活动测斜监测系统与分布式光纤监测系统在全深度范围内测得的水平位移最大相差 2.8 mm，并与相邻 2#桩中分布式光纤测得的水平位移最大相差仅 4.6 mm，其误差水平与目前最高测量精度的活动测斜仪整体精度（为±3 mm/30 m）相当，表明基于分布式光纤的板桩码头墙体结构变形监测技术具备较高的测量精度，结合码头结构变形与受力关系理论可实现对板桩码头结构受力的准确分析。

2）受力分析

根据材料力学梁弯矩理论有：平行布设结构体两侧应变与结构体本身弯矩的关系可用式（5.2.4）表达，对结构体弯矩曲线函数求导即可求得结构的水平向剪力分布。

$$M(x)=\frac{E\cdot I_z\left[\varepsilon_1(x)-\varepsilon_2(x)\right]}{Y} \tag{5.2.4}$$

式中，E 为桩身弹性模量；I_z 为桩身惯性矩；其他参量含义与式（5.2.3）相同。

结合试验用光纤解调仪的测量精度指标，对捆扎埋设在灌注桩钢筋笼东侧和西侧主筋处的应变传感光纤测得的应变差值进行去噪光滑处理后，以深度为变量对应变差值进行低阶曲线拟合。应用式（5.2.4）计算得到的灌注桩的主要受力方向（东西向）弯矩如图 5.2.32（a）所示，对弯矩曲线求导得到的沿深度方向密排板桩墙的灌注桩钢筋混凝土的剪力分布曲线如图 5.2.32（b）所示。

分布式光纤监测系统测得的灌注桩弯矩分布呈现的规律是：6 月 30 日港池开挖前期（吸泥到−4.0 m 高程），板桩墙上部正弯矩与下部负弯矩基本为上下反对称，最大弯矩在±300 kN·m 左右；随着港池开挖深度增加，板桩墙上半部分的正

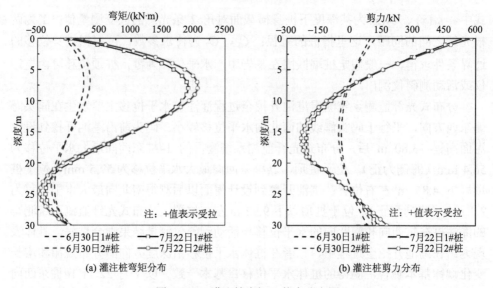

(a) 灌注桩弯矩分布　　　　　　　　　(b) 灌注桩剪力分布

图 5.2.32　灌注桩弯矩、剪力分布图

弯矩快速增大，明显高于下部负弯矩的增长速度，当墙前港池泥面开挖到设计高程（−13.8 m 高程）后，7 月 22 日测得板桩墙最大正弯矩值达 2000 kN·m 左右（距桩顶约 10 m），为最大负弯矩绝对值（距桩底约 5 m）的 4～5 倍，此时上部墙体海侧受拉，下部墙体陆侧受拉；经比较，相同工况下相邻 1#、2#两根灌注桩的弯矩分布规律和测量值一致性良好，其弯矩分布规律与离心模型试验结果规律相同。分布式光纤监测系统测得的灌注桩剪力分布呈现的规律为：7 月 22 日港池开挖至−13.8 m 高程，密排灌注桩板桩墙剪力最大值约 550 kN，位于桩顶，表明墙体顶部受锚杆集中拉力，自墙顶开始板桩墙剪力呈线性减小趋势，至桩顶以下约 17 m 深度（开挖泥面以下 3.2 m）剪力递减到最大负值（约−220 kN），剪力变化拐点上下各有 3～5 m 长度范围呈非线性变化，该深度以下剪力又恢复到线性增加，此时海侧土体作用于板桩墙的被动土压力开始大于陆侧土体作用的主动土压力，至桩底剪力回到正值，表明板桩墙底部土体在此形成集中作用力，并与 6 月 30 日测量的剪力分布规律基本一致；经比较，相邻两根灌注桩承受的剪力在变化规律和测量值上都保持了良好的一致性，且与锚杆应力计、锚杆拉力计推算的板桩墙剪力测量值相当，表明该分布式光纤监测技术可以满足板桩码头受力监测工作的需要。

图 5.2.33 为灌注桩混凝土竖向应变沿深度的分布曲线，显示港池开挖后灌注桩桩体上部受拉、下部受压，随着墙前港池开挖的持续进行，灌注桩上部受拉段长度增加，拉应变也增大，同时受压段最大压应变明显增大。至开挖到设计泥面时，测得的灌注桩竖向应变结果具体为：1#桩上部最大拉应变为+96 $\mu\varepsilon$，受拉段

全长约 12 m，其中上部约 10 m 长度内受拉程度基本相当，承受较大拉应变，下部最大压应变为–129 $\mu\varepsilon$，15～22 m 深度约 7 m 长度范围的桩体均处于与最大压应变数值相当的受压状态，25～30 m 深度约 5 m 长度范围的桩体处于较小压应变状态；2#桩上部最大拉应变为+85 $\mu\varepsilon$，桩体上部受拉段长度约 9 m，下部受压段长度超过 2/3 桩长（20 m），最大压应变约为 1#桩的 2/3（–80 $\mu\varepsilon$），桩体承受较大压应变的长度也较短，约 5 m（深度范围在 10～15 m），15 m 深度以下约 1/2 桩长度范围内桩体处于较小压应变（约–30 $\mu\varepsilon$）状态。

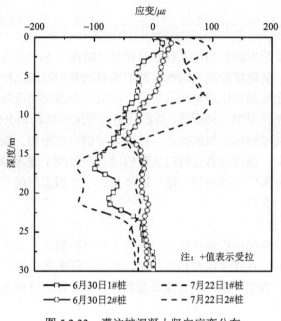

图 5.2.33　灌注桩混凝土竖向应变分布

5.3　珊瑚砂地区深水板桩护岸的研发与应用

　　钢板桩是一种在基坑工程、护岸工程、码头工程中普遍应用的结构，主要作为支挡结构用来抵抗侧向土压力作用。由于工程建设的需要，目前钢板桩的应用主要集中于内河航道护岸和码头建设，一些学者对钢板桩结构和地基的相互作用进行了较多研究，得到了钢板桩结构内力分布、变形特性和位移规律、墙后摩擦力和土压力分布等，为护岸工程提供了有益的设计依据。随着我国海洋发展战略和海洋建设工程的持续推进，工程建设人员面对越来越多的跨海桥梁、岛礁吹填等海洋建设工程，在吹填珊瑚砂地基条件下基础结构变形与受力规律方面急需更多研究和数据支持。在地质条件以珊瑚砂为主的海洋岛礁环境下，护岸结构受力规律与在陆地环境下差别巨大，研究经验无法直接应用于复杂海洋岛礁护岸建设中。这是因为珊瑚砂是一种以碳酸钙为主要成分的多孔隙岩土介质，具有形状不规则、易破碎、承载力较低等特点，和普通石英砂性质迥异。由于钢板桩结构在珊瑚砂地基中应用较少，缺乏可参考借鉴的资料，为确保工程质量和安全，有必要对钢板桩护岸结构与珊瑚砂相互作用问题进行深入系统的研究。

5.3.1　珊瑚砂地基深水板桩护岸离心模型试验

1. 工程概况

1）整体概况

马尔代夫维拉纳国际机场位于首都马累岛（Male）东北部 2 km 处的珊瑚礁岛，该机场仅有一条陆域跑道，因业务繁忙现有的基础设施已趋于饱和，急需扩建。根据机场所在地区的地形和地质条件，在机场跑道填海造陆地区西侧、北端及东侧部分潟湖段采用钢板桩围堰；拟在机场跑道区域的潟湖采砂，以吹填造地；货运码头改建拟采用陆域回填的方式，前沿采用钢板桩结构。板桩码头能适应不同海洋和地质情况，该项目将板桩码头结构成功应用到了珊瑚砂地质的港口建设中，并可以进一步推广到"一带一路"所涉及的各个国家的港口建设中去，促进与相关国家的港口合作。

2）护岸结构设计

马尔代夫维拉纳国际机场护岸工程包括 6 种结构型式，其中钢板桩共有 5 种（A 区~E 区）。本项目属于填海相关护堤、码头工程断面结构稳定性研究的一部分，选取 D 断面作为典型断面进行现场监测工作，工程设计图纸如图 5.3.1 所示。

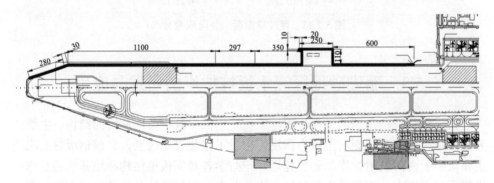

图 5.3.1　工程设计图纸（单位：m）

根据设计资料，D 断面采用钢板桩的设计参数为：主桩长度为 20 m，锚锭桩长度为 10 m，锚定拉杆长度为 9 m，钢板桩截面性质参数见表 5.3.1。

表 5.3.1　钢板桩截面性质参数

桩型	截面积/cm²	质量/（kg/m）	惯性矩/cm⁴	截面弹性模量/cm³	截面塑性模量/cm³	静矩/m³	回转半径/cm
单桩	145.4	114.1	10950	633	/	/	8.68
双桩	290.8	228.3	86790	3840	/	/	17.28
三桩	436.2	342.4	119370	4330	/	/	16.54
单宽桩	242.3	190.2	72320	3200	3687	1825	17.28

3）现场地质条件

根据中国航空规划设计研究总院有限公司提供的岩土工程勘察报告，拟建项目现场地层从上至下分别为：②细珊瑚砂、②-1a 砾状粗珊瑚砂、②-1b 含砾石块的砾质粗砂、②-2a 砾石粗珊瑚砂、②-2b 含碎石块的砂砾粗砂珊瑚砂、②-3 珊瑚砾石块、④礁灰岩，设计参数见表 5.3.2。

表 5.3.2　板桩护岸稳定性计算设计参数推荐值

地层单元	天然容重 γ/（kN/m³）	快剪强度 c/kPa	快剪强度 φ/（°）	固结快剪强度 c/kPa	固结快剪强度 φ/（°）	m 值
②	17.5	20	28	15	25	2000
②-1a	18	15	32	10	28	3500
②-1b	18.2	15	35	10	30	4000
②-2a	18.5	10	34	5	30	5000
②-2b	19	10	36	5	32	6000
②-3	19	/	/	/	/	10000
④	19.5	/	/	/	/	15000

注：m 值是水平基础的反应系数。

4）水文、波高条件

潮汐水位：表 5.3.3 列出了广泛适用于马尔代夫潮汐水平的基本数据。

表 5.3.3　潮汐特征水位

潮汐水位	相对平均水位的高度/m
最高天文潮汐水位	0.64
高水位平均上限值	0.34
高水位平均下限值	0.14
平均海平面	0
低水位平均上限值	−0.16
低水位平均下限值	−0.36
最低天文潮汐水位	−0.56

海平面水位上涨极限值：在 50 年设计寿命条件下，选择 0.26 m 作为海平面水位上涨极限值。

风暴潮水位：在 50 年重现期内，选择 0.2~0.3 m 作为最大风暴潮水位。

设计波高：根据设计文件，选择 2.0 m 作为最大波高进行相关设计计算。

2. 模型布置

钢板桩护岸共采用 C、D 两种断面，C 断面主桩下端未嵌入礁灰岩，D 断面主桩下端嵌入礁灰岩 2 m。本试验在南京水利科学研究院 400 gt 大型土工离心机上进行，模型试验设计加速度为 70 g。试验模拟了 C、D 断面，布置如图 5.3.2 所示，s1 为沉降激光测点，d2、d3 为水平位移激光测点。

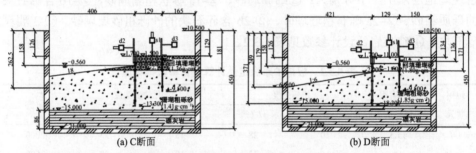

(a) C 断面　　　　　　　　　　　(b) D 断面

图 5.3.2　离心模型试验布置（单位：mm）

对于 C 断面，结合主桩模型尺寸，在主桩模型上居中等间距布置 5 个弯矩测点，测点标高自上而下依次为 –1.400 m、–4.200 m、–7.000 m、–9.800 m、–12.600 m。锚锭桩沿标高布置 3 个弯矩测点，测点标高自上而下依次为 –2.500 m、–5.200 m、–8.100 m。试验共布置 9 根锚锭桩，依次记为 p1~p9，通过 9 根模型拉杆连接主桩和锚锭桩，拉杆间距为 35 mm。对于 D 断面，在主桩模型上居中等间距布置 6 个弯矩测点，测点标高自上而下依次为 –2.200 m、–5.000 m、–7.800 m、–10.600 m、–13.400 m、–16.200 m。在主桩陆侧和海侧分别布置 4 个和 2 个土压力盒，陆侧测点标高自上而下依次为 –4.300 m、–7.800 m、–11.300 m、–14.800 m，海侧 2 个测点标高分别为 –11.300 m、–14.800 m。两断面锚锭桩弯矩测点布置一致。由于两断面拉杆间距不同，本次试验共布置 19 根锚锭桩，包含 9 根测量桩，测量桩与其余 10 根模型桩交叉布置。通过 19 根模型拉杆连接主桩和锚锭桩，每根拉杆间距为 17.5 mm。

3. 试验结果分析

1）主桩弯矩

所有试验结果均已按照土工离心模型相似准则换算为原型数据。C 断面主桩单宽弯矩沿深度分布如图 5.3.3（a）所示。主桩海侧受拉，单宽弯矩沿标高呈先增大后减小的分布规律，在标高约–2.000 m 处主桩单宽弯矩最大，约为 83 kN·m/m，在标高–7.000 m 以下单宽弯矩急剧减小。D 断面主桩单宽弯矩沿深度分布如图 5.3.3（b）所示。主桩弯矩沿深度呈 S 形分布，标高约–8.000 m 以上的主桩海侧受拉，以下的主桩陆侧受拉。主桩上部结构单宽弯矩沿标高呈先增大后减小的分布规律，在标高约–2.200 m 处主桩单宽弯矩最大，约为 45 kN·m/m。主桩下部结构单宽弯矩绝对值沿标高也呈现先增大后减小的分布规律，最大单宽负弯矩值约 –29 kN·m/m。根据公式 $\sigma = M/W$ 计算钢板桩所受应力。对于 C 断面，$M_{max} =$ 83 kN·m/m，截面抵抗矩 W=2335 cm³/m，则 σ=35.5 MPa＜$[\sigma]$ = 172.5 MPa；对于 D 断面，M_{max}=45 kN·m/m，W=4034 cm³/m，则 σ=11.2 MPa＜$[\sigma]$= 172.5 MPa。由上述计算可知，两断面钢板桩所受应力均远小于结构容许应力，说明钢板桩内力设计值在安全范围内。

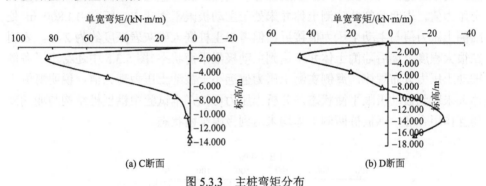

(a) C断面　　　　　　　　　　(b) D断面

图 5.3.3　主桩弯矩分布

2）锚锭桩弯矩

对于 C 断面，试验模型中共布置 9 根锚锭桩。模型试验中 p1 锚锭桩桩身弯矩测点损坏，未测量到有效弯矩值，其余 8 根锚锭桩弯矩分布如图 5.3.4（a）所示。每根锚锭桩受到的弯矩沿标高分布规律大体相同，实测弯矩值均为负值，表

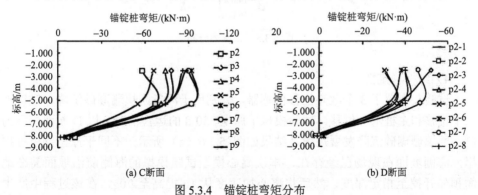

(a) C断面　　　　　　　　　　(b) D断面

图 5.3.4　锚锭桩弯矩分布

明锚锭桩整体陆侧受拉，且锚锭桩上半部分弯矩绝对值明显大于下半部分。p5 锚锭桩（布置于模型中间）弯矩绝对值最小，p7 锚锭桩弯矩绝对值最大。通过对锚锭桩弯矩分布规律的分析，初步估算锚锭桩最大负弯矩约−105 kN·m，该实测值的绝对值小于允许的最大弯矩值（180.54 kN·m），锚锭桩内力处于安全区间。对于 D 断面，模型中共布置 19 根锚锭桩。其中 8 根锚锭桩上布置有弯矩测点，标号依次为 p2-1～p2-9，弯矩分布规律如图 5.3.4（b）所示。D 断面模型中锚锭桩弯矩分布规律与C 断面大体一致，估算该断面模型锚锭桩最大负弯矩约−55 kN·m，该实测值的绝对值远小于允许的最大弯矩值（150.17 kN·m），锚锭桩内力也处于安全区间。

3）土压力

实测土压力分布如图 5.3.5 所示，D 断面主桩两侧土压力沿标高均呈线性分布。其中，标高约−12.000 m 以上部分，陆侧土压力值均大于同一标高处的主动土压力值，表明此部分陆侧土体并未处于主动极限平衡状态；标高−14.800 m 处陆侧土压力值与主动土压力值接近，但考虑主桩嵌入礁灰岩深度约为 2 m，表明在很大程度上墙后陆侧土体并未达到主动极限平衡状态。图 5.3.5 中还给出了海侧被动土压力分布规律，海侧实测土压力值远小于被动土压力理论值，说明海侧土体远未达到被动极限平衡状态。分析土压力可知，本试验中钢板桩结构与珊瑚砂相互作用合理，钢板桩两侧土体均未达到极限平衡状态。

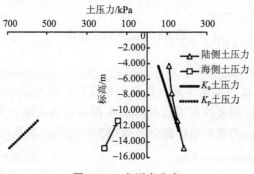

图 5.3.5　土压力分布

4）结构稳定性

试验共布置了 3 个激光位移传感器，分别用于测量回填珊瑚砂沉降、锚锭桩水平位移和主桩水平位移，试验模拟了原型 350 d 的运营情况。以 D 断面模型为例，回填珊瑚砂沉降发展规律及结果如图 5.3.6（a）所示，不同于原型钢板桩护岸，海侧坡面在现场已经存在，本次离心模型试验模拟的海侧前沿坡面需在地面预先开挖至指定深度，然后将离心加速度从 1g 提高至 70g，在该过程中产生的回填珊瑚砂沉降在实际工况中并不存在，结合实际情形考虑，D 断面原型回填珊瑚砂沉降应为离心加速度达到 70g 后的沉降值，约为 10 mm。主桩和锚锭桩水平位移发展规律如图 5.3.6（b）所示，锚锭桩水平位移约为 5.00 mm，主桩水平位移约为 20.00 mm。离心模型试验结果表明，采用此型式的钢板桩护岸结构整体稳定性良好。

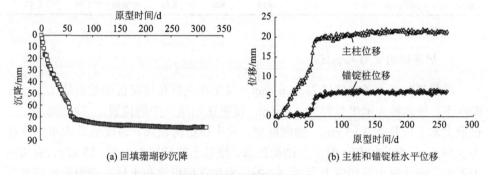

(a) 回填珊瑚砂沉降　　　　　　　　(b) 主桩和锚锭桩水平位移

图 5.3.6　结构稳定性分析

5.3.2　珊瑚砂地基深水板桩护岸结构受力变形特性

对于土体和结构物相互作用的数值模拟，关键因素之一就是如何正确模拟土体应力与变形特性。在模型库中植入"南水双屈服面模型"（简称南水模型），对珊瑚砂地基条件下钢板桩结构和土体相互作用进行模拟，计算得到地基土和钢板桩位移、地基应力分布及钢板桩弯矩分布。

1. 计算参数和模型

为获得马尔代夫珊瑚砂弹塑性本构模型参数，对工程现场珊瑚砂进行三轴剪切试验，测定土料应力-应变关系，依此确定土料抗剪强度指标及南水模型参数，如表 5.3.4 所示。计算时采用线弹性模型模拟钢板桩应力-应变关系，线弹性模型参数杨氏模量 E =206 GPa、泊松比 ν =0.2。珊瑚砂静止土压力系数取 0.4，接触面摩擦系数取 0.22。地基和护岸结构模型根据现场断面建立，主桩下端嵌入礁灰岩 2 m。模型深 30 m、长 70 m、宽 6 m，为消除边界效应，底部施加 3 个方向约束，周围施加法向约束。计算中重点关注 2 种主要工况：① 护岸结构在陆侧回填条件下的整体稳定性，回填总高 1.2 m，分 2 层，每层 0.6 m；② 机械荷载对结构整体稳定性的影响，因为机械荷载在施工期间几乎持续存在，与土层主要沉降期重合，因此有必要考虑该种荷载对护岸结构和土体沉降的影响，机械荷载施加在主桩和锚锭桩间，大小为 60 kN，约为土层自重的 3 倍。

表 5.3.4　珊瑚砂南水模型参数

相对密度	干密度/(g/cm³)	内摩擦角 φ/(°)	破坏比 R_f	切线模量参数 K	回弹模量参数 K_{ur}	切线模量变化率 n	黏聚力参数 c_d	摩擦角参数 n_d	偏应力参数 R_d
0.98	1.56	41.5	0.61	485	970	0.41	0.0022	1.08	0.48
0.63	1.41	38.3	0.55	457	914	0.43	0.0012	1.22	0.46
0.50	1.36	36.7	0.53	423	846	0.42	0.0038	1.69	0.44

2. 护岸结构变形与稳定

模型整体最大竖向位移为 16.6 mm，发生在主桩和锚锭桩间的回填土上，方向向下。整体最大水平位移为 4.9 mm，发生在回填土中间位置，指向海侧。主桩最大水平位移为 3.85 mm，指向陆侧，发生在结构顶部。锚锭桩最大水平位移为 3.59 mm，指向陆侧，发生在结构顶部。地基土剪切应力为 8～15 kPa，剪切应力不大。土体最大剪切应力为 86.4 kPa，发生在钢板桩与土体基础附近的局部位置，不会对地基土整体造成破坏。由上述分析可知，钢板桩结构在正常工作情况下基本稳定。主桩和锚锭桩弯矩分布如图 5.3.7 所示，陆侧受拉为正。主桩上部出现正弯矩、中部出现负弯矩、下部出现正弯矩，最大正弯矩距墙顶约 18 m，单宽弯矩为 23.4 kN·m/m；最大负弯矩距墙顶约 14 m，单宽弯矩为–4.1 kN·m/m。锚锭桩上部出现负弯矩、下部出现正弯矩，最大负弯矩距墙顶约 3.5 m，单宽弯矩为–19.6 kN·m/m；最大正弯矩距墙顶约 9.5 m，单宽弯矩为 8.3 kN·m/m。

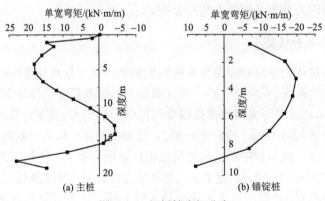

图 5.3.7　钢板桩弯矩分布

5.3.3　珊瑚砂地基深水板桩护岸结构工作性能现场监测

1. 测点布置

在机场扩建区钢板桩护岸范围内共设置 2 个测试断面，即有锚断面和无锚断面。各断面分别布置地面沉降板、水平棱镜、桩身应变计、拉杆应力计等测试仪器和设备。

2. 沉降和水平位移

1）沉降分析

钢板桩施工结束后，沉降值变化出现上升趋势；约 5 d 后，该趋势向下并逐渐出现负值（相对于原位向下沉降）。主桩施工结束后，沉降值小幅波动并逐渐趋于平稳，沉降值为 3～4 mm，沉降值-时间关系曲线如图 5.3.8 所示。

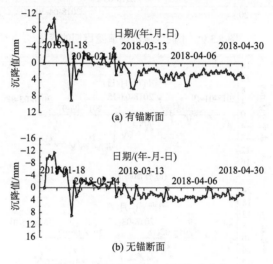

图 5.3.8　主桩沉降值-时间关系曲线

不同区域沉降值如图 5.3.9 所示，分析可知：① 回填后，主桩和回填区土体均有较大沉降，沉降绝对值较为接近，桩土界面相对滑移较小，沿界面表面几乎没有相对滑动，处于黏结状态；② 施工结束后，沉降进入稳定区，沿海侧向陆侧方向沉降值逐渐增大；③ 回填区土体沉降值差别很小，说明回填区沉降较为均匀，土体具有较好的连续性；④ 最终主桩相对土体有明显位移差，即回填区土体相对主桩有向下沉降的趋势，土体对主桩除水平土压力作用外，在桩土接触界面上存在向下的摩擦力作用，而锚锭桩相对于土体有向下沉降的趋势，进一步增强了锚固效应，该效应可提高主桩稳定性。

2）水平位移分析

不同施工阶段钢板桩位移变化如图 5.3.10 所示，正位移为向陆侧位移，负位移为向海侧位移，变化趋势为先波动上升（向陆侧位移）、后波动下降（向海侧位移），最后逐渐达到平衡。

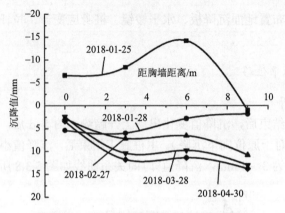

图 5.3.9　不同区域沉降值随日期的变化

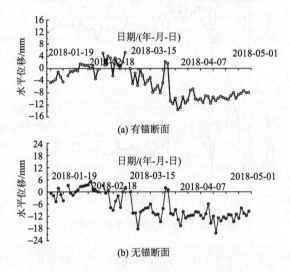

(a) 有锚断面

(b) 无锚断面

图 5.3.10　主桩水平位移-时间关系曲线

3）桩身应变和弯矩分析

不同施工阶段桩身应变监测和弯矩计算结果如图 5.3.11 所示，微应变和弯矩存在较好的一致性。拉杆安装前，微应变和弯矩都很小；拉杆安装完成后，桩身应变和弯矩出现剧烈变化。其中，在深度 0~5 m、12~16 m 处，桩身受负弯矩作用（陆侧受压、海侧受拉），钢板桩承受主动土压力；在深度 5~12 m 处，桩身受正弯矩作用，钢板桩承受被动土压力。不同时期，由于施工阶段不同，钢板桩不同深度的应变和弯矩随之变化，且施工主要影响深度>5 m 及靠近钢板桩底部 2 m 的区域，对最大弯矩的影响很小。

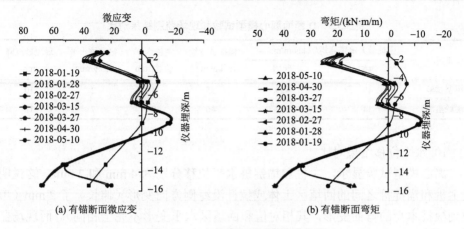

(a) 有锚断面微应变　　　　　　　　　(b) 有锚断面弯矩

图 5.3.11　主桩弯矩-深度关系曲线

4）拉杆应力分析

拉杆应力随时间变化曲线如图 5.3.12 所示。拉杆安装后，应力随时间缓慢下降，且出现两次较为明显的突降。第 1 次突降发生于 2018 年 2 月 23 日，源于测试断面两侧进行锚锭桩施工与拉杆安装；第 2 次突降发生于 2018 年 3 月 15 日，因为进行墙后土方开挖回填，释放了拉杆应力。

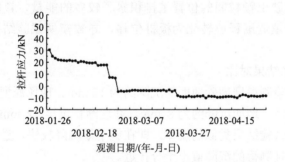

图 5.3.12　有锚断面拉杆应力-时间关系曲线

3. 现场监测与离心模型试验结果对比分析

表 5.3.5 给出了运行期 D 断面离心模型试验和现场监测的关键结果，包括主桩最大单宽弯矩、锚锭桩弯矩、主桩水平位移、锚锭桩水平位移及珊瑚砂沉降值。

表 5.3.5　D 断面离心模型试验和现场监测结果对比

工况	主桩最大单宽弯矩/(kN·m/m)		锚锭桩弯矩/(kN·m)	主桩水平位移/mm	锚锭桩水平位移/mm	珊瑚砂沉降/mm
	海侧	陆侧				
模型试验	45	−29	−55	4	2	10
现场监测	34	−12	−46	8	7	12

1）水平位移结果对比

离心模型试验显示，主桩和锚锭桩水平位移分别为 4 mm 和 2 mm，这说明在主桩和锚锭桩之间的回填区土体或拉杆沿海侧方向变形（伸长）了 2 mm（考虑到板桩本身的弯曲变形，其相对值和回填区水平变形不完全相同）。而现场监测结果分别为 8 mm 和 7 mm，显示土体或拉杆变形为 1 mm，因此离心模型试验和现场监测得到的桩的水平位移值十分接近，特别是主桩和锚锭桩的相对位移值十分接近，进一步增强了结果的可靠性。主桩位移现场监测值比模型试验值偏大约 4 mm，产生这种现象的原因可能是离心模型试验所采用的珊瑚砂的密度比实际偏小，导致测量值偏大；另一种可能原因是离心模型试验是在安装好板桩后以开挖作为施工期的开始，并未模拟板桩插入土体的过程，在这一过程中，珊瑚砂土体不可避免地受到扰动，土体本身具有较强的剪胀性，在板桩插入土体的过程中砂土颗粒间的位置重排积累了较多的能量，该能量随着时间的推移和土体的回填逐渐释放转化为板桩位移，导致模型试验结果比现场监测结果偏小。

2）地面沉降结果对比

离心模型试验测得珊瑚砂地面的沉降约为 10 mm。现场原型监测结果显示，在施工约两个月后，地面沉降约为 8 mm，并逐渐稳定至 12 mm，其变化趋势表现出和离心模型试验结果类似的规律，即在施工期沉降较快，进入运行期后沉降变缓直至稳定，且测得的沉降值也十分接近。

3）板桩内力结果对比

有必要看到，有锚断面和无锚断面处主桩在接近底部时的弯矩变化不同，有锚断面呈现出一明显的弯矩增加阶段，这说明有锚断面处基岩的嵌固作用更明显，有锚和无锚板桩尽管处于相邻位置，但变形并不相同，表明该种板桩护岸结构并非整体统一变形，而是在同一高度处的变形趋势不同，出现类似挠曲薄板的特征，因此对于和离心模型试验的比较而言，用有锚板桩处的内力分布进行对比分析。由表 5.3.5 可知，离心模型试验和监测到的主桩板桩的最大正弯矩（海侧受拉）较为接近，而最大负弯矩（陆侧受拉）相差较大。弯矩绝对值不同的原因除了土体密度不同外，主要是在离心模型试验中，存在从 0g 到 70g 加速的过程，该过程实际模拟了港池开挖的过程，而实际监测对象并未出现该过程，导致进一步的弯矩增大。从弯矩沿深度的变化来看，离心模型试验的结果和现场监测结果都表现出"S"形的变化规律，随着深度增加，正弯矩先增大后减小，并逐渐出现负弯矩，负弯矩随后也逐渐增大，达到最大值后逐渐减小至零。在接近基岩的锚固段，弯矩出现一段较大的增长，这是基岩对板桩底部的约束作用产生的类似悬臂梁的固端弯矩造成的。

第6章 桶式基础防波堤结构的创新与发展

6.1 桶式基础椭圆形对称防波堤结构的研发与应用

6.1.1 椭圆形对称防波堤结构的受力与变形特性

1. 桶式结构与地基共同作用离心模型试验

本书利用超重力场中的离心模型试验研究了波浪荷载作用下桶式基础与软土地基的相互作用规律。以连云港港徐圩港区桶式基础防波堤工程为研究对象，下桶断面为椭圆形，长轴为 30 m，短轴为 20 m，桶内通过隔板划分成 9 个隔仓，高度为11 m，对其负压下沉、波浪荷载作用及港侧回填等过程进行模拟，得到以下结论：

（1）桶式基础结构最大下沉总阻力约 40000 kN，平均摩擦力约 12.23 kPa，如图 6.1.1 所示。桶体穿越上部淤泥土层时，桶壁及内隔板与地基土之间的摩擦系数为 0.125。桶体在下沉过程中，下桶外壁和内隔板截面上的压应变数值基本一致，随桶体下沉位移发展而平缓增大，表明桶体在整个下沉过程中桶各部位受力及位移量均匀，桶体下沉姿态平稳。

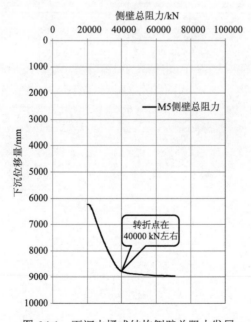

图 6.1.1 下沉中桶式结构侧壁总阻力发展

（2）从图 6.1.2～图 6.1.4 可以看出，从离心模型试验结果得到桶式基础结构抵抗水平滑动、下沉和倾转的极限水平荷载能力分别是 1.54P_{pp}、1.58P_{pp} 和 1.76P_{pp}。其中抵抗水平滑动的极限水平承载力最低，为 1.54P_{pp}，按规范取得的容许水平承载力平均值约为 1.1P_{pp}。桶式基础防波堤结构能够抵御 50 年一遇设计高水位的波浪荷载而保持稳定安全。

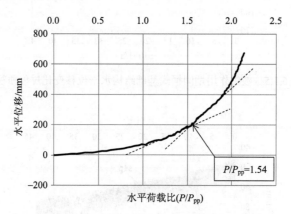

图 6.1.2　结构水平位移-水平荷载比关系图

P 为荷载；P_{pp} 为极限荷载

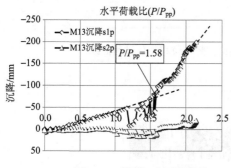

图 6.1.3　沉降-水平荷载比

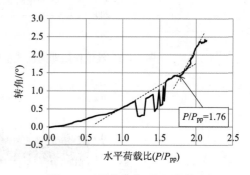

图 6.1.4　桶体转角-水平荷载比

（3）针对桶式基础结构在循环往复荷载作用下的动态模拟，对波浪荷载作用下桶式基础结构的位移变形性状取得了以下认识，波浪荷载作用 43.5 h 后，桶式基础结构水平位移、竖向位移和转角位移特征值分别为 29 mm、92 mm 和 0.059°（图 6.1.5～图 6.1.7），它们均在稳定安全范围内；波浪荷载作用 43.5 h 后，淤泥质海域泥面以下约 6 m 深度范围内土体强度弱化现象明显，下桶深度范围内地基土层不排水强度平均值衰减较小。

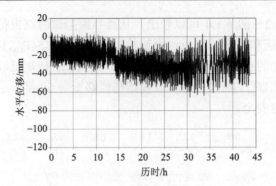

图 6.1.5　波浪作用期间桶式基础结构水平位移变化过程曲线

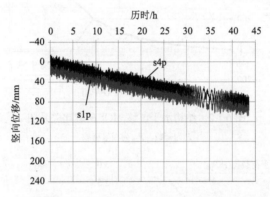

图 6.1.6　波浪作用期间桶式基础结构竖向位移变化过程曲线

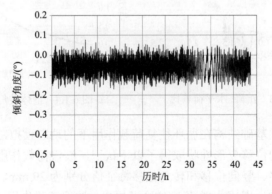

图 6.1.7　波浪作用期间桶式基础结构倾斜角度变化过程曲线

（4）桶式基础护岸最危险的工况是港池侧回填过程中和刚回填完成后。其主要位移变形模式有两种，即向港池方向一侧倾斜和桶底向海侧水平位移。桶体倾斜是由单侧回填造成结构两侧不均匀沉降而产生的，而水平位移是由回填土体作用于桶身回填侧自上而下侧向推力引起的。

（5）在下桶进入粉质黏土层 0.5 m 且桶后吹填淤泥情况下，桶式基础防波堤未出现明显失稳的迹象，但继续向上吹填淤泥时，桶体水平位移向海侧快速发展，导致桶体结构发生水平失稳，如图 6.1.8～图 6.1.10 所示。在下桶进入粉质黏土层 1.0 m 且桶后回填袋装砂情况下，回填土体高度为 12 m，甚至超载至 13.8 m，防波堤结构仍能保持稳定。因此，建议在工程实施过程中，将桶式基础结构下桶嵌入粉质黏土层的深度设置在 1.0～1.5 m，并尽可能采用中粗砂或者石料作为港侧回填材料，若除吹填淤泥之外的回填材料紧缺，需严格控制回填施工速率并加强现场检测，即增加回填层数，延长间歇时间，待淤泥土自身强度提升至一定程度后再进行下一级回填，以确保防波堤在回填施工期稳定。

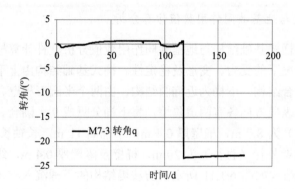

图 6.1.8　桶后吹填第三层淤泥后桶体结构转角变化

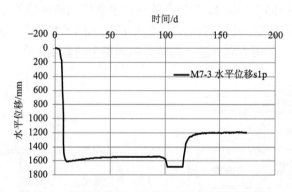

图 6.1.9　桶后吹填第三层淤泥后桶体水平位移变化

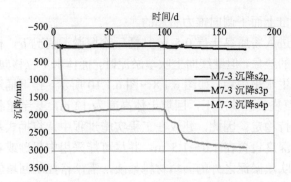

图 6.1.10　桶后吹填第三层淤泥后桶体顶面沉降和吹填泥面沉降变化

s2p、s3p 为顶面沉降；s4p 为泥面沉降

2. 桶式结构与地基共同作用数值仿真分析

运用开发的桶式基础结构与地基共同作用数值分析软件计算桶式基础防波堤及护岸在不同工况下的受力、变形及稳定性。桶式基础结构由上下两部分组成，上桶为双圆桶组合结构，下桶为近椭圆结构，由两个半圆形桶壁、两段直壁组合而成，下桶内部纵横方向各有两道隔墙，将下桶分隔成 9 个隔仓。上桶高 12 m，圆桶外径（直径）为 8.9 m，桶壁厚 0.4 m；下桶高 11 m，长轴长 30 m，短轴长 20 m，半圆形桶壁外径（直径）为 20 m，桶壁及隔墙厚 0.4 m，纵横向两道隔墙间距为 6.6 m，结构如图 6.1.11 所示。防波堤结构的下桶沉入土体内，穿过上层 9.5 m 厚的淤泥土层进入粉质黏土持力层 1.5 m，下桶盖板的顶部与海底土体顶面齐平，下桶起到承载及维持桶体稳定性的作用。下桶隔仓主要是方便在负压下沉过程中对桶体进行调平，同时，带隔仓的桶体也会增强桶体的整体刚度及稳定性。上桶在海水中，承受水平波浪荷载。防波堤单桶结构的长轴方向为海侧-港侧方向，与水平波浪荷载的作用方向一致，短轴方向为整个防波堤走向。

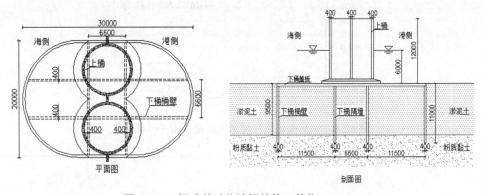

图 6.1.11　桶式基础防波堤结构（单位：mm）

防波堤地基土层自上而下依次为：淤泥土层、粉质黏土层，上层淤泥土厚 9.5 m，下层粉质黏土为持力层，其主要物理指标如表 6.1.1 所示。

表 6.1.1　地基土主要物理指标

土样名称	有效容重 γ' / (kN/m^3)	静止土压力系数 K_0	弹性模量 E/kPa	摩擦系数 μ	黏聚力 c/kPa	内摩擦角 φ/ (°)
淤泥土	6.8	0.885	2300	0.45	3	5.35
粉质黏土	9.2	0.70	5000	0.35	2	11.5

注：表中 c、φ 为固结不排水强度指标，静止土压力系数按 $K_0=1-\sin\varphi$ 计算。

对连云港港徐圩港区桶式基础防波堤地基土取样进行三轴试验，得到的南水模型参数如表 6.1.2 所示。

表 6.1.2　各土层南水模型参数

土样名称	黏聚力 c/kPa	内摩擦角 φ_0/ (°)	内摩擦角变化量 $\Delta\varphi$ / (°)	破坏比 R_f	材料硬化参数 K	K_{ur}	n	最大收缩体应变 c_d	R_d	n_d
淤泥土	3	27.2	1.48	0.87	23.0	46	0.87	0.0830	0.133	0.53
粉质黏土	2	31.5	3.40	0.7	67.5	135	0.70	0.0383	0.35	0.73

注：R_d 为发生最大收缩时的 $\sigma_1-\sigma_3$ 与偏应力的渐进值 $(\sigma_1-\sigma_3)_{ult}$ 之比；n_d 为收缩体应变随 σ_3 增加而增加的幂指数。

1）波浪荷载作用下桶式基础结构受力和变形

分别将桶式基础结构、接触面单元和地基土定义为不同单元集合，选择不同材料参数和本构模型参数，采用线弹性本构模型描述桶式基础结构和接触面单元，采用沈珠江院士等提出的南水双屈服面弹塑性模型描述地基土的应力-应变关系，参数取值如表 6.1.2 所示。分别在结构剖面图桶壁和隔仓壁的海侧及港侧沿深度方向取 5 个点，用于分析结构土压力分布及整体结构的位移（图 6.1.12）。

模型波浪荷载采用与实际波浪荷载等效的 50 年一遇的波浪集中荷载 12048 kN，作用于上部桶体的海侧桶壁，作用点距离下桶盖板 6 m。桶式基础结构防波堤是沿短轴方向将多个单桶结构连接起来，长度远远大于单桶结构的长轴长度，因此首先将问题简化为二维有限元分析。根据以往工程经验及有限元计算结果，结构受力后对地基土的影响宽度一般为结构入土深度的 3~4 倍，影响深度一般为结构入土深度的 2~4 倍，因此建立一个 90 m×33 m 的地基模型（图 6.1.13），模型土体分为两层，上层为淤泥土，厚 9.5 m，下层为粉质黏土，厚 23.5 m。模型两侧边界约束水平向位移，底端边界同时约束水平和竖向的位移，上表面为自由边界。

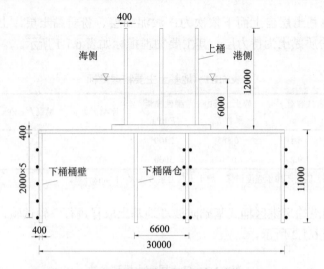

图 6.1.12　桶式基础结构剖面图（单位：mm）

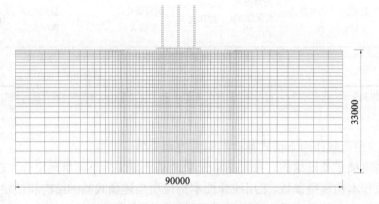

图 6.1.13　桶式基础结构及地基土有限元模型（单位：mm）

　　桶壁的位移和土压力的分布与桶体位移有很大关系，计算得到海侧和港侧桶壁位移沿深度的分布，如图 6.1.14 所示。桶式基础结构整体位移图如图 6.1.15 所示（放大 10 倍）。可以看出，在波浪荷载作用下，桶体发生转动及平移，转动中心在桶体下部土体内。下桶最大水平位移为 11.3 cm，发生在下桶顶部，指向港侧，下桶底部水平位移为 2.7 cm，同样指向港侧；最大竖向位移为 15.1 cm，发生在桶壁海侧，方向向上，桶壁港侧竖向位移为 8.4 cm，方向向下，结构差异沉降为 23.5 cm。在波浪荷载作用下，桶式基础结构整体向港侧移动并发生倾斜，倾角为 0.45°。桶式基础结构在 50 年一遇的波浪荷载作用下并没有发生整体滑动和倾覆失稳的情况，结构是基本稳定的。

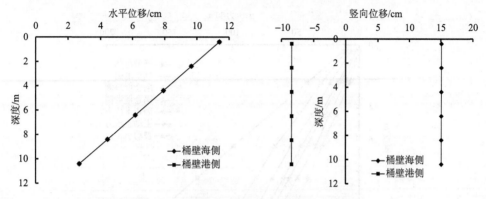

图 6.1.14 海侧和港侧桶壁位移随深度的分布

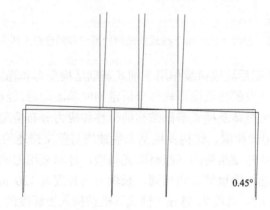

图 6.1.15 波浪荷载作用下桶式基础结构整体位移示意图

图 6.1.16 为 50 年一遇的波浪荷载作用条件下，待超静孔隙水压完全消散后，作用于桶壁和隔仓壁的土压力分布情况。桶式基础结构整体刚度较大，在软土中桶壁和隔仓壁变形很小，因此，结构土压力沿深度近似呈线性分布。图 6.1.16 中同时标注了运用朗肯土压力理论计算的静止土压力、主动土压力和被动土压力。在荷载施加前，桶壁和隔仓壁土压力应与静止土压力较为接近，计算结果显示在波浪荷载施加后桶壁和隔仓壁海侧土压力位于主动土压力和静止土压力之间，桶壁和隔仓壁港侧土压力位于静止土压力和被动土压力之间，且结构下部土压力与静止土压力更为接近。这种土压力分布模式与结构整体位移模式有关，在水平波浪荷载作用下，桶式基础所有部位都向港侧发生位移，结构港侧土压力偏向于被动土压力，因此大于静止土压力，结构海侧土压力偏向于主动土压力，因此小于静止土压力。同时，桶式基础结构发生了一定程度的转动，下桶桶体下部相较上部水平位移更小，因此相对更接近于静止土压力。

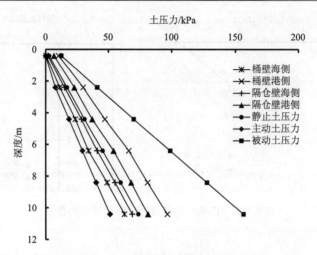

图 6.1.16　波浪荷载作用下桶式基础结构桶壁和隔仓壁土压力分布

2）港侧回填淤泥后波浪荷载作用下桶式基础结构变形和稳定性

运用研究团队开发的数值模拟软件分析港侧吹填淤泥后,经历 50 年一遇的波浪荷载作用,地基土整体及桶式基础结构的位移和应力分布情况。吹填淤泥的高度为 7 m,分析采用的荷载、结构及地基土参数均与前文描述的相同。

图 6.1.17 为桶式基础结构的三维有限元模型,计算采用的地基土模型短轴方向的长度与桶式基础结构短轴方向相同,长轴方向长度为 120 m（桶式基础结构长轴方向长度的 4 倍）,高度为 33 m（桶式基础结构入土深度的 3 倍）。模型前后边界约束短轴水平向位移,两侧边界约束长轴水平向位移,底端边界同时约束水平和竖向位移,上表面为自由边界。港侧淤泥回填过程的模拟采用的方法为:将回填淤泥单元的刚度和质量都设定成一个极小的初始值,然后在某一时间步将单元的刚度和质量都恢复到正常值。

图 6.1.17　桶式基础结构三维有限元模型

图 6.1.18 和图 6.1.19 分别为港侧回填淤泥后在波浪荷载作用下地基整体的竖向和水平向位移分布图。其中，最大竖向位移为 27.8 cm，发生在港侧回填淤泥中，方向向下；最大水平向位移为 14.7 cm，发生在回填淤泥顶部靠近上部桶体处，指向港侧，计算结果说明在波浪荷载作用下桶式基础结构的整体变位造成了相应的地基土变形。

图 6.1.18　港侧回填淤泥后波浪荷载作用下地基整体竖向位移分布（单位：m）

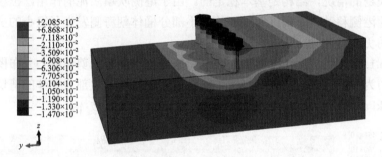

图 6.1.19　港侧回填淤泥后波浪荷载作用下地基整体水平向位移分布（单位：m）

图 6.1.20 和图 6.1.21 为港侧回填淤泥后在波浪荷载作用下桶式基础结构的竖向和水平向位移分布图。最大竖向位移为 15.0 cm，发生在桶壁港侧，方向向下，

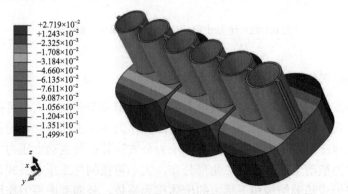

图 6.1.20　港侧回填淤泥后桶式基础结构竖向位移分布（单位：m）

图 6.1.21　港侧回填淤泥后桶式基础结构水平向位移分布（单位：m）

桶壁海侧竖向位移为 2.7 cm，方向向上，结构差异沉降为 17.7 cm；下桶最大水平向位移为 5.9 cm，发生在下桶顶部，指向港侧，下桶底部水平位移为 0.3 cm，指向海侧。在波浪荷载作用下，桶式基础结构向港侧发生倾斜，倾角为 0.24°。桶式基础结构在港侧吹填淤泥后，在 50 年一遇的波浪荷载作用下并没有发生整体滑动和倾覆失稳的情况，结构是基本稳定的。由于港侧吹填淤泥的作用，位移模式并非整体朝港侧移动，下桶接近底部的一小部分桶体朝海侧发生了很小的变位，但整体转动仍朝向港侧。

图 6.1.22 为港侧回填淤泥后在波浪荷载作用下地基土剪切应力分布图，最大剪切应力为 34.5 kPa，发生在桶壁和隔仓壁底部区域，大部分土体的剪切应力在 1～17.6 kPa，剪切应力量值很小，不会引起地基土剪切破坏。

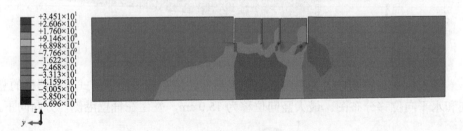

图 6.1.22　地基土剪切应力分布（单位：kPa）

6.1.2　椭圆形对称防波堤结构简化计算模型

根据防波堤的受力特点，将波浪力简化为梯形水平荷载，大小可按海港水文规范中的公式计算。与波浪力同方向的土压力作为主动土压力，可简化为滑动荷载，分布近似三角形，大小可按朗肯土压力公式计算；与主动土压力方向相反的土压力简化为被动土压力，呈三角形分布，大小可按朗肯土压力公式计算，作为抗滑力。将桶式基础结构和下桶内的土体作为整体，竖向受摩擦力作用，底部受土体水平剪力和竖向地基反力，竖向地基反力按极限值计算，呈矩形分布，水平剪力和竖向地基反力均作为抗力。所有荷载在水下按浮容重计算，考虑结构两侧水压力相互抵消而不参与计算。由此桶式基础防波堤简化计算模型如图 6.1.23所示。

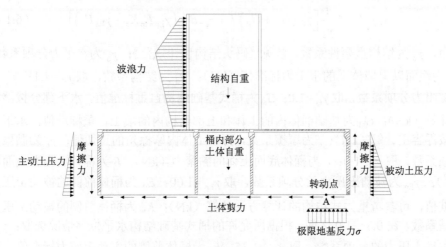

图 6.1.23　桶式基础防波堤计算示意图

6.1.3　椭圆形对称防波堤结构稳定性验算方法

参考重力式计算法、摩擦阻力方法和无锚板桩方法，由极限平衡理论提出适合桶式基础结构稳定性分析的条件极限平衡方法。该方法的思路是假设结构和内部土体发生刚体小转动，合力中心位置不因转动而发生改变，桶内土体参与抗倾计算的重量根据真空度和桶壁摩擦力确定，竖向和水平向极限平衡互不影响（结构各个方向受力平衡），根据地基承载力的极限分布形式计算极限弯矩。

计算步骤如下：

（1）转动趋势判断。对结构取隔离体，把结构和结构内土体看成刚体，刚性面以上的外荷载使结构产生转动趋势，将外力平移到结构底面中心上，求出合偏心力距，确定结构偏转方向。

（2）计算水平向和竖向的合力，求出地基反力。

（3）根据极限承载力和地基反力，求出极限弯矩平衡下地基反力分布形式。

（4）求出地基反力的合力，并计算由地基反力和竖向力形成的极限力矩。

（5）根据对底面中心的极限抗倾力矩与倾覆弯矩的比值确定抗倾安全系数。

1. 抗滑稳定计算

根据图 6.1.23，进行结构水平力平衡计算，得到断面的抗滑稳定计算公式如下。

$$\gamma_0\gamma_p P_w \leqslant \frac{1}{\gamma_d}\Big[\gamma_G\big(G_{st}+G_{sl}\big)f+\gamma_c cB+\big(\gamma_{Ep}E_p K_s-\gamma_{Ea}E_a\big)\Big] \qquad (6.1.1)$$

式中，γ_0 为结构重要性系数，参见《码头结构设计规范》；γ_p 为水平力分项系数；P_w 为泥面以上墙体上的水平力标准值（kN）；γ_d 为结构系数，取 γ_d=1.1；γ_G 为摩擦阻力分项系数，取 γ_G=1.0；G_{st} 为桶式基础结构自重标准值，水下部分按浮容重计算（kN）；G_{sl} 为基础桶体内的土体和上部结构内的填土自重标准值，水下部分按浮容重计算（kN）；f 为摩擦系数，可取土体内摩擦角的正切值；γ_c 为黏聚力分项系数，取 γ_c=1.0；c 为桶体底面土体的黏聚力（kN）；B 为桶体底面有效面积（m²）；γ_{Ep} 为被动土压力的分项系数，取 γ_{Ep}=1.00；E_p 为桶体前侧的被动土压力标准值，可参考重力式结构的计算方法计算（kN）；K_s 为桶体前侧的被动土压力折减系数，在 0.3～1.0 之间，根据所允许的桶式基础结构水平位移情况选取；γ_{Ea} 为主动土压力的分项系数，取 γ_{Ea}=1.35；E_a 为桶体前侧的主动土压力标准值，可参考重力式结构的计算方法计算（kN）。

2. 抗倾稳定计算

对桶底转动点的力矩平衡进行计算，可求出抗倾覆稳定计算公式：

$$\gamma_0\gamma_p M_{pw} \leqslant \frac{1}{\gamma_d}\Big[\gamma_G\big(M_{Gst}+M_{Gsl}\big)+\big(\gamma_{Ep}M_{Ep}K_s-\gamma_{Ea}M_{Ea}\big)\Big] \qquad (6.1.2)$$

式中，γ_0 为结构重要性系数，参见《码头结构设计规范》；γ_p 为水平力分项系数；M_{pw} 为泥面以上墙体上的水平力产生的转动力矩（kN）；γ_d 为结构系数，取 γ_d=1.35；γ_G 为结构和土体自重产生的摩擦阻力分项系数，取 γ_G=1.0；M_{Gst} 为桶式基础和上部结构自重标准值对桶式基础底转动点的稳定力矩（kN·m）；M_{Gsl} 为桶式基础内的土体（考虑部分土体参与抗倾，其余部分靠摩擦力提供抗倾）和上部结构内的填土自重标准值对桶式基础底转动点的稳定力矩（kN·m）；γ_{Ea} 为主动土压力的分项系数，取 γ_{Ea}=1.35；M_{Ea} 为桶体前侧的主动土压力标准值对桶式基础底转动点的稳定力矩（kN·m）；K_s 为桶体前侧的被动土压力折减系数，在 0.3～1.0 之间，根据所允许的桶式基础水平位移情况选取；γ_{Ep} 为被动土压力的分项系数，取 γ_{Ep}=1.0；M_{Ep} 为桶体前侧的被动土压力标准值对桶式基础底转动点的稳定力矩（kN·m）。

6.2　桶式基础偏心非对称防波堤结构的研发与应用

6.2.1　回填作用下偏心非对称防波堤结构变形稳定特性

根据试验要求，上部沉箱内隔仓回填粉土，回填粉土的密度为 1.77 g/cm³，后方回填土中泥面以上 4 m 回填粉砂，回填粉砂的密度为 1.8 g/cm³，其余回填粉土，高度为 14.3 m，后方回填土总高度为 18.3 m；结构端部嵌入砂桩地基中 1.0 m。本次试验中加速度上升过程模拟施工期，恒载过程模拟运行期，经换算，模拟施工期对应原型约 240 d，模拟运行期对应原型约 436 d。模型布置如图 6.2.1 所示，

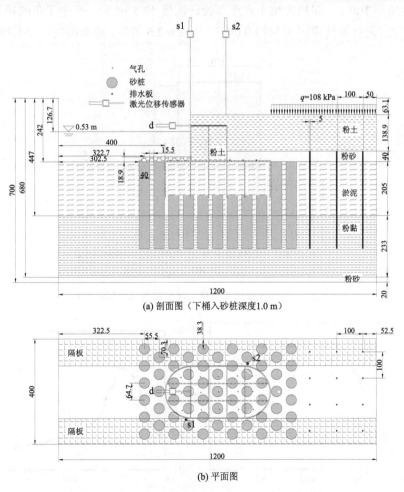

(a) 剖面图（下桶入砂桩深度1.0 m）

(b) 平面图

图 6.2.1　偏心非对称防波堤结构的模型布置图（单位：mm）

设置了 2 只激光位移传感器测量桶式基础接岸结构的沉降，s1 和 s2 分别用于测量结构顶面海侧和陆侧的沉降，而结构的水平位移，由激光位移传感器 d 进行测量。

1. 桶内回填过程中桶体变形稳定特性

西侧区段桶内回填工况及桶内回填过程分别如图 6.2.2 与图 6.2.3 所示。在桶内回填至设计高度及之后运行期间，桶式基础变形性状见图 6.2.4～图 6.2.6。从图 6.2.4 可见，随着桶内填土高度增加，产生了正的转角值，即结构倾向海侧，桶内填土高度达到约 10 m 后，转角值逐渐减小，结构产生了向陆侧倾斜的趋势，加速度达到 100 g，即桶内填土高度至设计高度 13.5 m 后，产生了负的转角，转角值不大，运行期结束时转角约 0.04°。从图 6.2.5 可见，随着桶内填土高度增加，

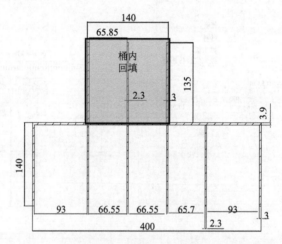

图 6.2.2　西侧区段桶内回填工况示意图（单位：mm）

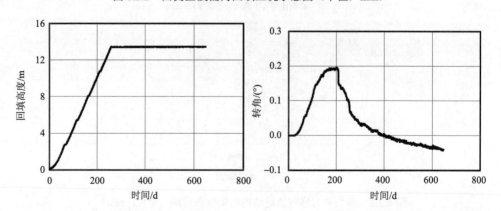

图 6.2.3　西侧区段桶内回填过程　　图 6.2.4　西侧区段结构转角变化（桶内回填）

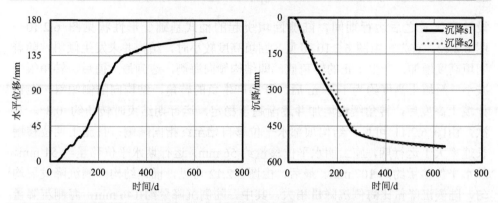

图 6.2.5　西侧结构顶部水平位移变化（桶内回填）　　图 6.2.6　西侧结构顶面沉降变化（桶内回填）

桶顶产生了指向海侧的水平位移，施工期增长较快，运行期增长缓慢并逐渐趋于稳定，施工期水平位移量约 120 mm，运行期水平位移量约 38 mm，总水平位移量约为 158 mm。最后，桶体结构两侧沉降发展均匀，陆侧沉降量比海侧沉降量稍大，其中，陆侧沉降量约 540 mm，海侧沉降量约 532 mm。桶体具体变位特征如图 6.2.7 所示。上述桶式基础结构的变形性状与桶内填土引起结构受到向海侧偏心荷载作用密切相关。

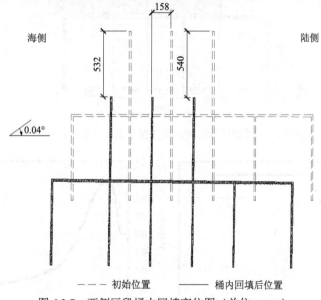

图 6.2.7　西侧区段桶内回填变位图（单位：mm）

2. 陆侧回填对桶体变形稳定特性的影响分析

陆侧回填工况及陆侧回填过程分别如图 6.2.8 与图 6.2.9 所示。在桶后回填至设计高度及之后运行期间，陆侧回填引起的桶式基础变形性状见图 6.2.10~图 6.2.12。首先，由图 6.2.10 可见，回填高度较小时，结构并未发生倾斜，随着回填高度增加，产生了正的转角值，即结构倾向海侧，达到最大值后，转角很快减小，至填土高度约为 14.5 m 后，开始产生负的转角，结构向陆侧倾斜，至设计填土高度后，转角缓慢增加并逐渐趋于稳定，运行期结束时转角约 0.3°。其次，由图 6.2.11 可见，结构顶部水平位移自始至终指向陆侧，且施工期位移增长速率大于运行期，施工期水平位移量约 56 mm，运行期水平位移量约 51 mm，总水平位移量约为 107 mm。最后，由图 6.2.12 可见，桶体结构两侧沉降发展均匀，陆侧沉降量比海侧沉降量稍大，其中，陆侧沉降量约 146 mm，海侧沉降量约 94 mm。桶体具体变位特征如图 6.2.13 所示。上述桶式基础结构的变形性状不仅与地基淤泥层土体及桶后回填体性质密不可分，而且与桶式基础端部所在地基承载特性密切相关。

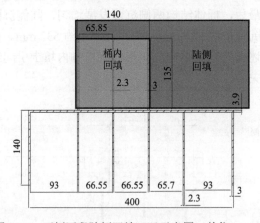

图 6.2.8　西侧区段陆侧回填工况示意图（单位：mm）

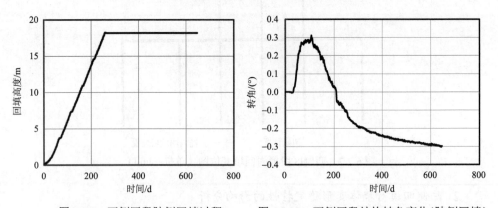

图 6.2.9　西侧区段陆侧回填过程　　　图 6.2.10　西侧区段结构转角变化（陆侧回填）

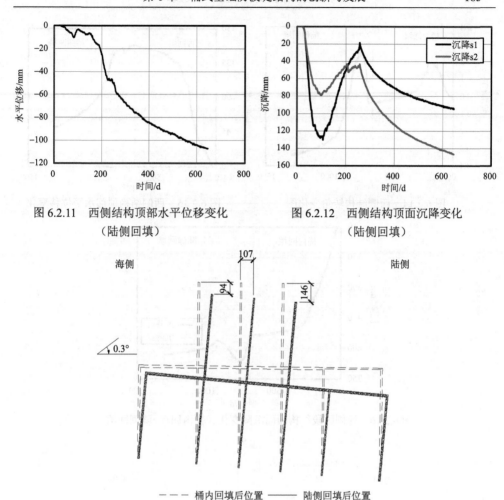

图 6.2.11　西侧结构顶部水平位移变化　　　　图 6.2.12　西侧结构顶面沉降变化
　　　　　　　（陆侧回填）　　　　　　　　　　　　　　　（陆侧回填）

- - - - 桶内回填后位置　　　—— 陆侧回填后位置

图 6.2.13　西侧区段陆侧回填变位图（单位：mm）

3. 桶内回填+陆侧回填过程中桶体变形稳定特性

桶内回填与陆侧回填过程中桶式基础变形性状见图 6.2.14～图 6.2.16。首先，由图 6.2.14 可见，回填高度较小时，结构并未发生倾斜，随着回填高度增加，产生了正的转角值，即结构倾向海侧，达到最大值后，转角很快减小，随后开始产生负的转角，结构向陆侧倾斜，转角缓慢增加并逐渐趋于稳定，最终转角为 0.34°。其次，由图 6.2.15 可见，桶内回填荷载作用下结构顶部产生了指向海侧的水平位移，陆侧回填时，桶顶向陆侧移动，最终水平位移量约为 51 mm，指向海侧。最后，由图 6.2.16 可见，桶体结构两侧沉降发展均匀，陆侧沉降量比海侧沉降量稍大，其中，陆侧沉降量约为 687 mm，海侧沉降量约为 629 mm。桶体具体变位特征如图 6.2.17 所示。

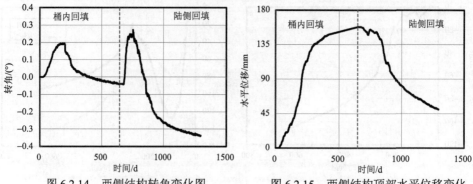

图 6.2.14　西侧结构转角变化图　　　　图 6.2.15　西侧结构顶部水平位移变化

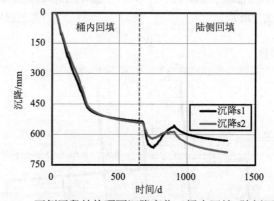

图 6.2.16　西侧区段结构顶面沉降变化（桶内回填+陆侧回填）

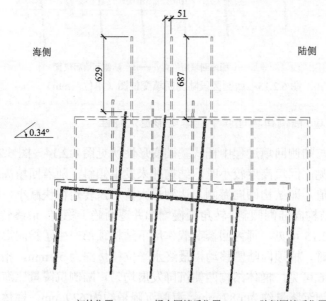

图 6.2.17　西侧区段桶内回填+陆侧回填变位图（单位：mm）

6.2.2　堆载作用下偏心非对称防波堤结构变形稳定特性

图 6.2.18 为后方堆载偏心非对称防波堤结构的模型布置图。上部沉箱内隔仓及结构后方均回填砂土，实际回填粉砂密度为 1.62 g/cm^3，回填土总高度为 18.3 m；结构端部嵌入砂桩地基中 1.0 m。试验中加速度上升过程模拟施工期，恒载过程模拟运行期，经换算，模拟施工期对应原型约 240 d，模拟运行期对应原型约 436 d。

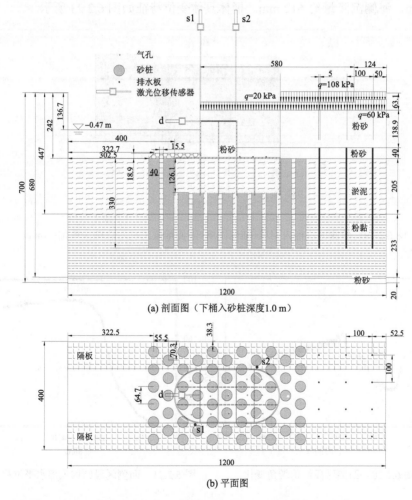

(a) 剖面图（下桶入砂桩深度1.0 m）

(b) 平面图

图 6.2.18　后方堆载偏心非对称防波堤结构的模型布置图（单位：mm）

西侧区段堆载工况如图 6.2.19 所示。通过在 1 g 条件下向指定位置预先放置铅丸，然后逐渐提高离心加速度至 100 g，近似模拟结构顶面及其后方堆载。桶式基础变形性状见图 6.2.20～图 6.2.22。首先，由图 6.2.20 可见，随着加速度增大，结构产生了向陆侧的倾角，最大值约为 0.1°，加速度至 100 g 后，结构逐渐向陆侧倾斜，运行期结束时转角约 0.02°。其次，由图 6.2.21 可见，随着堆载增加，结构产生了指向海侧的水平位移，达到设计堆载值一定时间后，结构产生了向陆侧位移的趋势，但位移始终是正值，这表明在施工期及运行期内，结构位移一直指向海侧，最终水平位移量约 80 mm。最后，由图 6.2.22 可见，桶体结构两侧沉降发展均匀，陆侧沉降量比海侧沉降量稍大，其中，陆侧沉降量约616 mm，海侧沉降量约 612 mm。桶体具体变位特征如图 6.2.23 所示。

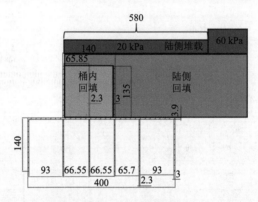

图 6.2.19　西侧区段桶内回填+陆侧回填+陆侧堆载工况示意图（单位：mm）

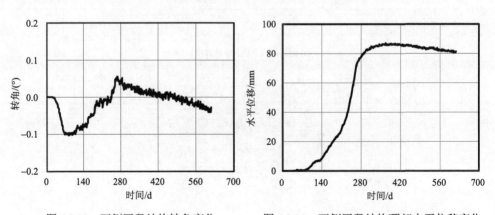

图 6.2.20　西侧区段结构转角变化　　　图 6.2.21　西侧区段结构顶部水平位移变化

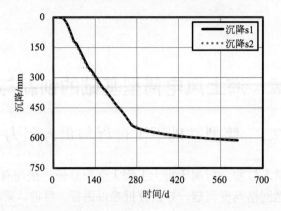

图 6.2.22　西侧区段结构顶面沉降变化（桶内回填+陆侧回填+陆侧堆载）

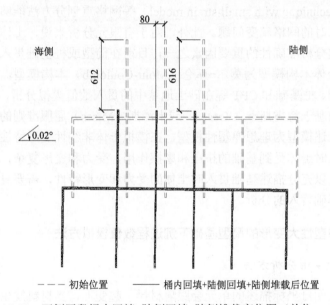

图 6.2.23　西侧区段桶内回填+陆侧回填+陆侧堆载变位图（单位：mm）

第 7 章 海上风电筒型基础的创新与发展

7.1 筒型基础下沉过程与贯入阻力

筒型基础的贯入过程分析属于岩土工程大变形分析,采用有限元方法进行桩贯入分析时会遭遇网格畸变问题,导致分析难以进行。目前,采用 CEL(coupled Eulerian-Lagrangian)、ALE(arbitrary Lagrangian-Eulerian)和 RITSS(remeshing and interpolation technique with small strain model)等网格重划分方法能够较好地解决筒型基础贯入时的网格畸变问题。此外,对于有限元分析来说,土体本构模型的选择也是决定分析准确性的重要因素之一,目前在筒型或桩基础贯入分析中使用最为广泛的土体本构模型为莫尔-库仑(Mohr-Coulomb)本构模型,其广泛地应用于筒型基础、桩基础和 CPT 等在砂土地基中的贯入数值模拟分析,在黏土地基中则大多采用基于特雷斯卡(Tresca)或米泽斯(Mises)屈服准则的理想弹塑性模型,但是上述模型为理想弹塑性模型,在模拟土体非线性变形特性方面效果欠佳。基础贯入时土体受到基础的挤压和摩擦作用,受力和变形复杂,仅采用理想弹塑性模型难以充分描述基础贯入时土体的受力和变形特性,需要复杂的土体本构模型开展基础贯入的分析。

7.1.1 基于弹塑性大变形的筒型基础下沉过程数值模拟方法

1. ALE 大变形分析方法

采用拉格朗日坐标描述的单元会跟随材料一起变形,当材料发生大变形时,单元网格会发生严重的扭曲,导致单元的网格质量变差,单元积分点的雅可比矩阵可能出现负值,造成数值分析的中断或产生较大的误差。采用欧拉坐标描述的单元在分析时保持不变,材料在单元中流动,因此在分析时单元不会发生畸变问题。ALE 方法则汇集了拉格朗日方法和欧拉方法的优点,其可在保持拉格朗日网格计算精度的同时避免大变形分析中的网格畸变问题,在解决桩贯入分析、岩土滑坡和机械零件切削等极端大变形问题中得到了广泛的应用。ALE 方法中的 arbitrary 意思为拉格朗日描述和欧拉描述的任意组合,其网格的组合方式由用户自由选择。从 ALE 方法的实现路径上看,可分为耦合的 ALE 方法和解耦的 ALE 方法。耦合的 ALE 方法实现较为困难,且在处理复杂接触问题时计算结果不佳,因此,耦合的 ALE 方法运用较少,目前大多采用解耦的 ALE 分析方法。解耦的

ALE 方法实现起来较为简单，首先进行一步拉格朗日计算分析，网格跟随材料发生变形，此时不考虑对流项。随后将拉格朗日网格上的计算结果通过插值技术，映射到参考网格中，同时对网格进行重划分，通过上述步骤完成一次 ALE 分析，计算原理如图 7.1.1 所示。

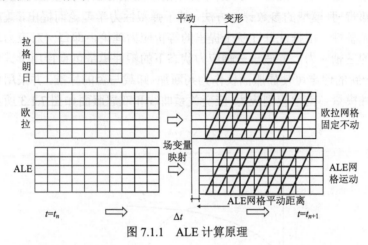

图 7.1.1　ALE 计算原理

2. 南水模型材料子程序开发

从解耦的 ALE 方法计算流程可以看出，其主要分为拉格朗日分析步和欧拉分析步，在进行拉格朗日分析步计算时根据应变增量进行应力增量的计算，此时需要调用本构模型计算程序进行计算。如图 7.1.2 所示，本构模型计算程序根据

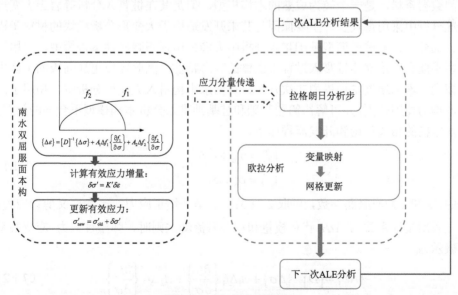

图 7.1.2　大变形计算流程

传入的应变增量，计算出对应的应力增量，本书开发的南水双屈服面本构模型即在此时进行调用，根据程序传入的应力增量计算获得应变增量，再将更新后的增量传递至拉格朗日分析步获得应变增量。

南水模型是沈珠江院士于 1985 年提出的双屈服面土体弹塑性本构模型，该模型参考了邓肯-张模型的参数计算方法，基于弹塑性力学理论而提出，兼顾了实用与理论的完备性。根据沈珠江院士提出的等价应力理论，即每一对应力均可找到一个等价的三轴应力，并假设三轴应力状态下的塑性模量可直接用于其他的应力状态。这一新的假定可使屈服面仅作为判断加-卸载与否的标准，并采用塑性系数代替了塑性模量。南水模型应力-应变关系曲线和双屈服面如图 7.1.3 所示。

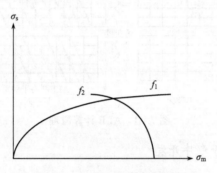

图 7.1.3　南水本构模型屈服面

该模型经过数十年的发展，在大坝变形分析中得到了较多的应用，积累了大量的数据资料，是一个较为成熟的本构模型，但是其在桩贯入分析等岩土大变形工况分析中采用得较少，主要原因为其未开发适用于大变形分析模块的材料子程序。此外，目前桩或筒型基础贯入分析中大多采用理想弹塑性本构模型，采用该模型不能合适地描述桩贯入过程中土体的变形特性，因此需要更加高级的土体本构模型。本书通过本构模型二次开发，将南水本构引入大变形分析中，拓展了南水本构的使用范围，并可解决筒型基础和桩基础贯入分析本构模型不合理的问题，南水本构的相关理论和开发流程如下。

$$\begin{cases} f_1 = \sigma_m^2 + r^2\sigma_s^2 \\ f_2 = \sigma_s^s / \sigma_m \end{cases} \tag{7.1.1}$$

式中，r 和 s 为屈服面参数，可取 2 或 3；σ_m 是平均正应力；σ_s 为广义剪切应力。

采用塑性系数 $A=1/H$ 代替模量和相关联流动法则时，弹塑性应力-应变关系可表示为

$$\{\Delta\varepsilon\} = [D]^{-1}\{\Delta\sigma\} + A_1\Delta f_1\left\{\frac{\partial f_1}{\partial\sigma}\right\} + A_2\Delta f_2\left\{\frac{\partial f_2}{\partial\sigma}\right\} \tag{7.1.2}$$

式中，A_1、A_2 是与屈服面 f_1、f_2 对应的塑性系数；$[D]$ 是弹性矩阵。

在三轴试验时 $\sigma_{\mathrm{m}} = \dfrac{1}{3}(\sigma_1 + 2\sigma_3)$，$\sigma_{\mathrm{s}} = \sigma_1 - \sigma_3$，代入式（7.1.2）可得

$$\frac{\Delta\varepsilon_{\mathrm{v}}}{\Delta\sigma_1} = \frac{1-2\nu}{E} + \frac{4}{3}\sigma_{\mathrm{m}}(\sigma_{\mathrm{m}} + 3r2\sigma_{\mathrm{s}})A_1 + \frac{1}{3\sigma_{\mathrm{m}}}\left(\frac{1}{\sigma_{\mathrm{m}}} - \frac{\sigma_{\mathrm{s}}^{2s}}{\sigma_{\mathrm{s}}}\right)\frac{\sigma_{\mathrm{s}}^{2s}}{\sigma_{\mathrm{m}}^2}A_2 \tag{7.1.3}$$

$$\frac{\Delta\varepsilon_1}{\Delta\sigma_1} = \frac{1}{E} + \frac{4}{9}(\sigma_{\mathrm{m}} + 2r^2\sigma_{\mathrm{s}})(\sigma_{\mathrm{m}} + 3r^2\sigma_{\mathrm{s}})A_1 + \frac{1}{9}\left(\frac{1}{\sigma_{\mathrm{m}}} - \frac{2s}{\sigma_{\mathrm{s}}}\right)\left(\frac{1}{\sigma_{\mathrm{m}}} - \frac{3s}{\sigma_{\mathrm{s}}}\right)\frac{\sigma_{\mathrm{s}}^{2s}}{\sigma_{\mathrm{m}}^2}A_2 \tag{7.1.4}$$

式中，ν 为泊松比；E 为模量。

定义 $E_{\mathrm{t}} = \dfrac{\Delta\sigma_1}{\Delta\varepsilon_1}$，$\mu_{\mathrm{t}} = \dfrac{\Delta\varepsilon_{\mathrm{v}}}{\Delta\varepsilon_1}$，可得塑性系数 A_1 和 A_2 分别为

$$A_1 = \frac{1}{4\sigma_{\mathrm{m}}^2}\frac{\eta\left(\dfrac{9}{E_{\mathrm{t}}} - \dfrac{3\mu_{\mathrm{t}}}{E_{\mathrm{t}}} - \dfrac{3}{G}\right) + 2s\left(\dfrac{3\mu_{\mathrm{t}}}{E_{\mathrm{t}}} - \dfrac{1}{B}\right)}{2(1+3r^2\eta)(s+r^2\eta^2)} \tag{7.1.5}$$

$$A_2 = \frac{\sigma_{\mathrm{m}}^2\sigma_{\mathrm{s}}^2}{\sigma_{\mathrm{s}}^{2s}}\frac{\left(\dfrac{9}{E_{\mathrm{t}}} - \dfrac{3\mu_{\mathrm{t}}}{E_{\mathrm{t}}} - \dfrac{3}{G}\right) - 2r^2\eta\left(\dfrac{3\mu_{\mathrm{t}}}{E_{\mathrm{t}}} - \dfrac{1}{B}\right)}{2(3s-\eta)(s+r^2\eta^2)} \tag{7.1.6}$$

式中，G 是剪切模量；B 是体积模量；η 是应力比。

切线模型 E_{t} 参考邓肯-张模型的表达式：

$$E_{\mathrm{t}} = \left[1 - \frac{R_{\mathrm{f}}(\sigma_1-\sigma_3)(1-\sin\varphi)}{2c\cos\varphi + 2\sigma_3\sin\varphi}\right]^2 Kp_{\mathrm{a}}\left(\frac{\sigma_3}{p_{\mathrm{a}}}\right)^{n_t} \tag{7.1.7}$$

式中，R_{f} 是破坏比；K 是无量纲系数；n_t 是无量纲幂次；p_{a} 是标准大气压；c 为黏聚力；φ 为内摩擦角。

切线体积模量为

$$\mu_{\mathrm{t}} = 2c_{\mathrm{d}}\left(\frac{\sigma_3}{p_{\mathrm{a}}}\right)^d\frac{E_{\mathrm{i}}R_{\mathrm{s}}}{\sigma_1-\sigma_3}\frac{1-R_{\mathrm{d}}}{R_{\mathrm{d}}}\left(1 - \frac{R_{\mathrm{s}}}{1-R_{\mathrm{s}}}\frac{1-R_{\mathrm{d}}}{R_{\mathrm{d}}}\right) \tag{7.1.8}$$

式中，E_{i} 为切线模；R_{s} 是应力水平；R_{d} 是最大收缩体应变时 $(\sigma_1-\sigma_3)_{\mathrm{d}}$ 与 $(\sigma_1-\sigma_3)_{\mathrm{ult}}$ 的比值；d 是无量纲幂次；c_{d} 为围压，等于标准大气压强时最大收缩体应变。

为表达上的方便，此处令

$$\alpha_{\mathrm{c}} = 4\sigma_{\mathrm{m}}^2 A_1 + \frac{\sigma_{\mathrm{s}}^{2s}}{\sigma_{\mathrm{m}}^4}A_2 \tag{7.1.9}$$

$$\beta = 4r^2\sigma_{\mathrm{s}}^2 A_1 + \frac{s^2\sigma_{\mathrm{s}}^{2s}}{\sigma_{\mathrm{m}}^2\sigma_{\mathrm{s}}^2}A_2 \tag{7.1.10}$$

$$\gamma = 4r^2\sigma_{\mathrm{m}}\sigma_{\mathrm{s}}A_1 - \frac{s\sigma_{\mathrm{s}}^{2s}}{\sigma_{\mathrm{m}}^2\sigma_{\mathrm{s}}}A_2 \tag{7.1.11}$$

应用普朗特–罗伊斯（Prandtl-Reuss）流动法则可推出应力-应变关系的显式表达：

$$\Delta\sigma_{\mathrm{m}} = B_{\mathrm{p}}\Delta\varepsilon_{\mathrm{v}} - P\frac{s_{ij}}{\sigma_{\mathrm{s}}}\Delta e_{\mathrm{hk}} \tag{7.1.12}$$

$$\Delta s_{ij} = 2G\Delta e_{ij} - P\frac{s_{ij}}{\sigma_{\mathrm{s}}}\Delta\varepsilon_{\mathrm{v}} - Q\frac{s_{ij}s_{\mathrm{hk}}}{\sigma_{\mathrm{s}}^2}\Delta e_{\mathrm{hk}} \tag{7.1.13}$$

式中，$B_{\mathrm{p}} = \dfrac{B}{1+B\alpha_{\mathrm{c}}}\left(1+\dfrac{2GB\gamma^2}{1+B\alpha_{\mathrm{c}}+2G\delta}\right)$；$P = \dfrac{2GB\gamma}{1+B\alpha_{\mathrm{c}}+2G\delta}$；$Q = \dfrac{4G^2\delta}{1+B\alpha_{\mathrm{c}}+2G\delta}$；$\delta = \beta + B\alpha_{\mathrm{c}}\beta - B\gamma^2$。

本构模型应力积分算法的编写是本构模型开发的关键问题之一，良好的应力积分算法能够有效地提高计算精度和计算速度。采用带误差控制的显式欧拉返回算法进行应力更新。该算法主要包含弹性预测步和塑性修正步，首先根据应变增量 $\Delta\varepsilon$ 采用弹性矩阵计算弹性试探应力，将弹性试探应力带入屈服面方程计算 $f_{i,n+1}(\sigma_{\mathrm{trial},n+1})$，若 $f_{i,n+1}(\sigma_{\mathrm{trial},n+1}) > f_{i,n+1}(\sigma_n)$ 则需要进行塑性应力修正，否则采用弹性矩阵进行应力更新。

$$\sigma_{\mathrm{trial},n+1} = \sigma_n + D_{\mathrm{e}}\Delta\varepsilon \tag{7.1.14}$$

式中，D_{e} 为损伤因子。

当需要进行塑性应力修正时首先采用线性方法计算弹塑性比例因子 r_i，但是仅采用线性修正往往难以获得准确的比例因子，需要采用式（7.1.15）进行循环迭代计算新的比例因子，直至相邻的两个比例因子 $r_{k,i}$、$r_{k+1,i}$ 间的误差小于允许值。

$$r_i = \frac{f_i(\sigma_n)}{f_{\mathrm{trial},i}(\sigma_{\mathrm{trial},n+1}) - f_i(\sigma_n)} \tag{7.1.15}$$

式中，$f_{\mathrm{trial},i}$ 为弹性试探应力对应的屈服函数值，$i=1$ 和 2 分别对应南水模型的两个屈服面；$f_i(\sigma_n)$ 为 n 时刻对应的屈服函数值。

$$r_{k+1,i} = r_{k,i} - \frac{f_i(\sigma_n + r_{k,i}\Delta\sigma)}{f_i(\sigma_n + r_{k,i}\Delta\sigma) - f_i(\sigma_n + r_{k-1,i}\Delta\sigma)} \tag{7.1.16}$$

由于南水模型具有双屈服面，在进行应力修正时若应力超出一个屈服面，比例因子 $r_{k+1,i} = \alpha$；若同时超出两个屈服面，比例因子取两个屈服面对应的比例因子的平均值。采用式（7.1.17）和式（7.1.18）进行应力的更新。

$$\Delta\sigma_0 = (1-\alpha)\Delta\sigma_{\mathrm{trial},n+1} - D_{\mathrm{ep}}(1-\alpha)\Delta\varepsilon = (1-\alpha)(\Delta\sigma_{\mathrm{trial},n+1} - D_{\mathrm{ep}}\Delta\varepsilon) \tag{7.1.17}$$

$$\Delta\sigma_{n+1} = \Delta\sigma_{\mathrm{trial},n+1} - \Delta\sigma_0 = \alpha\Delta\sigma_{\mathrm{trial},n+1} + D_{\mathrm{ep}}(1-\alpha)\Delta\varepsilon \tag{7.1.18}$$

式中，D_{ep} 为弹塑性矩阵；α 为屈服面修正系数。

当增量步长较大时，采用显式的向前欧拉返回算法计算的应力仍会超出屈服面，采用带误差控制的子步法将一个增量步（T）划分成若干子增量步（ΔT），当相邻的子增量计算的应力增量相对误差满足预先设置的误差控制标准（SSTOL）时，增加新的子增量步长度并进行下一子增量步的计算。当累计子步长度等于增量步长度时完成计算。具体的本构模型应力更新流程如图 7.1.4 所示。

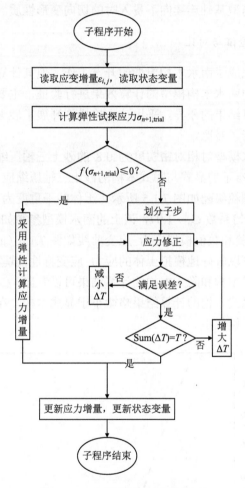

图 7.1.4　本构模型应力更新流程

3. 结构-土接触本构

在进行筒型基础大变形贯入数值模拟分析时，除土体本构模型的选取外，结构-土的接触也对分析结果影响显著。为模拟基础贯入时的结构与土接触，结构-

土本构采用库仑摩擦接触本构，在达到破坏极限前剪切应力随着变形的增加线性增长，到达破坏极限后剪切应力不再增加。接触算法采用罚函数方法，即结构与土在法向的接触为"硬接触"，结构能够侵入土体，但土体节点不能够侵入结构，当结构与土之间存在间隙时二者之间不存在接触压力，结构与土接触上时接触压力可传递，若结构与土脱开，接触压力则随之消失，从而可以模拟桩或筒型基础贯入时结构与土接触后脱离的过程。在切向上，结构与土之间的滑动距离不受限制，从而模拟桩或筒型基础连续向下贯入时的切向变形性质。

4. 本构模型的验证与对比

通过上述步骤完成了南水本构模型的开发工作，但其计算合理性并未得到验证。这里对新开发的南水本构模型的计算效果进行验证，主要对比显式模块计算结果与隐式模块计算结果的差异，采用该本构模型开展了砂土的三轴压缩试验模拟并与试验结果进行了对比。

采用开发的南水模型对相对密实度为 0.8 的砂土三轴压缩试验进行了模拟，并对比了围压 200 kPa 下的显式与隐式本构的砂土三轴压缩应力-应变曲线计算结果的差异。砂土的颗粒级配如图 7.1.5 所示，土体的干重度为 15.93 kN/m³，曲率系数 C_c=0.86，不均匀系数 C_u = 1.97，该土的南水模型参数如表 7.1.1 所示。围压 200 kPa 时土体的试验和数值模拟应力-应变曲线如图 7.1.6（a）所示，可以看出，采用南水模型本构可以较好地模拟土体的应力-应变特性，试验曲线与模拟曲线吻合性较好。对比显式本构和隐式本构的计算结果可以看出，二者的变化具有高度的一致性，整体上隐式本构的计算结果略微小于显式本构，在相同的应变条件下计算得到的偏应力差别很小。

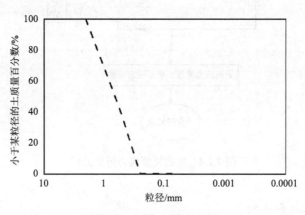

图 7.1.5　砂土级配曲线

表 7.1.1　南水模型参数（$D_r = 0.8$）

类别	$\varphi/(°)$	R_f	K	aur	n	c_d	d	R_d
参数	36.8	0.93	407.9	2	0.85	0.005	0.49	0.70

不同围压下的三轴试验结果与模拟结果如图 7.1.6（b）所示，可以看出，在不同的围压下砂土三轴试验结果与显式本构计算得到的模拟值均较为贴近，模拟效果良好。通过对比显式南水模型本构与隐式南水模型本构的计算结果，由显式本构与三轴试验计算结果可知，编写的适用于显式计算分析的南水模型本构计算效果较好，计算效果与隐式相当，能够较好地模拟土体的三轴试验结果，可适用于更加复杂的数值分析。

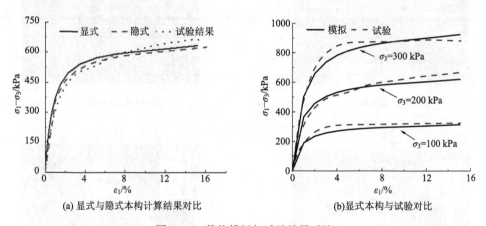

(a) 显式与隐式本构计算结果对比　　　　(b)显式本构与试验对比

图 7.1.6　数值模拟与试验结果对比

7.1.2　筒型基础沉贯过程受力特性

筒型基础的沉贯阻力受到土体性质、筒的结构型式和负压施加方式等的影响，其中土体性质对沉贯阻力影响显著。现场实测显示，对于大直径的海上风电筒型基础结构，其在黏土或淤泥质土层中能够顺利贯入至指定深度，但是当土层中夹杂有深厚砂土层时，沉贯阻力会迅速增大，存在基础不能贯至指定标高的可能。为此，选择土体相对密实度为 0.8 时，以筒直径（D_T）为 5.5 m，筒壁厚（W）为 10 cm，贯入土体深度为 10 m 的情况为例，对筒型基础贯入过程中土体的应力、变形、位移、大主应力旋转等进行深入的分析，探究筒型基础沉贯过程的受力特性。

1. 筒型基础内外水平土压力分布

筒型基础在不同贯入深度时的土体水平应力分布如图 7.1.7 所示，可以看出，不同贯入深度时筒内土体水平应力要显著大于筒外土体，表明筒型基础贯入时筒内土体受到的挤压更强。随着筒型基础贯入深度的增加，筒内外土体的水平应力均会逐渐增大，但筒内土体水平应力增幅大于筒外。筒型基础的贯入受力与桩的贯入受力显著不同，可以看出显著的水平应力拱，筒内的水平应力表现为下凸的层状分布形态，最大值在筒端以上一段距离处，并不出现在筒的端部位置。

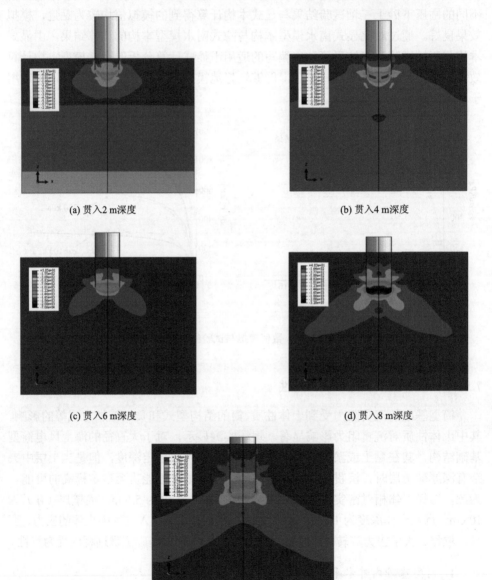

(a) 贯入2 m深度　　　　　　　　　　　(b) 贯入4 m深度

(c) 贯入6 m深度　　　　　　　　　　　(d) 贯入8 m深度

(e) 贯入10 m深度

图 7.1.7　土体水平应力分布（D_r=0.8, D_T=5.5 m, W=10 cm）

从图 7.1.7 中可以看出，筒型基础贯入时在端部会形成显著的下凸应力拱，且随着贯入深度的增加，应力拱的值也会相应的增大。当贯入深度大于 6 m 时，筒内土体竖向应力与贯入深度为 2 m 时有显著的差异，贯入深度为 6 m 时筒内土体在筒端部形成下凸的应力拱，但是筒内土体应力则表现为上凸状。对比不同贯入深度的土体竖向应力分布可以看出，在筒型基础贯入时土体先形成下凸的应力拱，随着贯入深度的逐渐增加，筒端部土体进入筒内，土体应力拱被破坏，转化为上凸形态。

2. 筒型基础土体大应力分布

筒型基础贯入完成后的土体大应力分布矢量图如图 7.1.8 所示，可以看出，筒端部土体的大主应力分布形态与桩的端部接近，均为斜向下。但筒型基础内土体和筒外中部土体大主应力分布复杂，在筒内的筒端位置大主应力方向斜向下，指向筒中轴线方向。筒内端部向上一段距离处大主应力方向斜向上，指向筒中轴线方向。还可以看出，筒内大主应力的指向并非完全相同，不同位置的土体，大主应力的方向差异很大。

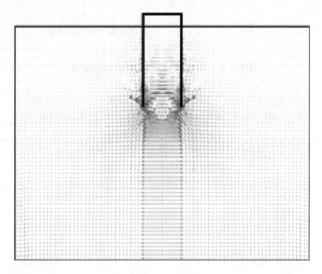

图 7.1.8　土体大应力分布（D_r=0.8, D_T=5.5 m, W=10 cm）

为进一步对筒型基础贯入时土体的应力变化进行分析，对贯入时筒内外 2 m、4 m、6 m 和 8 m 深度处土体的水平应力变化进行分析，分析的点位和路径布置如图 7.1.9 所示。筒内外不同深度处土体的水平应力变化如图 7.1.10 所示，可以看出，筒型基础贯入时土体的水平应力先保持不变，筒体到达土体所在上方较近时土体的水平应力逐渐增加，筒端到达土体所在深度时，水平应力达到最大值。筒端超过土体所在深度时，土体应力减小，最后趋于稳定。从土体水平应力的变化规律上看，其与桩贯入时土体的变化相似。对比筒内外土体的受力可以看出，二者随着筒型基础的贯入变化规律相同，但是土体峰值和稳定时的应力值有显著差异，筒内土体的水平应力峰值和稳定值均显著大于筒外土体，这也体现了筒内挤土效应强于筒外。

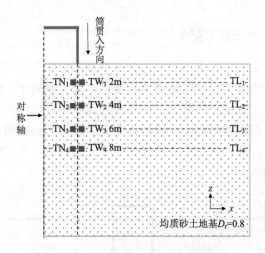

图 7.1.9　筒型基础贯入监测点示意图

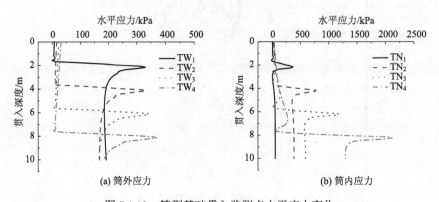

(a) 筒外应力　　　　　　　　　　(b) 筒内应力

图 7.1.10　筒型基础贯入监测点水平应力变化

　　筒型基础贯入完成后的 2 m、4 m、6 m 和 8 m 深度处，筒内外土体径向水平应力分布如图 7.1.11 所示。需要指出的是，图 7.1.10 中的零点位置为筒壁，筒内沿 X 轴负向为正，筒外沿 X 轴正向为正。可以看出，筒外土体的水平应力随着径向距离的增加逐渐减小，其变化趋势与桩贯入时相同。筒内土体水平应力沿径向的变化则有显著的差异,可以看出,2 m、4 m 和 6 m 深度处土体水平应力沿径向的变化不明显,8 m 深度处的土体水平应力沿径向有所增加,表明在筒型基础的中心轴线处受到的挤压较筒壁处更为强烈。相较于筒外土体,筒内土体的水平应力变化更加复杂,其在不同深度上表现出了不同的变化规律。结合图 7.1.11 可知,筒型基础贯入时筒内土体由于受到挤压作用,会在筒端部形成水平应力拱,该应力拱在筒中心轴线处达到最大值,因此在 8 m 深度处的土体水平应力随着径向距离的增加而增加。

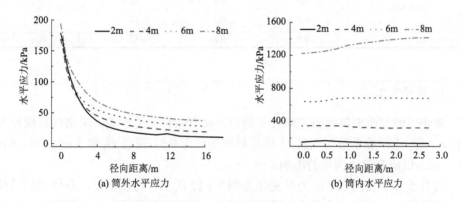

图 7.1.11　筒内外不同深度处径向水平应力

7.1.3　筒型基础贯入阻力影响因素

本节主要采用数值模拟对筒型基础沉贯时的筒土相互作用机制进行分析,探究筒壁厚、筒直径、筒-土摩擦系数和砂土相对密实度变化对筒型基础沉贯阻力的影响,分析筒型基础贯入时土体的变形特性、土拱的形成和发展机制以及筒内外土压力的变化,具体计算工况设置如表 7.1.2 所示。

表 7.1.2　筒型基础贯入过程计算分析工况设置

类别	相对密实度 D_r	摩擦系数 μ	筒直径 D_T/m	筒壁厚 W/cm
筒径变化	0.5	0.2	5	2.5
	0.5	0.2	6	2.5
	0.5	0.2	9	2.5
	0.5	0.2	12	2.5
相对密实度变化	0.5	0.2	12	2.5
	0.65	0.2	12	2.5
	0.8	0.2	12	2.5
	0.95	0.2	12	2.5

续表

类别	相对密实度 D_r	摩擦系数 μ	筒直径 D_T/m	筒壁厚 W/cm
摩擦系数变化	0.5	0.1	12	2.5
	0.5	0.2	12	2.5
	0.5	0.3	12	2.5
	0.5	0.4	12	2.5
壁厚变化	0.5	0.2	12	2.5
	0.5	0.2	12	5
	0.5	0.2	12	7.5
	0.5	0.2	12	10

1. 筒径变化

本小节通过改变筒径研究筒径对筒型基础贯入挤土的影响。采用的筒壁厚为 2.5 cm，筒-土摩擦系数为 0.2，土体相对密实度为 0.5，筒径 D_T 取 5 m、6 m、9 m 和 12 m，以研究筒径变化的影响。

筒外土体沿径向水平应力的变化如图 7.1.12 所示，可以看出，总体上随着径向距离的增加，土体的水平应力均逐渐减小，不同深度处的土体水平应力减小的速率基本相同。以 $D_T = 5$ m 的筒径向水平应力的变化为例，当径向距离为 1 倍筒直径时，筒体的水平应力相较于筒-土界面上减小了 80%，径向距离为 2 倍筒径时减小了 90%，当径向距离大于 4 倍筒径时，水平应力已等于初始地应力。对比不同筒径时的径向水平应力变化均可发现，当径向距离大于 4 倍筒径时，水平应力均减小为初始地应力，故认为筒型基础贯入在筒外的最大影响范围为 4 倍的筒径。

不同直径的筒型基础贯入完成后的筒内土压力分布如图 7.1.13（a）所示，可以看出，由于筒型基础的贯入挤土效应，筒内壁土压力都显著大于静止土压力 E_0。沿深度方向筒内土压力呈现出先增加，然后略微减小，之后再增加的变化趋势，在筒的端部位置达到土压力的最大值。随着筒径的减小，作用于筒内壁的土压力逐渐增加，当 $D_T = 9$ m 时，筒内侧壁上部和端部土压力超过朗肯被动土压力 E_p，筒中部位置土压力接近于 E_p。当 $D_T = 6$ m 时，筒内侧土压力已完全超过 E_p。筒内侧土压力的最大值随筒径的变化如图 7.1.13（b）所示，可以直观地看出，随着筒径的增加，土压力最大值迅速减小，$D_T = 5$ m 时土压力最大值为 1746.81 kPa，$D_T = 12$ m 时的土压力最大值为 354.28 kPa，相较于 $D_T = 5$ m 时减少了 79.72%。还可以看出，随着筒径的增加，筒内土体受到的约束明显减弱，筒径变化对于筒内挤土效应的影响十分显著。

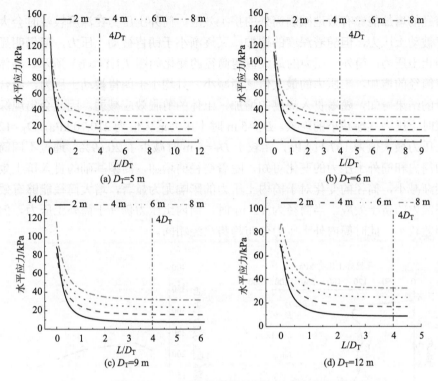

图 7.1.12　不同直径筒的径向水平应力变化

L 为贯入深度

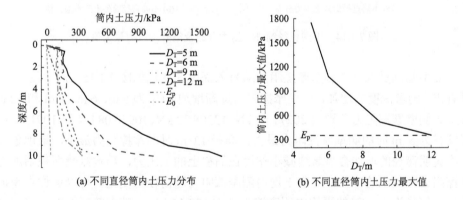

图 7.1.13　不同直径筒内土压力分布及筒内土压力最大值

　　不同直径的筒型基础贯入完成后的筒外土压力随深度的分布如图 7.1.14（a）所示，筒外土压力随着深度的增加先增加后减小，然后保持近似线性增长，在筒端部附近再次快速增加至最大值。随着筒直径的增加，筒外土压力逐渐减小，说明筒径的增加能够有效地减弱筒外的挤土效应。筒外土压力在深度较浅时会大于朗肯被动土压力，但随着深度的增加，又逐渐小于朗肯被动土压力，但仍明显大于静止土压力。筒外土压力的最大值随筒径的变化如图 7.1.14（b）所示，整体上随着筒径的增加，土压力的最大值逐渐减小，且均小于朗肯被动土压力，结合桩分析的结果可知，随着贯入深度的增加，土体的剪胀效应减弱，因此会出现深度较深时土压力逐渐减小的现象。D_T=5 m 时土压力最大值为 210.70 kPa，D_T=12 m 时土压力最大值为 167.11 kPa，相较于 D_T=5 m 时减少了 20.69%。通过不同筒直径的筒内和筒外土压力的变化可知，随着筒径的增加，筒型基础的贯入挤土效应会逐渐减小，筒径的变化对于筒内土压力的影响尤为显著，增大筒径能够有效地减弱筒内的挤土效应。当筒径为 12 m 时，筒内土压力仍高于筒外土压力，但二者相差较小，此时筒内外土压力分布趋势已经相同。

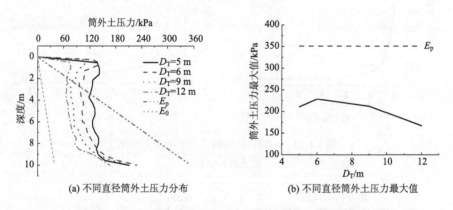

(a) 不同直径筒外土压力分布　　　　　　　(b) 不同直径筒外土压力最大值

图 7.1.14　不同直径筒外土压力分布及筒外土压力最大值

筒型基础贯入时内侧壁摩擦阻力随贯入深度的变化如图 7.1.15（a）所示，可以看出，随着深度的增加，侧壁摩擦阻力逐渐增加，D_T 为 5 m、6 m、9 m 和 12 m 时最大侧壁摩擦阻力分别为 20271.44 kN、13308.32 kN、10920.08 kN 和 10915 kN，即筒径为 5 m 时的侧壁摩擦阻力最大，筒径 12 m 时的摩擦阻力最小，该现象又一次说明筒径的增加会显著地减小作用在筒壁上的土压力，导致侧壁面积增加而摩擦阻力却减小的现象。对于平均内侧摩擦阻力随筒径的变化，可以更加直观地看到，筒径为 5 m 时的平均内侧摩擦阻力为 129.12 kPa，随着筒径的增加平均内侧摩擦阻力快速减小，筒径为 12 m 时，平均内侧壁摩擦阻力为 28.15 kPa，因此筒径的增加能够显著地减小筒贯入挤土效应。

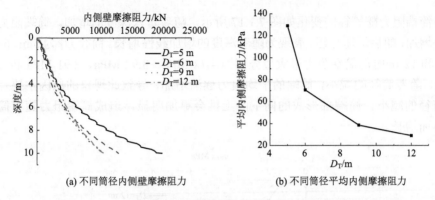

(a) 不同筒径内侧壁摩擦阻力　　　　　(b) 不同筒径平均内侧摩擦阻力

图 7.1.15　不同筒径内侧壁摩擦阻力分布及平均内侧摩擦阻力

　　筒外壁摩擦阻力随筒径的变化与筒内壁摩擦阻力变化趋势相反（图 7.1.16），筒径分别为 5 m、6 m、9 m 和 12 m 时的最大外壁摩擦阻力分别为 4659.88 kN、5165.16 kN、6152.56 kN 和 6854.36 kN，可以看出，随着筒径的增加，外侧壁摩擦阻力逐渐增大，导致此现象的主要原因为筒径 5 m 时的土压力虽大于筒径为 12 m 时，但随着筒径的增大，侧壁面积增加速度较快，弥补了因筒径增大导致的土压力减小，进而导致了总摩擦阻力随着筒径的增大而增加。平均外侧摩擦阻力随着筒径的增加近似于线性减小，平均外侧摩擦阻力的变化反映出筒径 5 m 时作用于其上的土压力要大于筒径 12 m 时，其再次说明了随着筒径的增加，挤土效应逐渐减弱。此外，筒径 12 m 时，内侧壁平均摩擦阻力为 28.15 kPa，外侧壁平均摩擦阻力为 18.15 kPa，筒径为 5 m 时，内侧壁平均摩擦阻力为 129.12 kPa，外侧壁平均摩擦阻力为 29.53 kPa，从内外侧壁平均摩擦阻力的差别也可以看出，筒径的增加能够有效地减小筒内挤土效应。

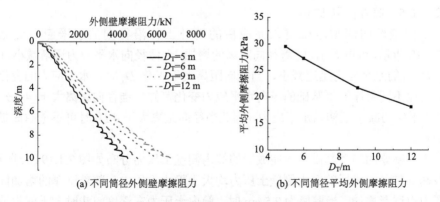

(a) 不同筒径外侧壁摩擦阻力　　　　　(b) 不同筒径平均外侧摩擦阻力

图 7.1.16　不同筒径外侧壁摩擦阻力分布及平均外侧摩擦阻力

筒端阻力随筒径的变化如图 7.1.17 所示，随着贯入深度的增加，筒端阻力先快速增加，随后增速趋缓，表现为随着深度的增加线性增长。筒径 D_T 为 5 m、6 m、9 m 和 12 m 时的筒端阻力最大值分别为 4.72 MPa、3.92 MPa、2.91 MPa 和 2.27 MPa，随着筒径的减小，筒端的平均阻力逐渐增加，导致此现象的原因主要是随着筒径的减小，筒端部形成的向下的土拱会更加明显，造成筒端阻力随着筒径减小而增长。

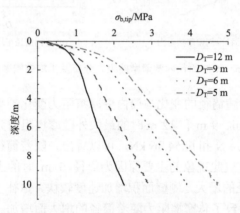

图 7.1.17　不同筒径筒端阻力分布

2. 筒壁厚度

筒壁厚度增加时，筒型基础贯入排开土的体积也随之增大，因此厚壁筒的贯入挤土效应比薄壁筒强烈。本小节分析了筒厚度由 2.5 cm 增加至 10 cm 时，筒壁土压力、摩擦阻力和径向应力的变化，分析中筒-土摩擦系数为 0.2，土体相对密实度为 0.5，筒直径取 12 m。

不同壁厚的筒型基础贯入完成后的筒外土体沿径向的水平应力变化如图 7.1.18 所示，可以看出，随着径向距离的增加，土体径向水平应力逐渐减小，0～1 倍 D_T 时的水平应力迅速减小，当径向距离大于 1 倍 D_T 时，水平应力的变化趋缓。对比不同壁厚筒型基础的径向水平应力变化可知，当径向距离大于 4 倍 D_T 时，水平应力减小至初始水平应力，因此当径向距离大于 $4D_T$ 时可不考虑筒贯入的影响。

不同壁厚的筒型基础贯入完成后的筒内侧壁土压力分布如图 7.1.19（a）所示，筒型基础贯入完成后的筒内侧壁土压力均大于静止土压力，随着壁厚的增加筒内土压力也逐渐增加，当壁厚为 2.5 cm 时，筒内土压力在深度较浅时大于朗肯被动土压力，随着深度的增加逐渐小于被动土压力。壁厚为 5 cm 时，深度小于 4 m 时，筒内土压力大于被动土压力，随着深度增加，筒内土压力逐渐减小，且小于被动

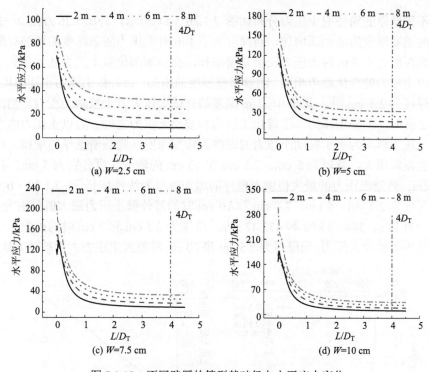

图 7.1.18　不同壁厚的筒型基础径向水平应力变化

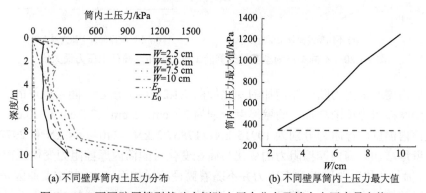

(a) 不同壁厚筒内土压力分布　　　(b) 不同壁厚筒内土压力最大值

图 7.1.19　不同壁厚筒型基础内侧壁土压力分布及筒内土压力最大值

土压力，但是当接近于筒端部时，土压力又迅速增长超过被动土压力。当壁厚大于等于 7.5 cm 时，筒内土压力均大于被动土压力。壁厚的变化对筒内土压力的影响显著，筒内土压力随着壁厚增加而逐渐增长，从图 7.1.19（b）可以看出，内侧壁土压力的最大值随着筒壁厚度增加而逐渐增长，其增长的趋势接近于线性。壁厚为 2.5 cm、5 cm、7.5 cm 和 10 cm 时筒内土压力最大值分别为 354.28 kPa、575.99 kPa、970.84 kPa 和 1253.39 kPa，均超过朗肯被动土压力。

不同壁厚的筒外壁土压力分布如图 7.1.20（a）所示，外壁土压力在 0～1 m 深度时随着深度的增加而增加，当深度大于 1 m 时土压力随着深度的增加有所减小，当深度大于 5 m 时土压力又会显著增长，在筒端部位置土压力达到最大值。与筒内土压力的变化趋势相同，随着筒壁厚度的增加，筒外壁土压力也逐渐增加，筒壁厚度为 2.5 cm 时，其在 0～2 m 深度的外壁土压力大于被动土压力，当深度大于 2 m 时，外壁土压力介于静止土压力和被动土压力之间。若以土压力由大于被动土压力转变为小于被动土压力的深度为转变深度，则随着壁厚的增加，转变深度也逐渐增大，壁厚为 5 cm、7.5 cm 和 10 cm 的转变深度分别为 3 cm、4 cm 和 5 cm。外壁土压力的最大值随着壁厚的增加表现为线性增长 [图 7.1.20（b）]，筒壁厚度为 2.5 cm、5 cm、7.5 cm 和 10 cm 时的筒外壁土压力最大值分别为 167 kPa、271 kPa、384.73 kPa 和 472.42 kPa，壁厚为 2.5 cm 和 5 cm 时的外壁土压力最大值小于被动土压力，当壁厚为 7.5 cm 和 10 cm 时最大土压力大于被动土压力。

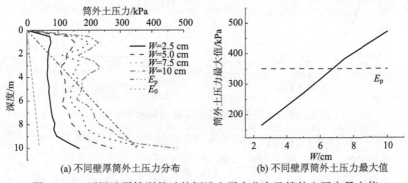

(a) 不同壁厚筒外土压力分布　　　　(b) 不同壁厚筒外土压力最大值

图 7.1.20　不同壁厚筒型基础外侧壁土压力分布及筒外土压力最大值

筒内侧摩擦阻力随壁厚增加的变化如图 7.1.21（a）所示，随着壁厚的增加，筒内侧摩擦阻力逐渐增加，筒壁厚度分别为 2.5 cm、5 cm、7.5 cm 和 10 cm 时的最大筒内侧壁摩擦阻力分别为 10915 kN、17867.2 kN、24044.68 kN 和 29720.32 kN。壁厚增加时筒内摩擦阻力的变化与筒径变化时的筒内摩擦阻力变化规律有所不同，筒径变化时总侧壁摩擦阻力并不随着筒径的增加而增大，其主要原因是 5 m 筒径时的筒内土压力大于筒径 12 cm 时的筒内土压力，筒径增加的面积不足以弥补土压力增大所增加的摩擦阻力。然而，筒壁厚度的增加导致内壁土压力的增加，且随着壁厚的增加，筒内面积的也逐渐增大，这都会导致随着壁厚的增加，总摩擦阻力增加，因此二者的变化规律有所不同。平均内侧壁摩擦阻力的变化如图 7.1.21（b）所示，可以看出，随着壁厚的增加，平均摩擦阻力线性增长，筒壁厚度为 2.5 cm、5 cm、7.5 cm 和 10 cm 时的平均内侧壁摩擦阻力为 28.97 kPa、47.93 kPa、63.81 kPa 和 78.86 kPa。从平均内侧壁摩擦阻力的变化也可以看出，随着筒壁厚度的增加，筒型基础贯入挤土效应也随之增大，其变化趋势与桩径的变化对挤土效应的影响有所不同，桩贯入时桩径的增加对桩贯入摩擦阻力的影响不显著。

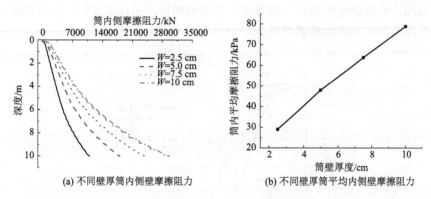

(a) 不同壁厚筒内侧壁摩擦阻力　　　　　(b) 不同壁厚筒平均内侧壁摩擦阻力

图 7.1.21　不同壁厚的筒型基础内侧壁摩擦阻力分布

　　筒外侧摩擦阻力随壁厚增加的变化如图 7.1.22（a）所示，随着壁厚的增加筒外侧摩擦阻力逐渐增加。随着筒型基础贯入深度的增加，筒外侧壁摩擦阻力近似于线性增长，这与内侧壁摩擦阻力的变化有所不同，内侧壁摩擦阻力随着筒型基础贯入的深度增加呈非线性增加，且深度越深，增加的速率越快。筒壁厚度分别为 2.5 cm、5 cm、7.5 cm 和 10 cm 时的最大筒外侧壁摩擦阻力分别为 6854.36 kN、11553.2 kN、15661.24 kN 和 19229.76 kN。平均外侧壁摩擦阻力的变化如图 7.1.22（b）所示，其变化与内侧壁摩擦阻力基本相同，即随着壁厚的增加，平均摩擦阻力线性增长。从壁厚的变化可知，壁厚的增加增大了筒型基础贯入时的挤土效应，筒内外壁土压力和摩擦阻力均会显著上升，变化趋势接近于线性增加，因此，在筒型基础贯入时需要考虑筒壁厚度变化对筒型基础贯入阻力的影响。

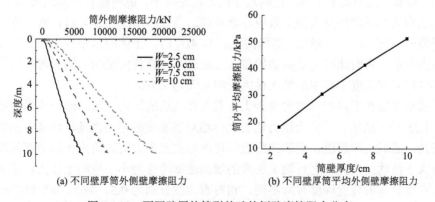

(a) 不同壁厚筒外侧壁摩擦阻力　　　　　(b) 不同壁厚筒平均外侧壁摩擦阻力

图 7.1.22　不同壁厚的筒型基础外侧壁摩擦阻力分布

随着筒壁厚度的增加，筒端阻力也逐渐增加（图 7.1.23），筒壁厚度为 2.5 cm、5.0 cm、7.5 cm 和 10 cm 时，筒端阻力分别为 2.27 MPa、2.75 MPa、3.03 MPa 和 3.48 MPa。随着壁厚的增加，筒端部土体受到的挤压也逐渐增加，因此筒端阻力也随着筒壁厚度的增加显著增长。

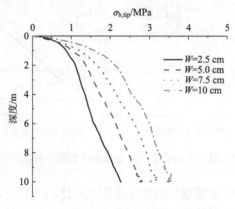

图 7.1.23　不同壁厚的筒端阻力分布

3. 土体相对密实度

砂土的相对密实度不同导致筒型基础贯入时的受力也有所差别，本小节针对砂土相对密实度对筒型基础贯入挤土特性进行了分析，砂土相对密度分别为 0.5、0.65、0.8 和 0.95，分析中筒-土摩擦系数为 0.2，筒直径取 12 m，筒壁厚度为筒型基础的常用厚度（2.5 cm）。

筒在不同相对密实度土体中贯入完成后，沿径向水平应力的变化如图 7.1.24 所示。随着径向距离的增加，径向水平应力迅速减小，说明随着径向距离的增加，土体受到筒型基础的贯入挤土效应逐渐减弱。当径向距离为 $2D_T$ 时，水平应力相较于筒-土界面减少了 95%；当径向距离为 $4D_T$ 时，土体的水平应力已为初始水平应力大小，表明此时筒型基础的贯入对此已经没有任何影响，因此可以认为筒在不同相对密实度土体中的贯入最大影响范围为 $4D_T$。

筒型基础在不同相对密实度砂土中贯入完成后的筒内土压力沿深度的分布如图 7.1.25（a）所示，筒内土压力随着土体相对密实度的增加而逐渐增加，初始增加较快，随后逐渐趋缓，到端部附近时再次增大至最大值。筒内土压力在深度较浅时大于被动土压力，之后随着深度的增加逐渐转变为小于被动土压力，不同相对密实度土体的转变深度有所不同。相对密实度分别为 0.5、0.65、0.8 和 0.95 时的转变深度分别为 3 m、3.75 m、4 m 和 4.25 m，随着相对密实度的增加，转变深度近似线性增长。筒内土压力的最大值随土体相对密实度的变化如图 7.1.25（b）

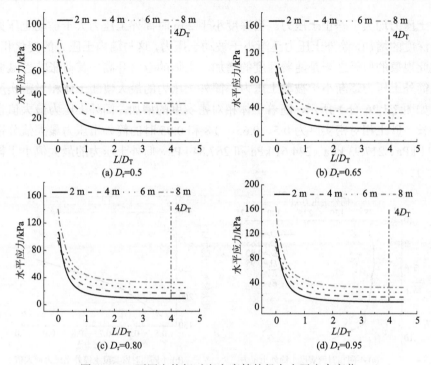

图 7.1.24　不同土体相对密实度筒的径向水平应力变化

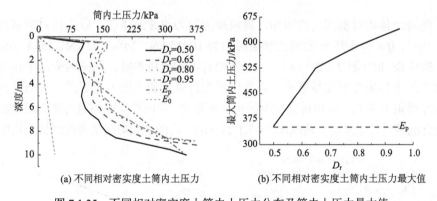

(a) 不同相对密实度土筒内土压力　　　　(b) 不同相对密实度土筒内土压力最大值

图 7.1.25　不同相对密实度土筒内土压力分布及筒内土压力最大值

所示，随着土体相对密实度的增加，土压力最大值也逐渐增长，砂土相对密实度为 0.5、0.65、0.8 和 0.95 时的筒内土压力最大值分别为 354.28 kPa、524.93 kPa、589.63 kPa 和 639.81 kPa，筒内土压力的最大值均大于被动土压力。

不同相对密实度的筒外土压力分布如图 7.1.26（a）所示，与筒内土压力的变化相似，随着土体相对密实度的增加，筒外土压力也逐渐增加，筒型基础贯入完成后土压力均大于静止土压力。当深度小于 2 m 时筒外土压力大于被动土压力，随着深度的增加，筒外土压力逐渐小于被动土压力，这与筒内土压力的变化相同。导致此现象的原因之一是随着深度的增加，土体的应力升高，其剪胀特性减弱，造成筒外土压力逐渐小于被动土压力。筒外土压力的最大值随土体相对密实度的变化如图 7.1.26（b）所示，随着土体相对密实度的增加，筒外土压力最大值也逐渐增长，砂土相对密实度为 0.5、0.65、0.8 和 0.95 时的筒外土压力最大值分别为 167.11 kPa、217.93 kPa、244.61 kPa 和 267.84 kPa，筒外土压力的最大值小于被动土压力。

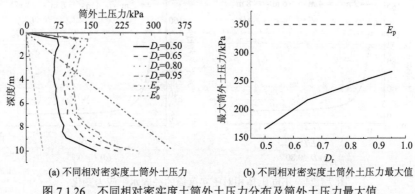

(a) 不同相对密实度土筒外土压力　　　　(b) 不同相对密实度土筒外土压力最大值

图 7.1.26　不同相对密实度土筒外土压力分布及筒外土压力最大值

随着土体相对密实度的增加，筒内摩擦阻力也逐渐增长，砂土相对密实度为 0.5、0.65、0.8 和 0.95 时的最大摩擦阻力为 10915 kN、14581.92 kN、15385.68 kN 和 15841.68 kN［图 7.1.27（a）］。土体相对密实度增加时，同样的变形下相对密实度高的土体应力增加得更多，因此作用在筒壁上的土压力也更高，进而导致内侧壁摩擦阻力随着土体相对密实度的增加而增大。筒内平均摩擦阻力随相对密实度的变化能够更好地描述上述规律［图 7.1.27（b）］，随着相对密实度的增加平均摩擦

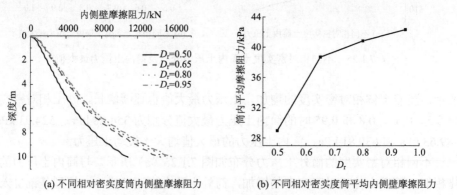

(a) 不同相对密实度筒内侧壁摩擦阻力　　　　(b) 不同相对密实度筒平均内侧壁摩擦阻力

图 7.1.27　不同相对密实度筒内侧壁摩擦阻力分布

阻力逐渐增加，相对密实度由 0.5 增加至 0.65 时，平均摩擦阻力的增加幅度大于相对密实度由 0.8 增加至 0.95 时，因为相对密实度由 0.5 增加至 0.65 时土体强度的提高幅度要大于相对密实度由 0.8 增加至 0.95 时。

不同相对密实度的筒外侧壁摩擦阻力的变化与内侧壁摩擦阻力相同，即随着土体相对密实度的增加，筒外摩擦阻力的最大值和平均值均逐渐增加（图 7.1.28）。相对密实度为 0.5、0.65、0.8 和 0.95 时的最大摩擦阻力分别为 6854.36 kN、9262.4 kN、9506.12 kN 和 9975.12 kN。

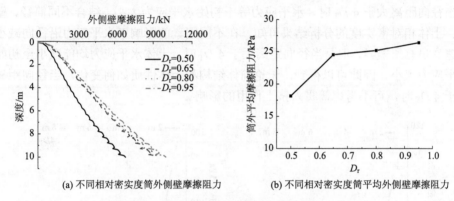

(a) 不同相对密实度筒外侧壁摩擦阻力　　　　(b) 不同相对密实度筒平均外侧壁摩擦阻力

图 7.1.28　不同相对密实度筒外侧壁摩擦阻力分布

筒型基础在不同相对密实度土体中的贯入端阻力如图 7.1.29 所示，随着土体相对密实度的增加，筒端阻力也逐渐增加，主要原因是当砂土相对密实度增加时，砂土的强度也逐渐增长，在相同的变形下相对密实度高的砂土应力较高。砂土相对密实度为 0.5、0.65、0.8 和 0.95 时，筒贯入 10 m 时的筒端阻力最大值分别为 2.27 MPa、2.67 MPa、2.89 MPa 和 3.15 MPa。

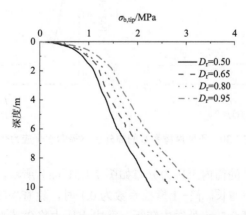

图 7.1.29　不同相对密实度土体的筒贯入端阻力分布

4. 筒-土摩擦系数

本小节分析了筒-土摩擦系数改变对筒型基础贯入挤土的影响,分析了不同摩擦系数下筒内外土压力的变化,采用的筒-土摩擦系数分别为 0.1、0.2、0.3 和 0.4,土体相对密实度为 0.5,筒壁厚度为 2.5 cm,筒直径取 12 m。

不同摩擦系数的筒外土体径向水平应力变化如图 7.1.30 所示,随着径向距离的增加筒外土体应力迅速减小,不同摩擦系数下径向水平应力的变化趋势相同,且当径向距离大于 $4D_T$ 时,水平应力等于初始水平应力大小。结合不同筒径、壁厚、土体相对密实度的分析结果可知,在不同因素的影响下水平应力沿径向减小的速率虽有所差异,但是当径向距离大于 $4D_T$ 时,土体水平应力均能减小至初始水平应力大小,因此可以得到,无论筒体结构和土体性质如何变化,当径向距离大于 $4D_T$ 时,可不考虑筒贯入挤土作用的影响。

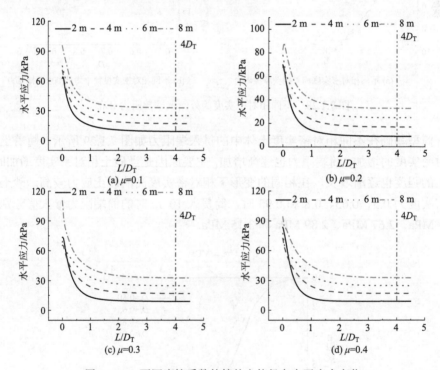

图 7.1.30　不同摩擦系数的筒外土体径向水平应力变化

摩擦系数变化时的筒内土压力分布如图 7.1.31(a)所示,随着摩擦系数的增加,筒内土压力逐步增长。筒-土摩擦系数为 0.1 时,随着深度的增加,筒内土压力迅速增长,在深度 0.5 m 处发生转折,筒内土压力略微减小,至筒端部位置时筒内土压力又迅速增加至最大值。在 0~2.5 m 深度处,筒内土压力大于被动土压力，在 2.5～10 m 深度处筒内土压力介于静止土压力和被动土压力之间。当摩擦系数增大时，不同深度处的土压力均会增长，因此当摩擦系数为 0.4 时，筒内不同深度处的土压力基本均超过了被动土压力。可以看出，摩擦系数的增加会导致筒内土压力的上升，这与桩侧土压力随摩擦系数的变化规律相似。筒内土压力的最大值随摩擦系数的变化如图 7.1.31（b）所示，可以直观地看出，随着摩擦系数的增加，筒内土压力最大值逐渐增加，其增加的趋势近似于线性增长。当摩擦系数为 0.1 和 0.2 时，筒内土压力最大值分别为 269.96 kPa 和 351.11 kPa，小于被动土压力。当摩擦系数为 0.3 和 0.4 时，筒内土压力最大值分别为 422.38 kPa 和 497.55 kPa，均大于被动土压力。

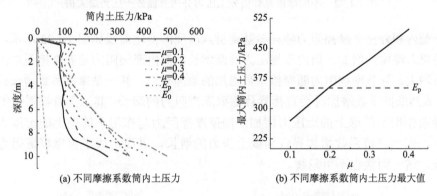

(a) 不同摩擦系数筒内土压力　　　　　　(b) 不同摩擦系数筒内土压力最大值

图 7.1.31　不同摩擦系数筒内土压力分布及筒内土压力最大值

不同摩擦系数的筒外土压力沿深度的变化规律与筒内土压力变化基本相同 [图 7.1.32（a）]，均为随着深度增加土压力先快速增长，随后有所减小，至筒端部位置时又快速增长，但与筒内土压力不同的是，随着筒-土摩擦系数增大，不同深度处筒外土压力的增加幅度有所不同，0～2 m 深度处的筒外土压力随着摩擦系数的增加明显增长，在 2～10 m 深度时，筒外土压力随着摩擦系数的增加仅有小幅度增长，增加的幅度明显小于 0～2 m 深度时的增加幅度。筒外土压力最大值出现在筒端部位置，摩擦系数 μ 为 0.1、0.2、0.3 和 0.4 时的筒外最大土压力分别为 160.09 kPa、167.11 kPa、170.31 kPa 和 184.98 kPa。从最大土压力的变化可以更加直观地看出，随着摩擦系数增大，筒外土压力也逐渐增大，但增长的幅度较小，相较于 μ 为 0.1，μ 为 0.2、0.3 和 0.4 时的筒外土压力分别增加了 4.39%、6.38% 和 15.55%。

总的来说，摩擦系数的增长会导致筒内外土压力增加，相较于筒外土压力，筒内土压力增加的幅度更为明显，筒外土压力增加的幅度则较小，但摩擦系数的改变对筒体内外土压力的影响不可忽视，计算筒体内外土压力时需考虑筒-土摩擦系数改变的影响。

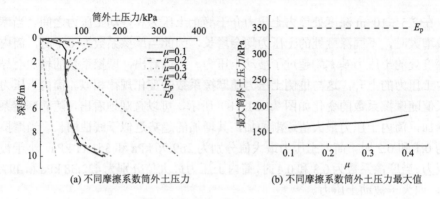

图 7.1.32　不同摩擦系数筒外土压力分布及筒外土压力最大值

　　筒内和外侧壁摩擦阻力随筒型基础贯入深度的变化曲线如图 7.1.33 所示，随着筒贯入深度的增加，筒内摩擦阻力逐渐增长，筒内摩擦阻力随着摩擦系数的增加而增大。导致摩擦阻力随摩擦系数增加的原因有二：其一是摩擦系数增长的贡献，显然摩擦系数增加时会直接导致侧壁摩擦阻力的增长；其二是摩擦系数的增长导致作用于筒壁上的土压力增加，侧壁摩擦阻力与作用于筒壁上的土压力正相关，因此摩擦系数增加导致筒壁土压力的增长，进而造成了侧壁摩擦阻力的增长，这一因素也不可忽视。

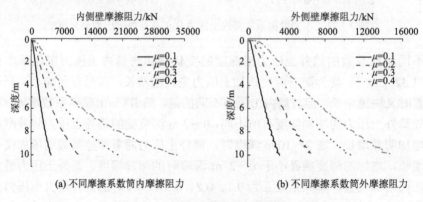

图 7.1.33　不同摩擦系数筒内摩擦阻力分布

　　筒端阻力随筒-土摩擦系数的变化如图 7.1.34 所示，随着摩擦系数的增加，筒端阻力基本表现为线性增长，从筒内外土压力的变化可以看出，随着摩擦系数的增加，筒内外土压力均逐渐增长，尤其是筒内土压力增长显著，这就导致筒型基础贯入时筒端扩张应力更高，引起筒端阻力随着摩擦系数的增加而增长。这与桩端阻力随摩擦系数的增加而增长的原因有所不同。

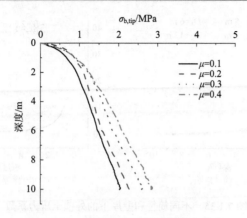

图 7.1.34　不同摩擦系数筒端阻力分布

7.1.4　筒型基础贯入阻力计算方法

1. 筒内外土压力系数

筒型基础在砂土中的贯入阻力主要由内壁摩擦阻力、外壁摩擦阻力和端阻力三部分构成。在筒体结构和土的物理性质已知的情况下，内外侧壁摩擦阻力的大小主要取决土压力系数 K 和筒-土界面摩擦系数，只要确定了土压力系数就能够对筒沉贯时的侧壁摩擦阻力进行精确预测。本节对筒内外土压力系数的变化及计算方法进行讨论分析。

1）筒外土压力系数

筒外土压力系数随深度的变化决定了筒外摩擦力的大小。不同筒径的筒外土压力系数随深度的变化如图 7.1.35（a）所示，可以看出，随着深度的增加，筒外土压力系数 K_{out} 先快速减小，随后趋于稳定，这一变化趋势与桩侧土压力系数随深度的变化规律相同。当筒壁厚度变化时，筒外土压力系数 K_{out} 随着深度增加也表现为先快速减小，随后趋于稳定的趋势［图 7.1.35（b）］。无论是筒径变化还是筒壁厚度变化，外壁土压力系数随深度的变化均表现为幂函数变化趋势。

从筒外土压力系数 K_{out} 随深度的变化规律可以看出，其与桩侧土压力系数随深度的变化规律有高度的相似性，这就为筒外侧土压力系数的计算提供了新的思路，即将筒外土压力系数与桩侧土压力系数建立联系，得到筒外土压力系数计算公式。对比相同砂土相对密实度和摩擦系数的土压力系数的变化可以看出，筒外侧土压力小于桩侧土压力，这主要是因为筒壁较薄，其贯入挤土量远小于桩，相较于桩侧土压力系数，筒外土压力系数较小。随着壁厚的增加，筒的贯入挤土量逐渐增加，筒外土压力系数也会相应增大，建立的土压力系数应能够综合地反映筒壁厚度和筒直径变化的影响。

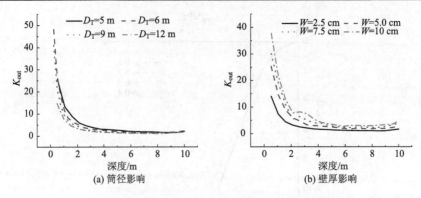

图 7.1.35　不同筒径和壁厚下的外壁土压力系数

桩侧土压力系数已综合考虑了土体相对密实度和摩擦系数的影响,基于桩侧土压力系数的计算方法,综合考虑筒径和筒壁厚度的变化,提出采用折减系数 B_i 对筒外侧压力系数进行折减,即采用式(7.1.19)对筒外侧土压力系数进行计算。根据上述分析,折减系数 B_i 应能够反映壁厚和筒径的变化,才能够实现式(7.1.19)对不同壁厚和筒径的外侧壁土压力系数的计算。

$$K_{out} = B_i K$$

(7.1.19)

此处引入参数 D_T/W(筒径/筒壁厚度),该参数能够反映筒径和筒壁厚度的变化,计算不同 D_T/W 下的折减系数 B_i(图 7.1.36)可以看出,随着 D_T/W 的增大,折减系数逐渐减小,即筒径增大或筒壁厚度减小时筒外侧土压力系数逐渐减小,这与前述对土压力系数的分析结果相同,因此采用该种方式能够统一考虑筒径和壁厚的变化。折减系数 B_i 与 D_T/W 关系可采用式(7.1.20)进行计算,需要指出的是,桩外壁土压力系数是上限,筒外侧土压力系数不会超过桩外壁土压力系数,因此,采用式(7.1.20)计算得到的 B_i 大于 1 时,应取为 1。结合式(7.1.19)和

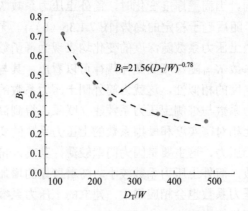

图 7.1.36　折减系数与径厚比的关系

式（7.1.20），可得筒外土压力系数式（7.1.21），采用该式可对筒外侧土压力系数进行计算，该式可综合反映筒直径、筒壁厚度、土体相对密实度和筒-土摩擦系数变化对土压力系数的影响。

$$B_i = 21.56(D_T/W)^{-0.78} \tag{7.1.20}$$

式中，D_T 是筒直径；W 是筒壁厚度。当计算得到的 B_i 大于 1 时，B_i 取 1。

$$K_{out} = 21.56(D_T/W)^{-0.78}K \tag{7.1.21}$$

　　由于筒外土压力系数的计算涉及的参数较多，此处对筒外土压力系数详细的计算流程进行总结（图 7.1.37），计算筒外土压力系数主要涉及砂土相对密实度 D_r、筒-土摩擦系数 μ、筒直径 D_T、筒壁厚 W，上述参数均为已知量。首先，根据砂土相对密实度 D_r、筒-土摩擦系数 μ，计算参数 ζ 和 η；然后，根据参数 ζ 和 η 计算不同深度处的桩侧土压力系数 K；最后，根据计算得到的 K，结合筒直径 D_T 与筒壁厚 W，计算得到不同深度处的筒外土压力系数 K_{out}。

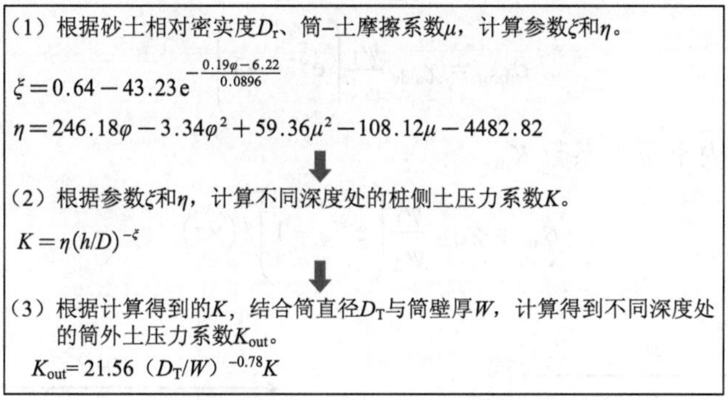

图 7.1.37　筒外土压力系数计算流程

2）筒内土压力系数

　　筒端部土体在筒型基础贯入时受到挤压进入筒内[图 7.1.38（a）]，土体被压缩量为 W（筒壁厚度），若将土条视为弹性体，则由土条水平压缩导致的应力增加量 $\Delta\sigma_1$ 可采用式（7.1.22）计算。

$$\Delta\sigma_1 = \frac{2\alpha_s W}{D_T + 2W}E \tag{7.1.22}$$

式中，E 为土体的变形模量；W 为筒壁厚度；D_T 为筒直径；α_s 为土体进入筒内的比例分担系数，在 0~1 之间取值。对筒内土条的微元体进行受力分析，如图 7.1.38（b）所示，根据微元体的静力平衡可得式（7.1.23）：

$$\sigma_v\pi\left(\frac{D_T}{2}\right)^2 + \sigma_v\frac{\nu}{1-\nu}\mu\pi D_T dz + \Delta\sigma_1\mu\pi D_T dz + \gamma\pi\left(\frac{D_T}{2}\right)^2 dz = (\sigma_v+d\sigma_v)\pi\left(\frac{D_T}{2}\right)^2$$

$$\tag{7.1.23}$$

式中，γ 为土体的有效重度；ν 为泊松比。

令 $\psi_1 = \dfrac{2\alpha_s W}{D_T + 2W} E\mu\pi D_T + \gamma\pi\left(\dfrac{D_T}{2}\right)^2$，$\psi_2 = \dfrac{\nu}{1-\nu}\mu\pi D_T$，可得

$$\sigma_v\psi_2 \mathrm{d}z + \psi_1 \mathrm{d}z = \pi\left(\frac{D_T}{2}\right)^2 \mathrm{d}\sigma_v \tag{7.1.24}$$

式（7.1.24）为一阶常微分方程，采用分离变量法求解，并结合边界条件 $z=0$，$\sigma_v = 0$，并令 $S_T = \pi\left(\dfrac{D_T}{2}\right)^2$，可得

$$\sigma_v = \frac{\psi_1}{\psi_2}\left(\mathrm{e}^{\frac{\psi_2}{S_T}z} - 1\right) \tag{7.1.25}$$

采用式（7.1.25）可对筒内的竖向有效应力进行计算，引入侧向压力系数 χ_{side}，可得到作用在筒内侧壁上的土压力 $\sigma_{b,in}$ 为

$$\sigma_{b,in} = \chi_{side}\frac{\psi_1}{\psi_2}\left(\mathrm{e}^{\frac{\psi_2}{S_T}z} - 1\right) \tag{7.1.26}$$

进而可求得筒内土压力系数 K_{in}：

$$K_{in} = \chi_{side}\frac{\psi_1}{\psi_2}\left(\mathrm{e}^{\frac{\psi_2}{S_T}z} - 1\right)/(\gamma z) \tag{7.1.27}$$

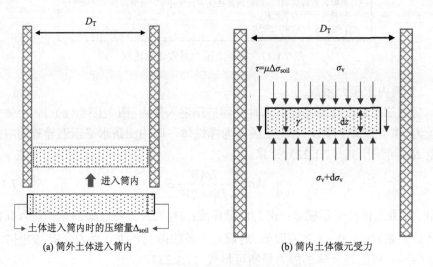

(a) 筒外土体进入筒内　　　　　　(b) 筒内土体微元受力

图 7.1.38　筒外土体进入筒内示意图

由式（7.1.27）可以看出，计算获得的筒内土压力系数 K_{in} 受到筒直径 D_T，土的力学性质 E、ν，筒-土摩擦系数 μ 和筒壁厚 W 的影响，因此式（7.1.27）能够综合反映土体性质和筒体结构特性对筒内土压力系数的影响。采用式（7.1.27）对不同筒径的筒内土压力进行计算，对比验证提出的筒内土压力计算公式的合理性。如图 7.1.39 所示，采用本书的方法能够对不同筒径的筒内土压力进行计算分析，随着筒径的减小，筒内土压力逐渐增大。随着筒型基础贯入深度的增加，土压力以指数形式增大。本书提出的计算方法能够很好地描述这两方面。

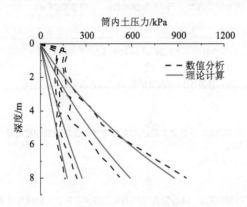

图 7.1.39　筒内土压力数模与理论分析对比

2. 筒贯入阻力计算方法

1）筒内外侧壁摩擦阻力计算方法

筒型基础贯入时的贯入阻力具体可分为筒内侧壁摩擦阻力 $Q_{T,in}$、筒外侧壁摩擦阻力 $Q_{T,out}$ 和筒端阻力 $Q_{T,tip}$ 三个部分，其中 $Q_{T,in}$ 和 $Q_{T,out}$ 的主要未知量为作用于筒上的土压力系数 K 以及筒-土之间的摩擦系数 μ。筒端阻力则取决于端阻土体承载力系数（ N_q 和 N_γ ）的计算，对于桩或筒贯入过程的端阻力，N_q 值的影响更为显著，N_γ 的影响较小，可忽略不计。

$$Q_T = Q_{T,in} + Q_{T,out} + Q_{T,tip}$$

$$Q_{T,in} = \frac{\gamma H^2}{2}(K\tan\delta)_{out}D_{in}\pi$$

$$Q_{T,out} = \frac{\gamma H^2}{2}(K\tan\delta)_{in}D_{out}\pi$$

$$Q_{T,tip} = (\gamma H^2 N_q + \gamma\frac{t}{2}N_\gamma)D_{average}\pi$$

（7.1.28）

式中，γ 为容重；H 为深度；δ 为内摩擦角；D_{in} 为内径；D_{out} 为外径；t 为桶壁厚度；$D_{average}$ 为平均直径。

上文对筒内外土压力系数的计算方法进行了分析,提出了考虑土体力学性质、筒结构特性及筒-土摩擦的筒内外土压力系数计算方法。根据前文的讨论可知,当筒体参数和土体的力学参数确定时,可对筒型基础贯入时的内外侧摩擦阻力进行计算。筒外侧摩擦阻力的具体计算流程如图 7.1.40 所示,首先根据 D_r、μ,计算参数 ξ 和 η,然后根据 ξ 和 η,计算不同深度处的桩侧土压力系数 K,最后根据 K、D_T 和 W,计算得到 K_{out},再代入式(7.1.28)得到筒外侧摩擦阻力 $Q_{T,out}$。

> (1) 根据砂土相对密实度 D_r、筒-土摩擦系数 μ,计算参数 ξ 和 η。
>
> $$\xi = 0.64 - 43.23 e^{-\frac{0.19\varphi - 6.22}{0.0896}}$$
>
> $$\eta = 246.18\varphi - 3.34\varphi^2 + 59.36\mu^2 - 108.12\mu - 4482.82$$
>
> (2) 根据参数 ξ 和 η,计算不同深度处的桩侧土压力系数 K。
>
> $$K = \eta (h/D)^{-\xi}$$
>
> (3) 根据计算得到的 K,结合筒直径 D_T 与筒壁厚 W,计算得到深度处的筒外侧土压力系数 K_{out}。
>
> $$K_{out} = 21.56 (D_T/W)^{-0.78} K$$
>
> (4) 根据计算得到的 K_{out},结合筒直径 D_T 与筒壁厚 W、筒贯入的深度计算得到筒外侧摩擦阻力 $Q_{T,out}$。
>
> $$Q_{T,out} = \frac{\gamma H^2}{2} K_{out}\mu(D_T+W)\pi$$

图 7.1.40　筒外侧摩擦阻力计算流程

筒内侧摩擦阻力的计算则较为简单,结合式(7.1.28)中的第二式可得到筒型基础贯入时的内侧摩擦阻力计算公式[式(7.1.29)]。

$$Q_{T,in} = \frac{H}{2} \chi_{side} \frac{\psi_1}{\psi_2}\left(e^{\frac{\psi_2}{S_T}z} - 1\right)\mu D_T \pi \tag{7.1.29}$$

式中,H 为筒的贯入深度;χ_{side} 为侧向压力系数;μ 为筒-土摩擦系数;D_T 为筒直径。

2)筒端阻力计算方法

考察筒内和筒外紧邻筒壁的土体应力状态,如图 7.1.41 所示,筒内土体考虑筒壁摩擦导致的土体竖向压实作用,则筒内土体的竖向应力为 σ_v,水平应力为 $\sigma_{b,in}$。筒外土体的初始竖向应力为 γh,初始水平应力为 $K\gamma h$。采用球孔扩张计算筒端阻力时,初始应力水平对计算结果影响显著,此处采用筒内外土体的平均应力作为球孔扩张的初始应力,这样在计算筒端阻力时就考虑了筒内土体压实带来的筒端阻力提升效应,即初始扩张应力采用式(7.1.30)计算:

$$\sigma_{\text{soil,Initial}} = \frac{\sigma_{\text{v}} + 2\sigma_{\text{b,in}} + \gamma h + 2k\gamma h}{6} \tag{7.1.30}$$

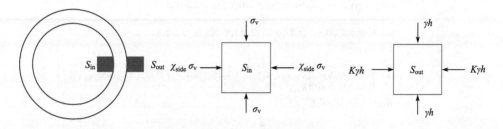

图 7.1.41　筒内外土体的应力状态

通过上述思路，建立的筒端阻力计算方法通过引入筒内土体应力的增加，考虑了筒直径变化、壁厚变化、土体力学性质变化和筒-土摩擦系数改变对筒型基础贯入端阻力的影响。采用该方法对不同筒径的筒贯入 10 m 的最大端阻力进行计算，并与数值模拟结果进行对比，如图 7.1.42 所示，可以看出采用该方法能够较好地对筒端阻力进行计算。

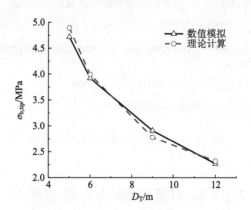

图 7.1.42　筒端阻力计算方法与数值模拟对比

3）筒型基础贯入阻力计算方法

通过上述计算分析，得到了筒内侧摩擦阻力、外侧摩擦阻力和筒端阻力的计算方法，至此已经完成了筒贯入阻力计算方法的建立工作，但是计算中涉及大量的公式，因此在此对详细的计算步骤进行总结，如图 7.1.43 所示。

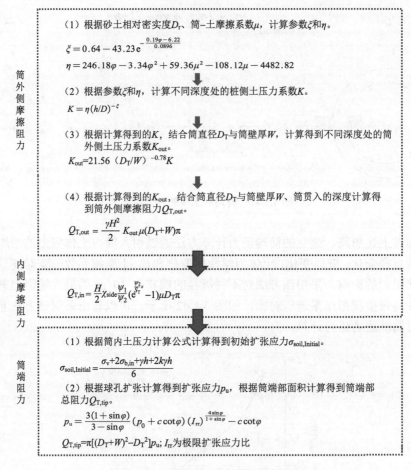

图 7.1.43　筒型基础贯入阻力计算流程

7.2　筒型基础静动力承载特性

7.2.1　风浪流复杂海况下筒型基础承载特性离心模型试验

海上风电筒型基础的水平承载特性与其四周地基土所处的应力状态密切相关，而离心模型试验具有还原地基土真实应力场的优势，是一种理想的研究手段。

1. 离心模型试验设备及加载装置

本次离心模型试验在南京水利科学研究院 60 gt 土工离心模拟平台上进行。离心机最大有效半径为 2.24 m，最大加速度为 200 g，最大负载能力为 300 kg，挂篮空间为 0.9 m×0.8 m×0.8 m。平台配备有 40 路信号滑环、20 路功率滑环和 8

路视频滑环，可实现试验过程模型变形、位移、压力等多个物理量的实时量测与传输。试验采用大型平面应变模型箱，箱体净空尺寸为 686 mm（长）×350 mm（宽）×475 mm（高），模型箱的一侧侧板为透明航空有机玻璃板，主要用于拍摄和监视试验过程中模型的姿态位置变化。考虑原型海上风电筒型基础的受力影响范围和模型箱实际大小，最终确定本次离心模型试验原型与模型的长度几何比尺为 100∶1，即 $n=100$。

由前述可知，海上风电筒型基础在实际运行过程中主要受风、波浪等水平荷载作用的影响。为此，采用单位自行研制的离心场水平静力加载作动装置对基础所受的水平荷载进行模拟，如图 7.2.1 所示。其中离心场水平静力加载作动装置由荷载作动装置机构箱、稳定支架、荷载传感器、推力杆及传力杆等部件组成，作动装置可提供的最大水平推力为 15 kN，对应原型尺度为 150 MN。

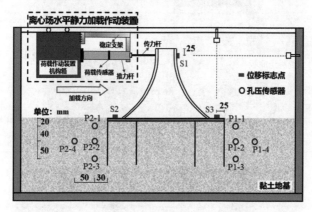

(a) 试验剖面图

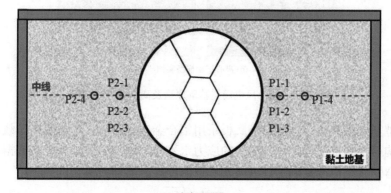

(b) 试验平面图

图 7.2.1　离心场水平静力加载作动装置及模型测点布置图

2. 筒型基础模型

离心模型试验以三峡新能源江苏响水近海风电场海上风电筒型基础为原型进行设计。筒型基础自上而下依次为双曲面混凝土过渡段、混凝土底板及基础筒体，如图 7.2.2 所示。混凝土过渡段高 18.8 m、厚 0.6 m、顶部外径 4.85 m、底部外径 20 m；混凝土底板直径 30 m、厚 1.2 m；下部基础钢筒（Q235C 钢板）外径 30 m、高 12 m、外壁厚 25 mm，通过 12 块相同尺寸的分舱板将钢筒划分为 7 个隔舱，其中分舱板高 12 m、宽 7.5 m、厚 15 mm。

(a) 海上风电筒型基础原型(响水)

(b) 离心试验模型实物

图 7.2.2　海上风电筒型基础原型及离心模型试验图

筒型基础的混凝土过渡段及底板采用铝合金进行模拟。考虑水平荷载作用下基础结构可视为抗弯构件，其对应的应力水平应与原型一致，为此，依据离心场材料抗弯刚度相似准则确定过渡段及底板的厚度，具体计算公式如下：

$$d_{\mathrm{m}} = \frac{d_{\mathrm{p}}}{n} \sqrt[3]{\frac{E_{\mathrm{p}}}{E_{\mathrm{m}}}} \qquad (7.2.1)$$

式中，d_{m}、d_{p} 分别为模型和原型的厚度；E_{m} 和 E_{p} 分别为模型材料及原型材料的

弹性模量；n 为试验的模型比尺。对于本部分计算，模型比尺 $n=100$，钢筋混凝土 $E_p=32.5$ GPa，铝合金材料 $E_m=70$ GPa，混凝土底板 $d_p=1.2$ m，过渡段 $d_p=0.6$ m，可以得到模型中底板及过渡段的铝合金板厚度依次为 9.3 mm 和 4.6 mm。

筒型基础的下部钢筒结构则采用 304 不锈钢进行等效，其与原型 Q235C 钢板在弹性模量上相近，原则上可直接进行缩尺处理，但在实际操作中存在以下两点问题：一方面，下部钢筒结构的原型厚度相对较小，其中外筒壁为 25 mm，分舱板仅为 15 mm，缩尺后的制作难度极大；另一方面，为了加强原型结构下部钢筒刚度，在外筒壁和分舱板内间隔 1.5 m 布置加筋肋板，而先期研究结果也强调了上述加筋肋板的存在对筒型基础承载能力影响显著。因此，在下部钢筒模型结构等效过程中考虑加筋肋板对结构整体抗弯强度的影响，结合组合结构截面惯性矩计算方法，得到等效后的结构厚度，具体等效过程如下。

以分舱板的等效厚度计算为例，如图 7.2.3 所示，其中 L、d_f 为分舱板的原型长和厚度，h、d_j 为加筋肋板的原型长和厚度，则组合结构重心在 y 轴上坐标的对应计算公式如下：

$$y_G = \frac{d_f^2 L + d_j h^2 + 2d_f d_j h}{2(L d_f + h d_j)} \tag{7.2.2}$$

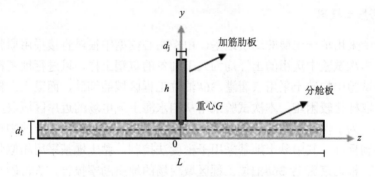

图 7.2.3　分舱板的等效厚度计算示意图

此外，组合结构分舱板及加筋肋板截面的惯性矩也可通过平行移轴公式 [式（7.2.3）] 计算得到：

$$\begin{cases} I_{z1} = \dfrac{d_f^3 L}{12} + \left(\dfrac{d_f}{2} - y_G\right)^2 d_f L \\[3mm] I_{z2} = \dfrac{d_j h^3}{12} + \left(\dfrac{h}{2} + d_f - y_G\right)^2 d_f L \end{cases} \tag{7.2.3}$$

式中，I_{z1}、I_{z2} 分别为分舱板及加筋肋板截面的惯性矩。

上述组合结构的截面总惯性矩 I_z 为 I_{z1} 与 I_{z2} 之和，在此基础上得到考虑加筋

肋板对结构整体抗弯强度影响的下部钢筒模型结构原型等效厚度 d_{eq}:

$$d_{eq} = \sqrt[3]{\frac{12 \cdot I_z}{L}} \qquad (7.2.4)$$

将分舱板及加筋肋板原型参数依次代入式（7.2.2）～式（7.2.4），得到分舱板的等效厚度为 46.79 mm。而外筒壁的等效厚度计算方法与分舱板等效过程类似，得到外筒壁的等效厚度约为 50.19 mm，具体计算参数如表 7.2.1 所示。

表 7.2.1　下部钢筒结构原型等效厚度计算参数

分舱板/外筒壁		h /mm	d_j /mm	分舱板 d_{eq} /mm	外筒壁 d_{eq} /mm
L /mm	d_f /mm				
1500	15/25	150	10	46.79	50.19

在此基础上，结合试验模型比尺得到筒型基础下部钢筒结构外筒壁和分舱板的模型缩尺厚度分别为 0.50 mm 和 0.47 mm。但考虑到制作过程中的实际加工精度，外筒壁和分舱板的实际制作厚度均为 0.5 mm，最终的筒型基础模型如图 7.2.2（b）所示。

3. 地基土模拟

试验中采用单一土层的均质地基，由于离心模型中很难直接采用原状土样进行试验，本次试验中选用的土样均为人工制备的重塑土样，以进行地基模型的制作，离心试验中的砂土采用京唐港 36#泊位工程区域的细砂，而黏土土样由于直接从海上取样比较困难，本次试验采用从响水海上风电场的近岸区域取回的土样进行制备。为了保证试验的可重复性，在制备土样时，会采用相应的物理力学指标作为控制标准，其中砂土地基采用干密度法控制，黏土地基采用相似强度标准进行控制。根据京唐港 36#泊位工程区域现场的地质勘察报告，查得砂土地基的干密度控制标准为 1.58 g/cm³。黏土地基采用强度控制保证土体性质相似，根据响水风电场地区的地质勘察报告，算得的地基强度控制标准为 20.4 kPa。

模型地基土体固结的方法主要有三种：①直接在超重力场中进行固结；②在自重作用下，通过逐级施加一定的上覆压力进行固结；③分别对模型箱的上部和底部施加渗透力，形成渗透梯度，进而模拟固结历史过程。由于砂土的渗透系数较大，固结速度快，本次的砂土试验在离心超重力场条件下直接进行固结。但是对于黏土地基，如果直接采用在离心机的超重力场中进行固结的方法，技术要求较高，并且对能源的消耗也比较大；而在自重作用下，采用逐级增加上覆压力的方法，更为经济实用，制成后的地基模型也比较均匀，固结过程也更易于控制，因此黏土地基的土样制备采用恒定压力固结的方法。

　　离心模型试验中饱和砂土土样采用砂雨法制备，首先将粉细砂土进行自然风干，利用室内试验测得相关含水率，计算并称出试验所需的砂土重量，然后利用多孔砂漏斗，采用砂雨法将其分层撒入模型箱中，在地基土样制备过程中保持落高不变，以控制密度的均匀性，最后将模型试验箱放入离心机中进行固结，直到达到设计的砂土干密度。

　　离心模型试验中饱和黏土土样采用泥浆固结法制备，主要过程如下：首先，将取回的土样晾干，经碾碎后过筛得到设计重量的黏土，再加水浸泡并充分搅拌，制成含水量约 2 倍于液限的均匀泥浆；其次，将制备的泥浆注入模型试验箱中，再次充分搅拌均匀；最后，将模型试验箱放入固结仪中，分级增加上部负重进行固结，固结过程中需对地基模型的不排水强度进行测量，直至达到设计强度，固结完成后将多出设计高度的土体去除，并对地基模型进行找平，即可进行下一步的试验流程。

　　离心模型试验中采用的固结仪如图 7.2.4（a）所示。该固结仪可以通过调节杠杆平衡装置，对离心模型箱内的土体施加稳定的上覆压力，为了保证土样在固结下沉时的变形均匀，采用了精密的轴向轴承结构，利用轴向轴承的导向作用，保证加压杆垂直下降，减少了摩擦对固结压力的影响，基本能满足土体固结过程中对载荷精度的要求。离心模型固结仪可以对尺寸为 700 mm×350 mm×475 mm 的土样进行固结，竖向固结压力最大可达 600 kPa，调节平衡距离为 0～240 mm。本书中的模型地基为单一均质土层，厚度为 200 mm。黏土地基在制备时先静置 24 h，等到泥浆形成一定的强度后，再利用固结仪逐级施加恒定的固结压力，在固结过程中，通过微型触探仪定期测量土体的不排水强度，当土体的平均强度接近设计强度时固结完成。本次试验固结结束时测得的固结强度分布如图 7.2.4（b）

(a) 离心模型试验固结仪

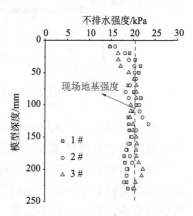

(b) 不排水强度

图 7.2.4　地基土制备仪器及模拟结果

所示，试验过程中选取了地基模型中的三个不同位置进行了强度测量，从图中可知，三个位置的不排水强度整体来看是比较均匀的，仅在地基模型接近地表处测量值偏小，三个位置的固结平均值为 19.6 kPa，已基本达到了设计要求。

4. 测点布置

采用非接触式激光位移传感器（德国 YP11MGVL80 型）对试验过程中筒型基础模型的姿态进行测试。其中基础过渡段顶部布置 1 个测点（S1），以量测基础的水平位移；基础底板加载方向前后两侧各布置 1 个测点（S2、S3），以测试加载过程中基础的倾角，再结合 S1 测量值得到整体结构的转动中心变化。此外，对试验过程中基础地基沿加载方向前后两侧的孔隙水压力变化进行测试，这主要通过在靠近基础结构量测不同深度位置预埋的微型孔隙水压力传感器（P1-1～P1-4、P2-1～P2-4）的方式实现，激光位移测点及微型孔隙水压力传感器的具体布设位置如图 7.2.1 所示。

5. 筒型基础转动中心计算方法

离心模型试验中的转动中心主要利用位移传感器测量结构表面的位移，进而推算转动中心的位置，试验中的模型布置简图及坐标系的建立如图 7.2.5 所示。

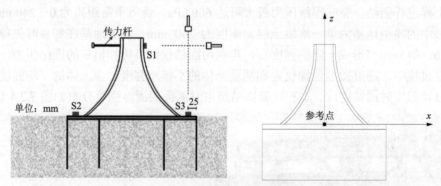

图 7.2.5　筒型基础转动中心参考点及坐标系

模型中包括一个水平向位移传感器 S1，两个垂直向位移传感器 S2、S3。由三个激光位移传感器基本可以确定转动中心的位置。

水平荷载只有一个方向，结构上各点的运动轨迹一定都在某一个平面内，因此离心模型试验中转动中心的计算可以看作是一个平面问题，现以底板顶部中点为坐标原点，建立直角坐标系。设传感器测点所在曲线的参数方程为

$$\begin{cases} x = x(t) \\ y = y(t) \end{cases}$$

（7.2.5）

式中，t 为参数方程参数。

设待求的转动中心 R 坐标为 (x_r, y_r)，试验前测得 S1 传感器测点高度为 h，S2 和 S3 传感器的 x 轴坐标分别为 x_{S2} 和 x_{S3}。当基础受水平荷载作用时，S1、S2、S3 三个传感器的测量位移分别为 x_{S1}、y_{S2}、y_{S3}（与坐标轴同向为正）。通过两个垂直向的传感器的位移差值，可算得模型的转角：

$$\theta = \arctan\left|\frac{y_{S3} - y_{S2}}{x_{S3} - x_{S2}}\right| \tag{7.2.6}$$

则转动后所测曲线的参数方程变为

$$\begin{pmatrix} x'(t) \\ y'(t) \end{pmatrix} = \begin{pmatrix} \cos\theta & \sin\theta \\ -\sin\theta & \cos\theta \end{pmatrix} \begin{pmatrix} x(t) - x_r \\ y(t) - y_r \end{pmatrix} + \begin{pmatrix} x_r \\ y_r \end{pmatrix} \tag{7.2.7}$$

对于垂直位移传感器，测点在盖板上，剖面图上为一直线，计算比较简单，侧面图中盖板所在直线方程为

$$\begin{cases} x = t \\ y = 0 \end{cases} \tag{7.2.8}$$

将之代入式（7.2.7）即得转动后直线方程

$$\begin{cases} x'(t) = \cos\theta \cdot t - \cos\theta \cdot x_r - \sin\theta \cdot y_r + x_r \\ y'(t) = -\sin\theta \cdot t + \sin\theta \cdot x_r - \cos\theta \cdot y_r + y_r \end{cases} \tag{7.2.9}$$

转换成普通方程，整理后为

$$y' = -\tan\theta \cdot x' + \tan\theta \cdot x_r + \frac{\cos\theta - 1}{\cos\theta} y_r \tag{7.2.10}$$

将点 (x_{S2}, y_{S2}) 代入式（7.2.10），得

$$\tan\theta \cdot x_r + \frac{1 - \cos\theta}{\cos\theta} y_r = y_{S2} + \tan\theta \cdot x_{S2} \tag{7.2.11}$$

如果将 S3 测量值代入，方程形式是一样的。同理，水平位移传感器 S1 测点在竖直直线上，参数方程为

$$\begin{cases} x = r_u \\ y = t \end{cases} \tag{7.2.12}$$

式中，r_u 为过渡段顶部的外半径。代入式（7.2.7）得转动后方程为

$$\begin{pmatrix} x'(t) \\ y'(t) \end{pmatrix} = \begin{pmatrix} \cos\theta & \sin\theta \\ -\sin\theta & \cos\theta \end{pmatrix} \begin{pmatrix} r_u - x_r \\ t - y_r \end{pmatrix} + \begin{pmatrix} x_r \\ y_r \end{pmatrix} \tag{7.2.13}$$

转换成普通方程

$$y' = \cot\theta \cdot x' + \cot\theta[-\cos\theta \cdot (r_u - x_r) - x_r] - \sin\theta \cdot (r_u - x_r) + y_r \tag{7.2.14}$$

将 $(r_u + x_{S1}, h)$ 代入方程（7.2.14）并整理得

$$\frac{1-\cos\theta}{\sin\theta}x_r + y_r = h + \frac{1-\cos\theta}{\sin\theta}r_\mathrm{u} - \cot\theta \cdot x_\mathrm{S1} \qquad (7.2.15)$$

利用克莱默法则可得

$$
\begin{cases}
x_r = \dfrac{\begin{vmatrix} y_\mathrm{S2}+\tan\theta\cdot x_\mathrm{S2} & \dfrac{1-\cos\theta}{\cos\theta} \\[2mm] h+\dfrac{1-\cos\theta}{\sin\theta}r_\mathrm{u}-\cot\theta\cdot x_\mathrm{S1} & 1 \end{vmatrix}}{\begin{vmatrix} \tan\theta & \dfrac{1-\cos\theta}{\cos\theta} \\[2mm] \dfrac{1-\cos\theta}{\sin\theta} & 1 \end{vmatrix}} \\[14mm]
y_r = \dfrac{\begin{vmatrix} \tan\theta & y_\mathrm{S2}+\tan\theta\cdot x_\mathrm{S2} \\[2mm] \dfrac{1-\cos\theta}{\sin\theta} & h+\dfrac{1-\cos\theta}{\sin\theta}r_\mathrm{u}-\cot\theta\cdot x_\mathrm{S1} \end{vmatrix}}{\begin{vmatrix} \tan\theta & \dfrac{1-\cos\theta}{\cos\theta} \\[2mm] \dfrac{1-\cos\theta}{\sin\theta} & 1 \end{vmatrix}}
\end{cases}
\qquad (7.2.16)
$$

将各点的测量值代入即可求得转动中心。

6. 试验结果分析

1）筒型基础变形特征

从筒型基础水平位移和转动角度来看，图 7.2.6 和图 7.2.7 分别给出了黏土和砂土地基模型中筒型基础变形随水平荷载的变化特征。可以看出，黏土地基模型的筒型基础水平荷载-位移曲线和水平荷载-转动曲线的趋势相似。同样地，在砂

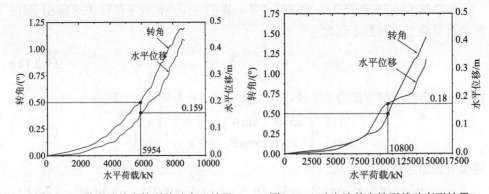

图 7.2.6　黏土地基中筒型基础变形结果　　图 7.2.7　砂土地基中筒型基础变形结果

土地基模型中，筒型基础中心点的变形随着水平载荷的增加而增加。然而，砂土地基模型中筒型基础的水平荷载-位移曲线不如黏土地基模型中的实验结果平滑。这可能是因为离心模型试验中的砂土地基模型的均一性差于黏土地基模型。水平荷载-位移曲线和水平荷载-转动曲线有明显的转点，因此将结构的变形作为极限承载力的判别标准，考虑到海上风电结构对转角更为敏感，这里以 0.5°结构转角对应的水平荷载作为筒型基础的极限承载力，得到黏土地基和砂土地基中的筒型基础极限承载力分别为 5954 kN 和 10800 kN。

2）超静孔压结果分析

筒型基础在转动过程中，荷载方向前后的位移是不同的，其孔压变化也不一致。通过孔压传感器，可以测得筒体不同位置处的孔压分布。为了使试验结果更加直观，对超静孔压的值进行分析。由于砂土地基渗透系数较大，在水平荷载作用下，地基各处的孔隙水压力基本没有变化，因此这里仅对黏土地基内超静孔压进行分析。

图 7.2.8（a）显示了在水平荷载作用下，黏土地基中筒型基础前侧的超静孔压变化。由超静孔压力变化曲线可知，基础前侧产生了不同程度的超孔压，这是因为基础在荷载作用下发生倾斜时，前侧的土体受到了一定的挤压作用。其中 P1-2 与 P1-3 孔压变化较大，而 P1-1 孔压变化相对较小，分析其原因，主要是 P1-1 位置较浅，比较接近地表排水边界。整理出荷载方向后侧的超静孔隙水压力变化曲线，如图 7.2.8（b）所示。不同深度地基土的超静孔压响应特征并不相同。在水平加载初期时，P2-1 位置的孔隙压力随着水平荷载的增加而下降，且当水平荷载小于 4500 kN 时，孔压下降速度相对较大。此外，由于靠近排水表面，P2-1 处的孔隙压力在水平加载后期出现了一定波动。在 P2-2 位置，地基土的孔隙压力下降速度更快，表明该部分的土体受扰动程度更大。而 P2-3 位置处的孔压变化过程可分为两个阶段。在加载初期阶段（水平荷载小于 3430 kN 时），孔压随着水平荷载的增加而增加；水平荷载达到 3430 kN 后，孔压随着水平荷载的增加迅速下降。这表明在加载初期，筒型基础以转动为主，筒型基础的转动造成对 P2-3 处地基土体的挤压；而随着水平荷载增大，筒型基础开始出现平动，基础整体向远离后侧土体的方向运动，造成 P2-3 地基处逐渐产生负孔压。

3）筒型基础转动中心分析

以筒型基础底板上表面中心为坐标原点，图 7.2.9 给出了黏土和砂土地基中筒型基础转动中心位置变化轨迹。由图 7.2.9 可知，尽管砂土地基中的轨迹数据比黏土地基中的轨迹数据波动更明显，但二者的转动中心位置变化趋势较为相似。筒型基础转动中心的初始位置位于筒型基础左侧外部区域。在加载初期，基础转动

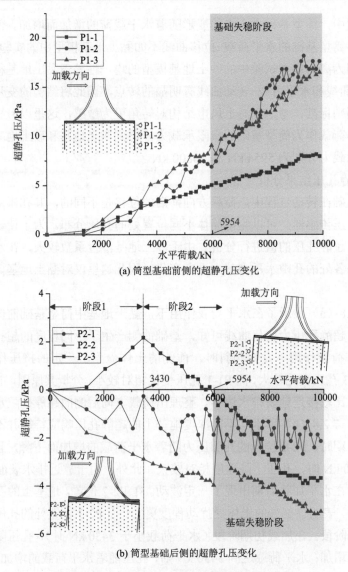

(a) 筒型基础前侧的超静孔压变化

(b) 筒型基础后侧的超静孔压变化

图 7.2.8　黏土地基中监测点超静孔压演变过程

中心深度坐标随着水平荷载的增加而逐渐减小，基础转动中心水平坐标则缓慢增加。此后，基础转动中心在竖直方向上的位置变动逐渐减缓，而在水平方向的位置变动逐渐增大。最终，砂土地基中结构转动中心深度坐标波动范围为 10.8~11.2 m，黏土地基中结构转动中心深度坐标波动范围为 9.2~9.5 m。

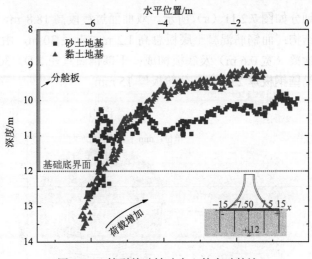

图 7.2.9　筒型基础转动中心的变动轨迹

7.2.2　筒型基础承载特性及抗倾抗滑稳定分析方法

1. 有限元数值模拟

1）模型结构及材料属性

以响水地区 3 MW 海上风电筒型基础为原型，由双曲面混凝土过渡段、钢筋混凝土底板和下部钢筒三部分组成，其中下部钢筒内设 12 块分舱板，形成共计 7 个等边蜂窝状的隔舱，如图 7.2.10 所示。采用有限元软件进行数值模拟，模型结

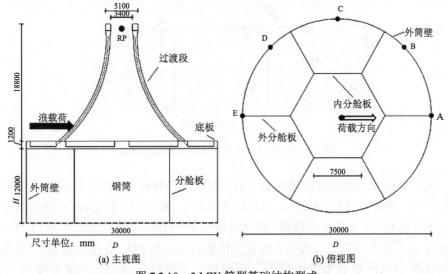

(a) 主视图　　　　　　　　　　　　(b) 俯视图

图 7.2.10　3 MW 筒型基础结构型式

构尺寸及网格划分如图 7.2.11（a）所示。双曲面过渡段高 18.8 m，壁厚 0.6 m，为钢筋混凝土结构；而钢筋混凝土底板总高 1.2 m、直径 30 m，由 6 根主梁（宽 1.2 m）、12 根次梁（宽 0.6 m）及底板构成；下部钢筒直径（D）30 m、高（H）12 m，其中外筒壁钢板厚 25 mm，分舱板厚 15 mm。

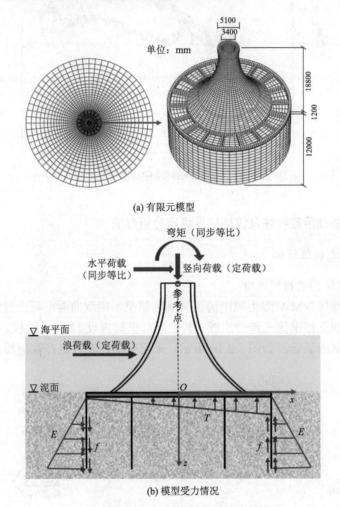

(a) 有限元模型

(b) 模型受力情况

图 7.2.11　筒型基础有限元模型及受力情况

　　筒型基础双曲面过渡段及底板为钢筋混凝土弹性材质，采用 C3D8I 实体单元进行模拟，弹性模量取 28 GPa，泊松比为 0.167，密度为 2.45 g/cm³；下部钢筒仍视为弹性材料，采用壳单元模拟，弹性模量取 210 GPa，泊松比为 0.3，密度为 7.85 g/cm³。为了充分消除边界效应，地基土模型直径设为 $5D$，高度设为 $3H$；地基土选择江苏响水海域典型粉质黏土，采用均一土层进行模拟，土体重度为 19.0

kN/m^3，本构关系采用"南水"弹塑性模型，对应的单元类型为 C3D8，具体参数见表 7.2.2。此外，双曲面过渡段与钢筋混凝土底板、钢筋混凝土底板与下部钢筒均设置绑定约束。结构与地基土间的相互作用采用接触对进行模拟，同时筒体单元与土体单元的接触行为设置为可分离模式，计算中的摩擦系数取 0.2。土体网格划分采用偏移控制方法，以节省计算资源。

表 7.2.2　主要土层分布及物理力学特性

c/kPa	φ/（°）	R_f	K	K_{ur}	n	c_d	n_d	R_d
17.5	31.5	0.7	67.5	135	0.7	0.0383	0.35	0.73

2）加载方式及破坏标准

模型所受荷载种类主要包括风荷载、浪荷载和竖向荷载。考虑到本模型未建立风机轮毂及塔筒等部件，如图 7.2.11（b）所示，首先在过渡段顶端中心建立荷载施加参考点 RP，之后将实际作用于风机轮毂的风荷载等效为两个部分的组合，即水平荷载和对应 95 m（风机塔筒高度）弯矩荷载，荷载等级默认取为 12 级，每级为 500 kN，并将风机塔筒对应的重力，以竖向荷载（8050 kN）的方式施加到参考点上。另外，模拟取 50 年一遇的极限浪荷载（7920 kN）作为浪荷载计算值，并在整个数值模拟过程中视为定值，并作用在泥面以上 3.6 m 处的过渡段上。

由于筒型基础的破坏形式特别，破坏条件一般是以位移和转角作为标准。采用风机厂商提供的基础结构允许的最大转角（0.75°）作为基础极限状态的判断标准，具体情况如表 7.2.3 所示。

表 7.2.3　基础加载方式及破坏标准

水平荷载	竖向荷载	弯矩荷载	破坏准则
等效风荷载+浪荷载	风机塔筒重力	等效弯矩荷载	基础允许转角：0.75°

3）数值模型验证

为了验证本部分有限元模型和土体南水模型的合理性，以 7.2.1 节开展的 3 MW 海上风机筒型基础离心模型试验作为校核依据。图 7.2.12 为离心模型试验和数值模拟荷载–转角结果的对比。由图 7.2.12 可见，两种方法的荷载–转角曲线具有相同的变化趋势，基础极限承载力误差为 7.2%，吻合精度较高，验证了本部分数值模型和南水模型选择的合理性。

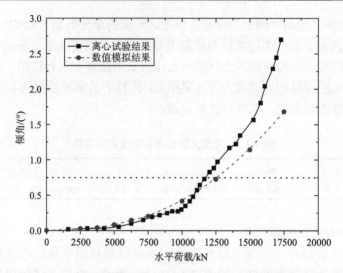

图 7.2.12　筒型基础离心模型试验结果与数值分析结果对比

2. 筒型基础水平承载特性分析

以筒身 H=12 m 为例，从基础等效塑性应变、基础筒壁土压力分布、筒底土压力分布、基础转动中心四个方面，对单一风荷载下筒型基础响应特征进行综合分析。

1）不同风荷载下基础变形规律分析

图 7.2.13 为不同风荷载水平下地基土体的变形矢量图。在荷载和转角较小时，筒型基础内部土体受钢筒的约束作用，与筒型基础成为整体一起发生转动和平移。随着荷载的增大，基础的转动现象愈发明显，可以明显发现存在随荷载变化而变化的转动中心。

等效塑性应变可以度量材料的塑性累积变形，能够较好地反映地基土体的变形状态。图 7.2.14 为不同风荷载水平下地基土体的等效塑性应变云图。

由图 7.2.14 可以看出，荷载前侧的筒底土体首先产生塑性变形，随着荷载增大，地基土体的塑性变形区域逐渐发展，塑性区由荷载前侧筒底土体逐渐向地基表面、筒底土体以及隔舱内土体扩展。

总体来看，塑性变形区主要分为四个部分：第①部分以筒底前侧角点为中心，分别向筒内和筒外扩张，并以筒内扩张为主，说明基础在变形过程中，前侧隔舱底部承担了较大的荷载。第②部分以荷载前侧钢筒顶部角点为中心，随着荷载增加基本呈扇形逐步扩张，逐渐与底部的塑性区汇合。第③部分出现在荷载后侧筒壁附近，这一部分筒体主要受被动土压力作用，在荷载较小时，基本没有塑性应变，但随着筒体倾角的加大，荷载后侧的钢筒开始向左上方位移，因此这一部分的

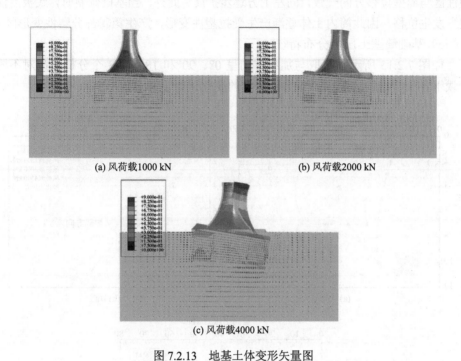

(a) 风荷载1000 kN　　　　　　　　　　　　(b) 风荷载2000 kN

(c) 风荷载4000 kN

图 7.2.13　地基土体变形矢量图

(a) 风荷载1000 kN 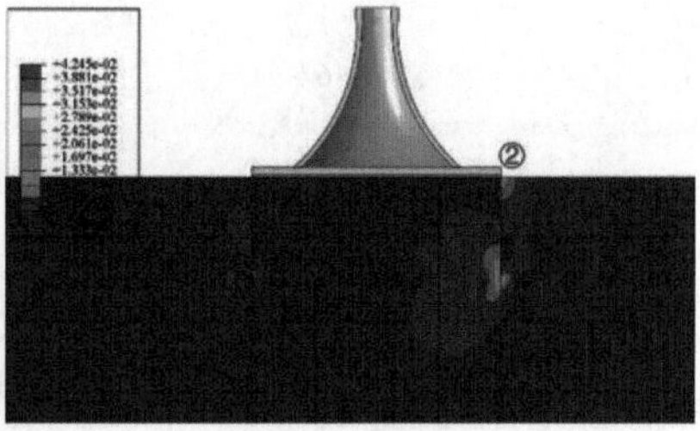　　　　　　　　　　　　(b) 风荷载2000 kN

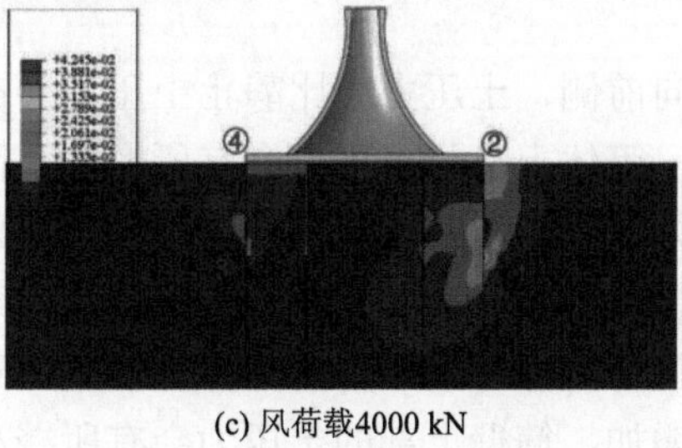

(c) 风荷载4000 kN

图 7.2.14　地基土体等效塑性应变

塑性区与筒壁位移方向一致，向左上方逐步扩展。此外，当基础倾斜时，底板后侧向上发生位移，因此筒内土体逐渐产生受拉塑性变形，产生第④部分塑性变形区。

　　2）基础筒壁土压力分布特征

　　如图7.2.15所示，选取与加载方向呈0°、90°和180°的3个分析点，对不同荷载下各分析点位的竖向土压力随深度的变化进行汇总。

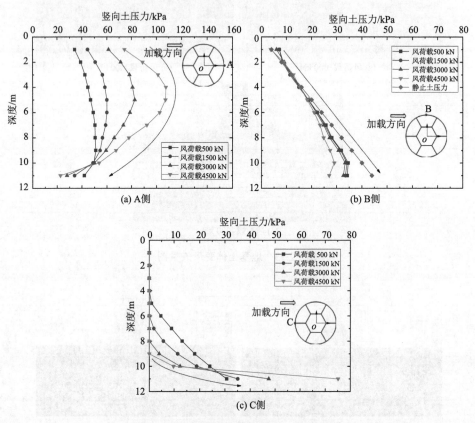

图 7.2.15　筒型基础筒壁竖向土压力分布

　　A侧在水平荷载方向前侧，土压力相比静止土压力会有所增加，大致呈拱形分布。随着荷载的增加，筒体上部的土压力会有所增加，而筒体底部的土压力会有所减小。B侧与加载方向垂直，在水平荷载作用下，筒体主要发生水平位移和转动，故B侧的筒体与土体基本没有相对的法向位移，荷载水平对该侧的土压力分布影响较小，因此土压力与静止土压力的计算值基本一致。C侧在水平荷载方向的后侧，随着荷载的增加，筒壁上部的土压力会有所减小，并且局部已经与土体脱离，土压力为零，而下部的土压力会有所增加，因为基础在水平荷载下发生转动时，筒壁上部基础结构背离土体运动，但底部土体朝向土体运动，局部反而承受的是准被动土压力作用。整体来看，土压力的分布大致呈三角形分布，仅筒壁底部的土压力会有较大增长。

以分析点夹角 θ 的余弦值作为横坐标，提取地基 2 m、4 m、6 m、8 m 和 10 m 埋深处的径向土压力，如图 7.2.16 所示。

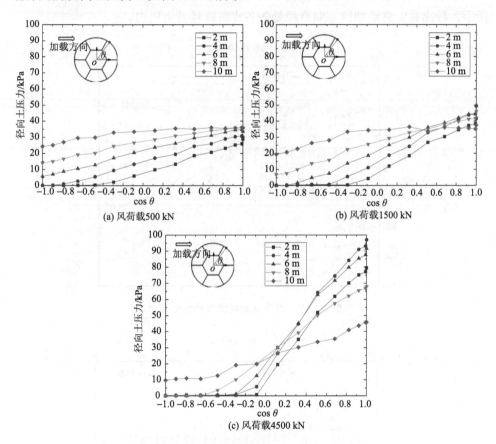

图 7.2.16　筒型基础筒壁径向土压力分布

在水平风荷载值较低时，浅层的径向土压力与 $\cos\theta$ 有较好的线性关系，但随着荷载的增加，二者线性关联程度有一定的降低。同时随着荷载的增加，出现了筒体深度较大处的筒壁径向土压力小于筒体深度较小处筒壁径向土压力的现象，如风荷载为 4500 kN 时，当 $\cos\theta$ 大于 0.3 时，深度 10 m 处的径向土压力比深度 2 m 处的径向土压力还要小。

上述现象的产生，是因为筒型基础主要发生转动破坏，土压力的发展与筒体产生的位移密切相关，在被动侧转动中心以下，筒壁土压力逐渐向主动状态转变，因此土压力的最大值并非出现在筒体深度最大处，而是在拱形分布最凸出的部位。

同时,以深度 10 m 为例,随着荷载的增加,沿筒壁径向分布的土压力发生变动,前侧筒壁下半部分靠近外侧土体,土压力向被动状态转变,后侧筒壁下半部分偏离外侧土体,土压力向主动状态转变。

以水平风荷载施加前的模型变形及受力为参考背景,如图 7.2.17 及图 7.2.18 所示,导出并汇总沿加载方向直径处的各点沉降量及土压力。

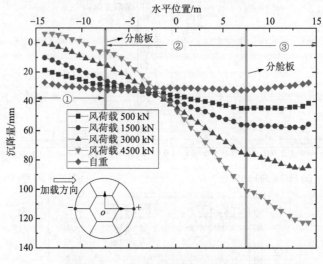

图 7.2.17 筒型基础筒底沉降量分布

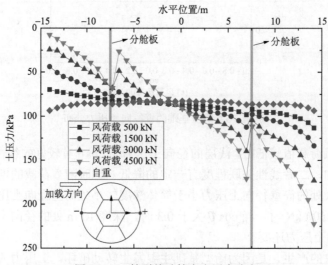

图 7.2.18 筒型基础筒底土压力分布

　　由图 7.2.17 可见，分舱板是影响筒底土体位移的重要因素。筒型基础的位移曲线大致可分为三段，随着荷载的施加，荷载前侧的土体位移开始增加，荷载后侧的土体位移开始减小，不同荷载水平的位移曲线与初始位移曲线均存在一个交点，并且交点位置也有向荷载方向移动的趋势。随着荷载的增加，中部曲线渐渐由拱形形态转化为线性形态，并且与后舱的位移曲线整体呈线性分布，而荷载前侧隔舱的位移曲线仍然与中部差异较大。

　　砂土地基基底压强同样被分舱板分隔成了三个部分，在自重条件下，各隔舱的基底压强均呈拱形分布。随着水平荷载的施加，荷载前侧土体的压强开始增加，荷载后侧的基底压力开始减小，而且与初始基底压强分布存在一个交点，这个交点也向荷载方向移动。此外，各个隔舱内靠近分舱板的位置也存在一定的应力突变。

　　由筒型基础变形及受力特性分析可知，基础的运动模式以转动为主，转动中心是分析筒型基础受荷响应特征的关键。图 7.2.19 显示了基础在不同荷载水平下转动中心位置的变动轨迹。

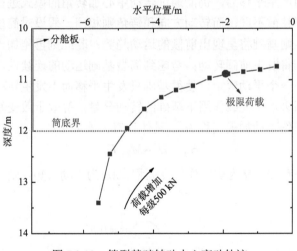

图 7.2.19　筒型基础转动中心变动轨迹

　　图 7.2.19 中每个标记点代表一个荷载水平。筒型基础转动中心随荷载水平的增加从左下向右上移动。当荷载水平较小（风荷载小于 1500 kN）时，转动中心位于钢筒外部，且随着荷载水平的增加，转动中心以竖直方向的变动为主，水平方向的变动较小；当荷载水平大于 1500 kN 后，转动中心在竖直方向上的位置变动逐渐减缓，而在水平方向的位置变动逐渐增大；当荷载水平大于 2500 kN 后，筒体转动中心的位置变动以水平方向为主。当风荷载达到极限荷载（即基础转角达到 0.75°）时，转动中心在水平方向上移至筒型基础中心线左侧 1.94 m 处，在

竖直方向上移至筒底端以上 1.07 m 处。转动中心的变化轨迹表明，在水平荷载作用下，筒型基础除了发生倾斜以外，还存在着明显的水平平动。

3. 倾覆力矩简化计算

考虑到实际海上风机高度可达 115 m，故在进行离心模型试验或数值模拟时常采用拟静力法，将实际作用于风机轮毂的风荷载等效为作用于基础顶部参考点位置的水平荷载及其对应风机塔筒高度（约 95 m）的弯矩荷载。对于上述简化模型，传统方法是将水平荷载作用点与转动中心的高差作为其力臂值（这里简称高差力臂法），进而计算得到筒型基础对应的倾覆力矩；但水平风荷载下基础的转动中心位置受平动分量和转动分量的共同影响，造成基础所受倾覆力矩计算出现偏差。因此，这里采用平动加载分解过程对传统高差力臂法进行修正，消去基础对应的平动分量，进而得到准确的力臂值。

图 7.2.20 为筒型基础平动加载分解力臂示意图，其中基础在分析全过程中均可视为刚体。根据刚体运动学中关于平面平行运动瞬心的描述，当筒型基础位置因水平荷载作用产生平移后，仍能通过转动中心加转角的模式进行描述，但此处的转动中心与平移前不同，而转动方向和转角则相同。假设对筒型基础施加向右的水平定荷载，则基础将呈现出前倾的运动趋势；若此刻再施加一个足够大的反向弯矩，则基础将发生前倾转动；考虑到筒型基础运动的连续性，由中间值定理可知，必然存在一个平动弯矩，使得基础只发生平移而不发生转动，即基础平动弯矩的作用为消去水平荷载作用下基础的转动分量，等效于改变基础水平荷载作用点的高程，记作平动加载高程 H_h，具体计算公式如下：

$$H_h = H - M_h/F_h \qquad (7.2.17)$$

式中，F_h 为水平荷载；H 为实际作用点高程；M_h 为平动弯矩，则等效后平动加载高程为 H_h。

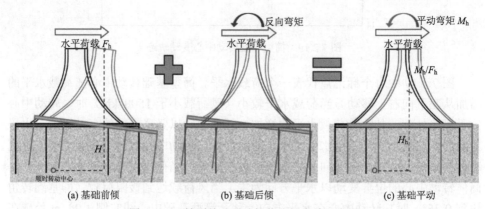

(a) 基础前倾　　　　　(b) 基础后倾　　　　　(c) 基础平动

图 7.2.20　筒型基础平动加载分解力臂示意图

对提出的筒型基础平动加载分解过程的合理性进行验证。基于上述假定，基础的平动特性可由水平荷载及对应的平动弯矩进行描述，而反向的平动弯矩即是基础的实际倾覆力矩，故可认为：①通过平动加载高程可建立基础在单一水平荷载与纯弯矩荷载下的等效作用关系；②若分析过程中消去基础的平动分量，则水平荷载与纯弯矩荷载对基础的作用效果应一致。为了简化计算，这里直接将过渡段顶部设为水平荷载作用点，而水平荷载产生的弯矩则通过平动加载高程计算得到。图 7.2.21（a）为水平荷载产生弯矩与纯弯矩作用下基础倾角的对比图，可以看出，两种荷载作用下基础的倾角变化基本一致，这也验证了采用平动分解过程进行荷载等效分析的合理性。另外，由图 7.2.21（b）可知，消去平动分量后的基础在水平荷载作用下转动中心位置与纯弯矩荷载作用结果基本一致，这说明水平荷载与纯弯矩荷载存在一定的等效关系。需要注意的是，平动分量消去前后转动中心竖向位置有近 1 m 的差异，这对于本书中这类荷载作用点较低的模型来说，计算得到的倾覆力矩误差较为明显，这也从侧面验证了提出平动位移的重要性。

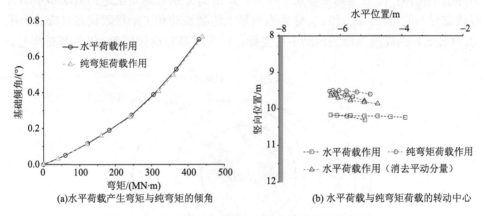

(a)水平荷载产生弯矩与纯弯矩的倾角　　　(b) 水平荷载与纯弯矩荷载的转动中心

图 7.2.21　筒型基础倾覆力矩平动加载分解过程的验证

4. 抗倾覆稳定安全系数

前述可知，水平荷载作用下筒型基础将绕转动中心发生倾覆破坏。考虑到风机厂商提供的基础允许最大倾角 0.75°，对应的筒体四周地基土远未达到极限平衡状态，故本节提出基于变形（基础倾角）控制的筒型基础抗倾覆稳定分析模型。针对图 7.2.21（b）中的复合筒型基础倾覆破坏受力特征，模型做出如下假设：①筒内地基土与基础结构视为整体；②忽略下沉过程对地基土受力变形状态的影响，水平荷载施加前筒壁均受静止土压力作用；③忽略筒体变形对筒壁土压力分布的影响；④允许筒土接触分离，对应筒壁的土压力小于零；⑤基础受力转动过程中，其底板与土接触遵循文克勒（Winkler）地基假设。

1）基础筒壁土压力计算

由图 7.2.22 可知，基础极限倾角范围内其筒壁竖向土压力始终处于主动和被动区之间，故借鉴考虑位移模式的挡土墙土压力计算方法，采用正弦函数描述筒壁土压力-位移的变化规律，结合筒壁基础转动对应的筒壁水平位移变化，得到水平荷载作用下基础前、后侧的竖向土压力分布。

$$e_p = e_0 + \sin\left(\frac{\pi s}{2 s_p}\right) \cdot (e_{pcr} - e_0) \qquad (7.2.18)$$

$$e_a = e_0 + \sin\left(-\frac{\pi s}{2 s_a}\right) \cdot (e_{acr} - e_0) \qquad (7.2.19)$$

$$s = (\cos\theta - 1)(R - x_r) + \sin\theta \cdot (z - z_r) \qquad (7.2.20)$$

式中，e_p 和 e_a 分别为基础前侧（被动）、后侧（主动）土压力；s 为筒壁计算点的实际水平位移；e_0 为地基土静止土压力；s_p 和 s_a 分别为地基土达到被动和主动极限状态对应的位移；e_{pcr} 和 e_{acr} 分别为地基土达到被动和主动极限状态对应的土压力；(x_r, z_r) 为筒型基础的转动中心坐标；θ 对应基础筒体倾角；R 为基础半径。

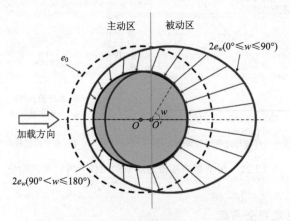

图 7.2.22　筒型基础筒壁径向土压力分布

此外，对于基础筒壁的径向土压力，这里基于前文中关于筒壁径向土压力的计算结果（当基础倾角处于极限范围内时，筒壁径向土压力 e_w 与 $\cos w$ 呈线性关系），通过分段幂函数来描述对应基础筒壁径向土压力分布规律，具体表达式如下：

$$e_w(0° \leqslant w \leqslant 90°) = e_0 + (e_p - e_0)\cos w \qquad (7.2.21)$$

$$e_w(90° < w \leqslant 180°) = e_0 + (e_0 - e_a)\cos w \qquad (7.2.22)$$

式中，e_w 为与荷载方向呈 w 夹角位置对应的筒壁环向土压力。$0° \leqslant w \leqslant 90°$ 对应基础的前侧（被动区），$90° < w \leqslant 180°$ 对应基础的后侧（主动区），则基础前侧被动区（E_p）和后侧主动区（E_a）总径向土压力及其对应的合力作用点位置依次为

$$E_p(0° \leqslant w \leqslant 90°) = 2\int_0^{\frac{\pi}{2}}\int_0^H e_w \cdot R \cdot \cos w\, \mathrm{d}w\mathrm{d}z \qquad (7.2.23)$$

$$H_p(0° \leqslant w \leqslant 90°) = \frac{\int_0^{\frac{\pi}{2}}\int_0^H e_w \cdot z \cdot \cos w\, \mathrm{d}w\mathrm{d}z}{\int_0^{\frac{\pi}{2}}\int_0^H e_w \cdot \cos w\, \mathrm{d}w\mathrm{d}z} \qquad (7.2.24)$$

$$E_a(90° < w \leqslant 180°) = 2\int_{\frac{\pi}{2}}^{\pi}\int_0^H e_w \cdot R \cdot \cos(\pi - w)\mathrm{d}w\mathrm{d}z \qquad (7.2.25)$$

$$H_a(90° < w \leqslant 180°) = \frac{\int_{\frac{\pi}{2}}^{\pi}\int_0^H e_w \cdot z \cdot \cos(\pi - w)\mathrm{d}w\mathrm{d}z}{\int_{\frac{\pi}{2}}^{\pi}\int_0^H e_w \cdot \cos(\pi - w)\mathrm{d}w\mathrm{d}z} \qquad (7.2.26)$$

式中，H 表示筒型基础高度。

2）基础筒壁侧摩擦阻力计算

实际上，当基础到达极限倾角时，地基土与筒壁已发生相对滑动，故可以采用常见的库仑摩擦定律来描述基础筒壁侧摩擦阻力（f）与径向土压力（e_w）间的关系：

$$f = \mu \cdot e_w \qquad (7.2.27)$$

式中，μ 为基础筒壁与地基土间的摩擦系数。

基础前侧被动区（F_p）和后侧主动区（F_a）筒壁总侧摩擦阻力依次为

$$F_p(0° \leqslant w \leqslant 90°) = 2\int_0^{\frac{\pi}{2}}\int_0^H \mu \cdot e_w \cdot R \cdot \cos w\, \mathrm{d}w\mathrm{d}z \qquad (7.2.28)$$

$$F_a(90° < w \leqslant 180°) = 2\int_{\frac{\pi}{2}}^{\pi}\int_0^H \mu \cdot e_w \cdot R \cdot \cos(\pi - w)\mathrm{d}w\mathrm{d}z \qquad (7.2.29)$$

3）基础筒底阻力计算

考虑到筒型基础底板与地基土存在相互作用，由于基础到达极限倾角时基础内部土体与筒体运动基本保持一致，同时分舱板的存在也在一定程度上约束了筒内土体与基础结构的分离，故这里将筒内土体与基础结构视为整体，从自重条件和水平受荷两个方面进行基础筒底阻力的分析。

首先是自重条件，分舱板厚度较小，导致其对应的端阻力较小，故此刻基础

筒底的压力近似为均匀分布，对应的基础筒底压力为

$$t_0 = \frac{G_0 + G_e}{\pi R^2} \qquad (7.2.30)$$

式中，G_0 和 G_e 分别为筒型基础自身及筒内土体的有效重量。

随着水平荷载的施加，当基础倾角处于极限范围内时，除筒壁及分舱板外，筒底的沉降量与其对应的筒底土压力呈近似线性关系，故这里参考 Winkler 地基假设，基础筒底任意点受到的压强与该点的竖向位移 v 成正比（梯形或三角形分布），结合基础筒体倾角 θ 及转动中心位置变化，得到水平荷载下的基础筒底的压力变化量 Δt，即

$$\Delta t = K \cdot (x - x_0) \cdot \sin\theta \qquad (7.2.31)$$

式中，K 为地基竖向反力系数，按 $50 \cdot E_{S1\text{-}2}$ 进行取值。

最终得到基础筒底任一点的压力为

$$t(x) = t_0 + \Delta t = \frac{G_0 + G_e}{\pi R^2} + K \cdot (x - x_0) \cdot \sin\theta \qquad (7.2.32)$$

对基础筒底平面进行积分，得到筒体底部阻力合力 T_d 及对应的作用点水平位置 X_d：

$$T_d = 2\int_{-R}^{R} t(x) \cdot \sqrt{R^2 - x^2}\, dx \qquad (7.2.33)$$

$$X_d = \frac{\displaystyle\int_{-R}^{R} t(x) \cdot x \cdot \sqrt{R^2 - x^2}\, dx}{\displaystyle\int_{-R}^{R} t(x)\sqrt{R^2 - x^2}\, dx} \qquad (7.2.34)$$

4）基础抗倾覆安全系数

筒型基础抗倾覆稳定计算可分为两部分，即倾覆力矩（M_T）和抗倾覆力矩（M_R）。

对于倾覆力矩（M_T），可按式（7.2.35）进行计算：

$$M_T = P_w(H_w - H_h) + P_v(H_v - H_h) + M_{other} \qquad (7.2.35)$$

式中，P_w 和 P_v 分别为基础所受的风荷载及浪荷载；H_w 和 H_v 分别为风荷载和浪荷载加载点对应的高程；H_h 为基础的平动加载高程；M_{other} 为其他形式的弯矩荷载。

类似地，基础的抗倾覆力矩（M_R）可表示为

$$M_R = M_{Ep} + M_{Ea} + M_{Fp} + M_{Fa} + M_{Td} \qquad (7.2.36)$$

式中，M_{Ep} 和 M_{Ea} 分别为基础前侧（被动区）及后侧（主动区）土压力对转动中心产生的力矩；M_{Fp} 和 M_{Fa} 分别为基础前侧（被动区）及后侧（主动区）筒壁侧摩擦阻力对转动中心产生的力矩；M_{Td} 为基础筒底阻力对转动中心产生的力矩。

基于上述计算结果，得到复合筒型基础抗倾覆安全系数（k_m）计算公式：

$$k_{\mathrm{m}} = \frac{M_{\mathrm{R}}}{M_{\mathrm{T}}} = \frac{M_{\mathrm{Ep}} + M_{\mathrm{Ea}} + M_{\mathrm{Fp}} + M_{\mathrm{Fa}} + M_{\mathrm{Td}}}{P_{\mathrm{w}}(H_{\mathrm{w}} - H_{\mathrm{h}}) + P_{\mathrm{v}}(H_{\mathrm{v}} - H_{\mathrm{h}}) + M_{\mathrm{other}}} \tag{7.2.37}$$

5）计算方法验证

为了验证上述计算方法的准确性，对极限状态（基础倾角 $\theta = 0.75°$）下粉质黏土地基筒型基础倾覆力矩、抗倾覆力矩及抗倾覆安全系数进行计算，并将结果与上节有限元数值模拟值进行对比，具体情况见表 7.2.4。

表 7.2.4　复合筒型基础抗倾覆安全系数计算对比（极限荷载下）

抗倾覆力矩各计算分量			
前侧土压力 M_{Ep}	后侧土压力 M_{Ea}	筒壁摩擦阻力 M_{F}	筒底阻力 M_{Td}
/（MN·m）	/（MN·m）	/（MN·m）	/（MN·m）
85.86	11.50	36.46	204.95
总倾覆力矩 M_{T} /（MN·m）			
223.70			
总抗倾覆力矩 M_{R} 计算值/（MN·m）		总抗倾覆力矩 M_{R} 数值模拟值/（MN·m）	
338.77		362.05	
抗倾覆安全系数 k_{m} 计算结果		抗倾覆安全系数 k_{m} 模拟结果	
1.45		1.55	

由表 7.2.4 可知，利用本书计算得到的筒型基础的抗倾覆力矩 M_{R} 及抗倾覆安全系数 k_{m} 均与数值模拟结果近似，这也从侧面验证了本书提出的海上风电筒型基础抗倾覆稳定性分析方法的可靠性。此外，对抗倾覆力矩各分量的计算结果分析后发现，复合筒型基础的抗倾覆力矩主要由基础前侧（被动区）土压力及筒底阻力承担，约占总抗倾覆力矩的 86%，而基础后侧（主动区）由于脱空现象的存在，附近地基土难以形成有效的抗倾覆力矩。

7.2.3　风浪流复杂海况下筒型基础结构动力响应特性

海上风机结构的基础和地基土的振动特性、稳定性以及极端环境荷载下的动力响应，事关风机结构的安全和使用寿命，既是风机设计阶段关心的主要问题，也是风机运行阶段关注的重点。伴随海上风电的飞速发展，风机结构的叶轮直径、轮毂高度以及额定功率等均不断增大，风致振动问题也变得日益突出。海上风机正常运行过程中受到风、波浪、海流等环境荷载，引起风机结构振动，形成"地基-基础-上部结构"耦合系统动力响应，同时风机运行时内部机械、设备等产生振动，引起结构发生多谐波激励的强迫振动，一旦发生共振，可导致结构丧失服役性能。因此，风机基础除了需要满足承载能力极限状态和正常使用极限状态要求外，还需要保证"地基-基础-上部结构"整个体系的自振频率避开风机的激振频率。

如图 7.2.23 所示，根据海上风机的自振频率 f1，可以将风机的设计方法分为三种，即"软-软"[soft-soft（f1<1P）]、"软-刚"[soft-stiff（1P<f1<3P）]、"刚-刚"[stiff-stiff（f1>3P）]。采用"软-软"的设计方法，由于基础尺寸小，风机承受的水平荷载也小，且造价低，但风机基础刚度较小，不能保证基础的长期承载性能；采用"刚-刚"的设计方法，虽然避开了共振问题，但需要较大的基础刚度，如筒型基础需要较大的直径、高度，从而大幅增加了制造和安装费用，因此，现有的海上风机多采用"刚-柔"的设计方法。然而，"软-刚"的设计方法将风机体系的自振频率限定在一个较窄的频率段（1P< f1<3P）内，使得体系共振频率对基础刚度的变化尤其敏感，此外，服役期内风机基础始终承受不同角度风、浪长期循环荷载的作用（20～25 年的服役期内循环次数高达 10^7～10^8 次）会导致基础-海床接触刚度产生变化，使整座风机的自振频率进入机组转动频率带（1P 频率带）和叶轮扫掠频率带（3P 频率带），极易造成风机共振失效甚至倒塌灾变，在采用"软-刚"方法设计风机基础时，不仅要保证基础可以承受巨大的水平力和倾覆荷载，还要保证在 20～25 年的服役期内地基-基础体系刚度不产生严重的强化或者弱化，避免体系自振频率进入 1P 段和 3P 段。

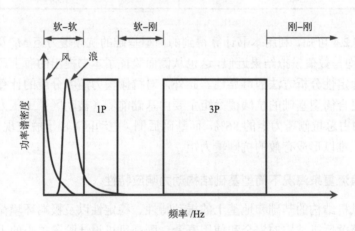

图 7.2.23　海上风机系统频率设计示意图

筒型基础作为一种新型的海上风电基础，目前在工程应用中时间短，缺乏现场振动方面的实测资料。为了掌握海上风机的运行特点和结构动力响应特性，开展真实海洋环境荷载作用下"地基-基础-上部结构"动力特性的研究非常必要。

1. 数值模型建立

基于有限元软件，依照江苏如东地区 150 MW 海上风电场示范项目采用的筒型基础结构型式建立分析模型。该基础结构主要由三部分组成，即筒体结构、梁形结构和过渡段。其中筒体是一个直径 30 m、高 12 m 的圆筒形结构，筒壁厚为 25 mm，筒内 12 块分舱板将筒体内部分成 7 个隔舱，其中分舱板的高度为 12 m、厚为 15 mm，材料全部为钢材；梁形结构高 1.2 m，由 6 根主梁和 12 根次梁构成，材料为钢筋混凝土；过渡段高 18.8 m，圆锥形结构，波浪荷载、风荷载作用于该结构上，材料为钢筋混凝土。参考前人研究成果，水平边界取为 5 倍筒径，竖向边界取为 3 倍筒高。为了计算时容易收敛，筒土相互作用区设为一样的网格密度，如图 7.2.24 所示。

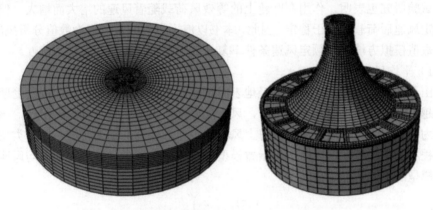

图 7.2.24　筒型基础结构和地基土单元划分图

模型的边界条件：①在刚性不可渗底床上，土的位移为 0，孔隙水压力垂向梯度为 0；②筒型基础周围的海床表面不考虑波浪边界层，剪切应力为 0，即表面应力为 0；③海床侧边界条件，假定侧边界点上土骨架孔隙水压力梯度、水平向位移和切应力为 0，忽略侧边界点上土骨架水平响应，虽然此假定对侧边界附近区域有一定的影响，但由于模型计算范围较大，对计算结果的影响很小。结构采用线弹性本构模型模拟，地基土采用边界面本构模型模拟，并考虑采用三维八节点位移-孔压耦合单元（C3D8P），可以较好地进行土中水的渗流计算和固结分析等。

在设计极限荷载工况下，以 50 年一遇的风、浪荷载为加载条件，着重分析风荷载对筒型基础稳定性的影响。由于风荷载不能像浪荷载那样采用正弦波等周期性反复荷载进行模拟，需要考虑随时间变化的脉动性，并且风荷载的频率大小不一，有可能和基础结构的自振频率相近导致共振，进而产生较大位移。而对于浪荷载，可视为固定荷载，直接作用于过渡段位置，荷载值为 3300 kN。

2. 风荷载模拟

风在三维空间中主要分为顺风向、横风向以及竖向三个方向，横风向和竖向对风机结构的影响较小，因此本书数值模拟的研究主要考虑顺风向的风荷载。顺风向的风速包括平均风速和脉动风速，其中平均风是指一段时间内风的大小和方向均不随时间发生变化，一般与风机结构的自振频率相差较远，可视为静力荷载；脉动风一般与风机结构的自振频率接近，可以视为动力荷载。因此，可以认为平均风使风机结构处于某一平衡位置，脉动风使风机结构在该平衡位置产生随机振动。

实际风速达到风机额定风速后，风机为保证结构的安全会自动调整桨距角。前人试验研究也表明，作用在叶轮上的等效风荷载随着风速的增大而增大，但达到额定风速后荷载值趋于稳定。因此，本书以海上风机额定风速为数值分析风况，利用数值模拟方法研究额定风速条件下复合筒型基础风机结构的动力特性。

1）平均风速模拟

由于地表摩擦阻力，风在流经地表时风速会降低，但离地越高，风所受摩擦阻力越小，当离地达到一定高度时，风所受摩擦阻力的影响可以忽略不计，该高度称为大气边界层厚度。考虑到海上风机的工作环境为广阔的海域，地表类型为粗糙程度较小的海面，因此选用指数模型模拟作用于海上风机结构的平均风速，指数模型的表达式为

$$\frac{\overline{v}(z)}{\overline{v}(z_1)} = \left(\frac{z}{z_1}\right)^{\alpha} \tag{7.2.38}$$

式中，$\overline{v}(z)$ 为高度在 z 处的平均风速；$\overline{v}(z_1)$ 为基准高度 z_1 处的平均风速；α 为表征地表粗糙程度的系数，近海海面取 0.12。

2）脉动风速模拟

脉动风具有脉动风速谱和空间相干函数两个主要的概率特性，它们共同决定了脉动风在时间和空间随机变化的特性。常用风速谱包括 Davenport 风速谱、Kaimal 风速谱和 Harris 风速谱等，其中 Davenport 风速谱以参数简单、脉动风速不随高度变化以及工程应用方便等优点而被广泛应用。本书选用 Davenport 脉动风速功率谱模拟顺风向脉动风，表达式为

$$S_v(f) = (\overline{v}_{10})^2 \frac{4kx^2}{f^{4/3}(1+x^2)} \tag{7.2.39}$$

式中，k 为地面粗糙度系数，取 0.003；f 为脉动风频率；$\overline{v}_{10}$ 为 10 m 高度处的平均风速；x 为湍流积分尺度系数。此外，空间任一点的脉动风速，除了需要风速

谱密度函数描述脉动风时间上的随机变化外，还需要空间相干函数描述脉动风空间上的随机变化。采用与频率相关的 Davenport 空间相干函数，其表达式为

$$\mathrm{coh}(r,w) = \exp\left(-\frac{w\sqrt{C_x^2(x_i-x_j)^2 + C_y^2(y_i-y_j)^2 + C_z^2(z_i-z_j)^2}}{2\pi\overline{v}(z)}\right) \quad (7.2.40)$$

式中，r 为空间两点的距离；w 为角频率；(x_i, y_i, z_i) 和 (x_j, y_j, z_j) 分别为迎风作用面两个不同点的坐标；C_x、C_y、C_z 分别为横风向、顺风向、竖向衰减系数，分别取 16、8、10。

　　基于上述公式计算得到的脉动风速和平均风速，可计算海上风机高度上各点在任意时刻的瞬时风速，瞬时风速的表达式为

$$V(z,t) = \overline{v}(z) + v(z,t) \quad (7.2.41)$$

式中，$\overline{v}(z)$ 为平均风速；$v(z,t)$ 为脉动风速。

　　基于 Davenport 脉动风速谱和 Davenport 空间相干函数编制 Matlab 程序，模拟各高度处的脉动风速。采用双对数坐标，塔筒中点脉动风速功率谱密度与目标谱的对比曲线，如图 7.2.25 所示。

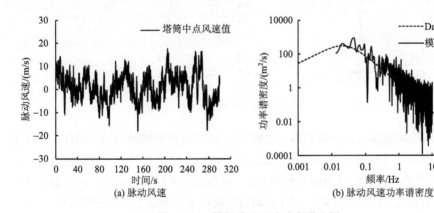

(a) 脉动风速　　　　　　　　　　(b) 脉动风速功率谱密度

图 7.2.25　模拟脉动风速功率谱分析

　　可以看出，塔筒中点脉动风速在零值上下浮动，符合平稳随机过程的特性，并且模拟的功率谱与目标谱吻合较好，尤其在高频部分。因此，该方法模拟脉动风速是可行的，反映了脉动风速时程曲线自相关随机特性。求得极限荷载工况下脉动风时程曲线后，将计算点的脉动风速和平均风速进行叠加，即可得到计算点的瞬时风速。

　　3）风荷载计算与施加

　　在瞬时风速时程曲线基础上，通过风压计算公式得到 t 时刻作用在海上风机机舱叶片、塔筒以及过渡段上高度 z 处的瞬时风压为

$$F(z,t) = \frac{1}{2}\rho_\alpha \mu_s V^2(z,t) A_f \tag{7.2.42}$$

式中，ρ_α 为空气的密度，取值为 1.255 kg/m^3；μ_s 为风机结构的体形参数，风机塔筒的体形参数取值为 0.5，风机叶片的体形参数取值为 0.2；$V(z,t)$ 为计算点的瞬时风速（m/s）；A_f 为风机结构垂直于风荷载方向的投影面积。

风速具有空间相关性和频率相关性，不同位置处风速不同。海上风力发电机结构主要有叶轮、机舱、塔筒、基础。其中，受风荷载作用的主要是叶轮、机舱和塔筒。如果将风荷载直接作用于这些结构，数值方法很难实现。因此，考虑将这些结构离散化，使其由不同的点阵构成，则风机结构可以简化成如图 7.2.26 所示的离散点。

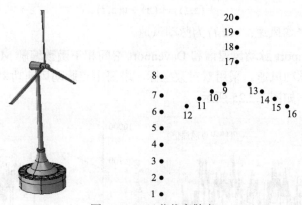

图 7.2.26　风荷载离散点

通过编写的脉动风速计算程序，求解出这 20 个离散点的脉动风时程曲线，与平均风速加和后，再通过风荷载计算公式求解出结构上每个点对应的风荷载值，然后将这 20 个点的风荷载值以力矩平衡的关系，叠加作用于过渡段顶端，同时加载等效过后的弯矩荷载。图 7.2.27 是经过计算最后加载在筒型基础上的风荷载时程曲线。

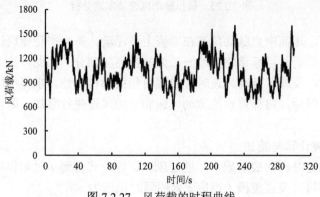

图 7.2.27　风荷载的时程曲线

3. 边界面本构模型

弹塑性理论较黏弹性理论更能合理地反映土体的循环动力特性，比较适合应用于研究嵌入式海洋工程结构在动荷载作用下的变形特性。但传统的边界面采用弹性卸载概念，不能合理地模拟循环荷载作用下土体的滞回现象。同时，大多数的边界面模型都还处于理论阶段，只进行了室内动力三轴试验的模拟，很少有学者将边界面模型运用于实际工程当中去。本书采用零弹性区单椭圆边界面模型对实际工况下筒型基础进行模拟。

1）弹性应力-应变关系

按照广义胡克定律，弹性体积应变及偏应变分量增量可按下式计算：

$$d\varepsilon_v^e = d\varepsilon_v - d\varepsilon_v^p = \frac{dp}{K} \tag{7.2.43}$$

$$de_{ij}^e = de_{ij} - de_{ij}^p = \frac{ds_{ij}}{2G} \tag{7.2.44}$$

式中，ε_v 为体积应变，p 为偏应力；e_{ij} 为体积偏变；s_{ij} 为偏应变；上标 e 和 p 分别表示弹性和塑性分量；K 为体积模量；G 为剪切模量。土体的弹性模量 K 和 G 与修正剑桥模型一致，采用非线性形式，如下：

$$K = \frac{vp}{\kappa} \tag{7.2.45}$$

$$G = \frac{3(1-2\nu)}{2(1+\nu)}K \tag{7.2.46}$$

式中，v 为土体的比体积，$v=1+e$，e 为土体孔隙比；κ 为半对数坐标系下土体压缩回弹曲线的斜率；ν 为土体泊松比。

2）边界面函数及映射法则

边界面采用修正剑桥模型中的椭圆屈服面形式，如图 7.2.28 所示：

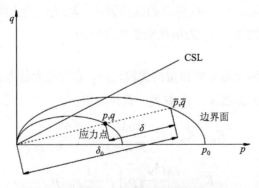

图 7.2.28　边界面模型简图

$$F = \overline{s}_{ij} \cdot \overline{s}_{ij} - \frac{2}{3} M^2 \overline{p}(p_0 - \overline{p}) \qquad (7.2.47)$$

式中，$\overline{s}_{ij}$ 和 $\overline{p}$ 分别为真实应力点在边界面上的映像点的偏应力张量及平均应力；M 为材料参数，对应于修正剑桥模型中的临界状态线的斜率；p_0 为边界面与 p 轴的交点，反映了边界面的大小，同时加载面也采用与边界面相似的形式。

边界面模型中通过映射法则将给定的应力点 σ_{ij} 映射到边界面上，得到虚应力状态 $\overline{\sigma}_{ij}$，用此虚应力点代替传统塑性力学中加载面上的应力点，以确定加载方向和大小。当边界面内无弹性核，映射中心固定在坐标原点时，映射法则可表示为

$$\overline{\sigma}_{ij} = b\sigma_{ij} \qquad (7.2.48)$$

$$b = \frac{\delta_0}{\delta_0 - \delta} \qquad (7.2.49)$$

式中，σ_{ij} 为真实应力点；δ_0 为映射中心到虚应力点的距离；δ 为真实应力点到虚应力点的距离。

3）流动法则

加载时的塑性应变方向由边界面上映像点处的法线方向确定，即

$$\mathrm{d}\varepsilon_{ij}^p = \frac{1}{\overline{K}_p}\left(\frac{\partial F}{\partial \overline{\sigma}_{k1}}\mathrm{d}\overline{\sigma}_{k1}\right)\frac{\partial F}{\partial \overline{\sigma}_{ij}} = \frac{1}{K_p}\left(\frac{\partial F}{\partial \overline{\sigma}_{k1}}\mathrm{d}\sigma_{k1}\right)\frac{\partial F}{\partial \overline{\sigma}_{ij}} \qquad (7.2.50)$$

若将体积应变和偏应变分解开，得

$$\mathrm{d}\varepsilon_v^p = \Lambda\frac{\partial F}{\partial \overline{p}} = \Lambda \cdot \frac{4}{3} M^2 \left(\overline{p} - \frac{1}{2}p_0\right) \qquad (7.2.51)$$

$$\mathrm{d}e_{ij}^p = \Lambda\frac{\partial F}{\partial \overline{s}_{ij}} = \Lambda \cdot 2\overline{s}_{ij} \qquad (7.2.52)$$

$$\Lambda = \frac{1}{\overline{K}_p}\left(\frac{\partial F}{\partial \overline{\sigma}_{k1}}\mathrm{d}\overline{\sigma}_{k1}\right) = \frac{1}{K_p}\left(\frac{\partial F}{\partial \overline{\sigma}_{k1}}\mathrm{d}\sigma_{k1}\right) \qquad (7.2.53)$$

式中，Λ 为比例系数；$\overline{K}_p$ 为映像点的塑性模量；K_p 为应力点的塑性模量；$\overline{\sigma}_{k1}$ 为塑性应变方向应力均值；σ_{k1} 为塑性应变方向应力。

4）塑性模量

塑性模量的求解是边界面模型的关键所在，它与应力状态 σ_{ij}、映像点的平均应力 $\overline{p}$ 及应力点间的距离 δ、δ_0 有关，具体如下：

$$K_p = \overline{K}_p + H_0 \frac{16M^4 v}{9(\lambda - \kappa)} \overline{p}^3 \left(\frac{b-1}{b}\right) \qquad (7.2.54)$$

$$\overline{K}_p = \frac{8M^4 v}{9(\lambda - \kappa)} p_0 \left(\overline{p} - \frac{1}{2}p_0\right)\overline{p} \qquad (7.2.55)$$

式中，λ 为半对数坐标系下土体压缩曲线的斜率；H_0 为模型常数；v 为土体的比体积。

5）硬化规律

与修正剑桥模型相类似，边界面的大小与塑性体积应变相关联，即

$$\frac{\mathrm{d}p_0}{p_0} = \frac{v}{\lambda - \kappa} \cdot \mathrm{d}\varepsilon_v^{\mathrm{p}} \qquad (7.2.56)$$

通过 UMAT 模块，对上述边界面模型进行二次开发，实现了模型的程序化，加强了模型的实用性。基于径向回退概念的隐式欧拉（Euler）向后积分算法，包括弹性预测塑性修正和一致切线模量矩阵，并将开发的边界面模型运用到新型海上风力发电筒型基础结构中。

6）模型计算参数

取如东地区现场分布最为广泛的粉质黏土夹粉土层进行室内试验，以获取模型参数。其中，参数 λ 为临界状态线 CSL 在 $e\text{-}\ln p$ 空间中的斜率，可通过压缩试验获得；M 为临界状态线 CSL 在 $p\text{-}q$ 应力空间中的斜率，可通过室内三轴试验获得；参数 κ 代表回弹指数，通过加卸载试验测定，对于黏性土，其取值范围为 0.01～0.06；参数 v 为泊松比，参数 e_0 为初始孔隙比，都可通过室内试验获取；参数 H_0 为塑性模量修正参数，采用 Manzari 建议值。实际土层的边界面模型参数见表 7.2.5。

表 7.2.5　边界面模型参数

土性	M	λ	κ	v	e_0	H_0
黏土	1.13	0.09	0.019	0.3	1.1	20

7）模型验证

选取标准三轴试样（98 mm×110 mm）作为数值模拟尺寸。采用单向循环加载，前期固结压力为 450 kPa，循环加载幅值为 116 kPa，加载频率为 0.1 Hz。这里从土体孔隙水压力和应力路径变化两个角度对模拟结果进行校核，具体结果如图 7.2.29 和图 7.2.30 所示。

可以看出，随着循环次数的增加，孔隙水压力不断累积，有效应力不断减小，同时有限元计算值和试验值具有相同的变化规律，两者的吻合度尚可。这表明该本构模型可以正确反映土体在动荷载作用下的变形特性，模型的选取较为合理。

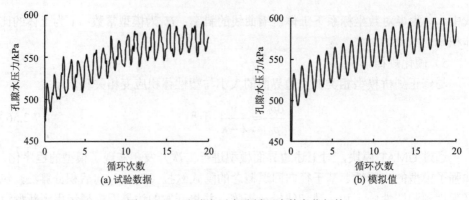

图 7.2.29　孔隙水压力随循环次数变化规律

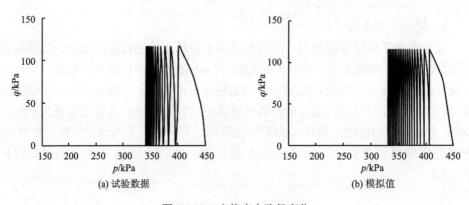

图 7.2.30　土体应力路径变化

4. 计算结果及分析

1）筒体位移和转角

根据风荷载的时程曲线，不同时间节点的荷载水平不同，并且呈随机分布。取总的加载时间，分析加载过程中筒型基础在不规则荷载作用下筒体的水平位移和转角的变化情况，如图 7.2.31 所示。

筒型基础的水平位移和转角随着时间的增加不断发生改变，并且与风荷载的时程曲线类似。在 50 年一遇极限风荷载短时间作用下，由于风荷载的脉动性，随着加载的持续，筒型基础的水平位移和转角呈波动性缓慢增加趋势，但增长的幅度不是很大。以作用时间 5 min 为例，从产生位移的平均量值来看，水平位移增幅在 1 cm 左右，转角在 0.05°左右。若假定筒型基础平均位移呈线性分布，在 10 min 作用时间内，筒型基础的水平位移增幅为 2 cm，转角为 0.1°，其水平位移和转角都符合设计要求，筒型基础稳定。同时在风荷载作用下，筒型基础会做摇摆运动，从而逐渐产生竖向位移，如图 7.2.32 所示。

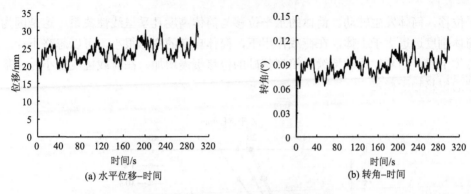

(a) 水平位移-时间　　　　　　　　　(b) 转角-时间

图 7.2.31　筒体位移和转角的时程曲线

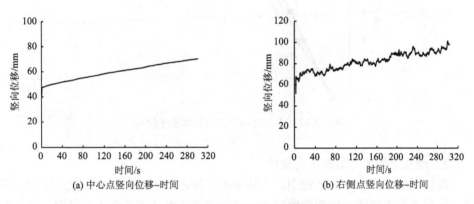

(a) 中心点竖向位移-时间　　　　　　　(b) 右侧点竖向位移-时间

图 7.2.32　筒体中心点及右侧点竖向位移时程曲线

从图 7.2.32 中可以看出，随着加载的持续，筒型基础的竖向位移不断增加，并且保持稳定增长趋势。这是因为在风荷载作用下地基土强度有所弱化，地基土和筒型基础都产生了累积变形，且其累积变形随着加载时间的增加而增大。同时风荷载的频率范围很广，有可能接近筒型基础自振频率而产生共振现象，导致竖向位移增长过快。在分析过程中并未考虑应力重分配情况以及土体发生重固结情况，只是针对极端荷载条件下短暂的作用时间内筒型基础发生的累积变形。从加载开始到加载结束，筒型基础竖向位移的增幅在 4 cm 左右，并不会影响风机的安全使用。但在长期荷载作用下，由于土体不断发生固结，土体的强度不断增加，筒型基础和土体的位移会逐渐减小并趋于稳定，对筒型基础的长期监测不容忽视，尤其是基础左右两侧的位移，决定了筒体转角的大小。

取不同时间节点分析筒型基础整体的水平位移，分别取 1 s、10 s、100 s、300 s 作为研究的时间节点，结果如图 7.2.33 所示。可以看出，随着时间的增长，筒型基础的整体位移不断增加，其中筒体上部的水平位移远远大于筒体下部的水平位移，筒体发生转动。筒体的水平位移与筒体高度几乎呈线性关系，这是因为筒体刚度远远大于土体，在荷载作用下，筒体自身的变形很小，可以忽略不计。总体上看，随着加载的持续，筒型基础的位移缓慢增加，在荷载幅度较小时，基础的位移趋于稳定。

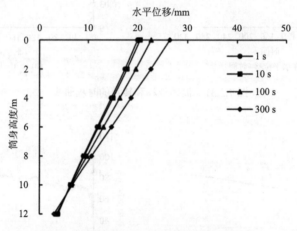

图 7.2.33　不同时间节点的筒体水平位移

2）地基土体超孔隙水压力变化

在短暂的风荷载作用过程中，土体来不及排水，容易积累超孔隙水压力，导致土体有效应力降低、抗剪强度减小，从而影响筒型基础的整体稳定性。取深度 10 m 处的 4 个点，分别距中心轴 4 m、11 m、18 m、30 m，其超孔隙水压力的分布如图 7.2.34 所示。

可以看出，在风荷载的作用下，土体的超孔隙水压力随着时间不断增长。在筒型基础内部，越靠近中心轴，土体超孔隙水压力波动和累积越小，这是因为筒体内部有较多隔舱，舱内的土体基本被分舱板约束住，与筒型基础几乎不发生相对位移，因此筒型基础内部土体的超孔隙水压力波动较小。在筒体外侧，越靠近筒壁，土体的超孔隙水压力值越大，波动也较强烈，这是因为筒型基础在风荷载作用下，筒壁处与土相互作用较为强烈，土体易受动荷载作用发生破坏，此时土体的超孔隙水压力变化频繁，但逐渐远离筒壁与土的相互作用区，超孔隙水压力变化较小，并趋于稳定。

图 7.2.35 为土体的超孔隙水压力沿不同路径的变化趋势，其中路径 1 是筒内深度 2 m 处沿半径方向变化，路径 2 是筒内深度 10 m 处沿半径方向变化，路径 3 是筒内半径 7.5 m 处沿深度方向变化。

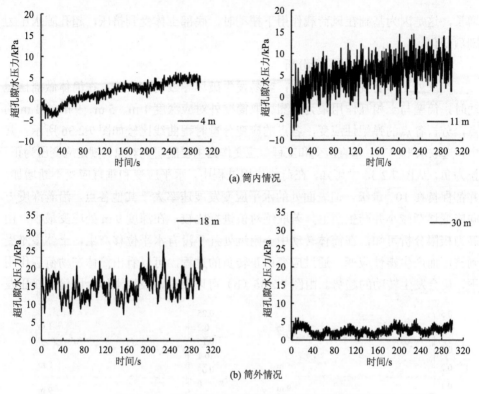

(a) 筒内情况

(b) 筒外情况

图 7.2.34　筒内外不同位置的孔隙水压力时程曲线

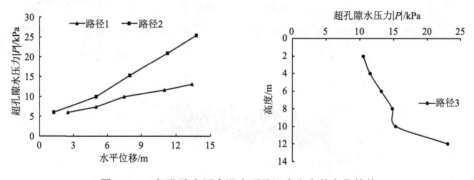

图 7.2.35　超孔隙水压力沿水平及深度方向的变化趋势

可以看出，不同深度处土体的超孔隙水压力值沿水平方向的变化情况基本类似，越靠近筒壁处超孔隙水压力值越大，同时较大深度处土体的超孔隙水压力值普遍大于浅层土体的超孔隙水压力值，在筒壁附近这种现象更为明显。随着深度的增加，土体的超孔隙水压力缓慢增加，当接近筒底时，超孔隙水压力出现较大增长，这是因为基础在风荷载作用下摆动时，底部土体受到挤压，超孔隙水压力剧烈变化。

3）地基土的弹塑性应变分析

筒壁处土体受到荷载作用后，容易发生破坏导致筒体失稳，在筒体做摇摆运动时，筒壁与土相互作用最为强烈。取筒壁外对应深度 1 m、5 m、9 m、11 m 的点，分析各点的弹塑性应变，各点的应变分量时程曲线比较如图 7.2.36 所示。其中，选取水平应变、垂直应变和工程剪应变作为主要的研究对象。规定应变压为正、拉为负，从图 7.2.36 中可知，在荷载作用过程中，水平应变和垂直应变不断增加，并都保持在 10^{-3} 量级，但表面处的水平应变发展速率大于其他各点。沿着深度方向应变逐渐减小并产生负值，若取绝对值进行比较，在深度 9 m 处应变最小。由静力极限分析可知，在筒体转动中心附近处几乎没有水平位移产生，土体很难受到挤压而产生塑性应变。通过应变由正转负的过程，可以看出筒体在动荷载作用下，也会发生转动的趋势。由图 7.2.36（b）可以看出，表层土体会因筒体挤压发

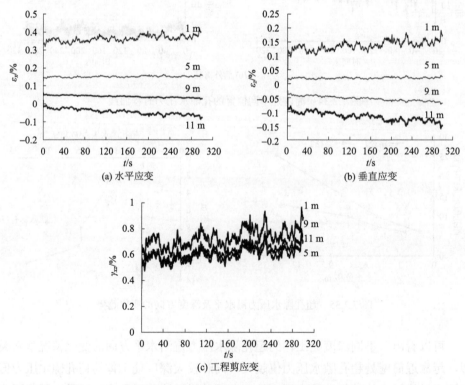

图 7.2.36　地基土塑性应变时程曲线

生隆起，而筒底附近土体会因为筒体下沉处于向下受拉的趋势。由图 7.2.36（c）可知，不同深度的工程剪应变增长规律是相似的，但表面处的剪应变大于其他点位，这与水平应变类似。通常土体发生破坏的应变量级需要达到 10^{-2}，可见不同深度处土体的应变值均未达到破坏量级，但随着时间推移，表层土体有可能会最先达到破坏量级。

参 考 文 献

蔡正银, 2020. 板桩结构土压力理论的创新发展[J]. 岩土工程学报, 42(2): 201-220.

蔡正银, 侯伟, 关云飞, 2015. 遮帘式板桩码头的工作机理[J]. 岩土工程学报, 37(10): 1745-1750.

陈国兴, 刘雪珠, 2004. 南京及邻近地区新近沉积土的动剪切模量和阻尼比的试验研究[J]. 岩石力学与工程学报, 23(8): 1403-1410.

陈国兴, 庄海洋, 2005. 基于 Davidenkov 骨架曲线的土体动力本构关系及其参数研究[J]. 岩土工程学报, 27(8): 860-864.

龚丽飞, 2007. 分离卸荷式地下连续墙板桩码头结构与土相互作用研究[D]. 南京: 南京水利科学研究院.

季则舟, 杨兴宴, 尤再进, 等, 2016. 中国沿海港口建设状况及发展趋势[J]. 中国科学院院刊, 31(10): 1211-1217.

李广信, 2004. 高等土力学[M]. 北京: 清华大学出版社.

李扬波, 张家生, 朱志辉, 等, 2018. 基于 Hardin 骨架曲线的粗粒土非线性动本构模型[J]. 重庆大学学报, 41(11): 19-30.

刘方成, 2008. 土—结构动力相互作用非线性分析及基于 SSI 效应的结构隔震研究[D]. 长沙: 湖南大学.

刘飞禹, 王攀, 王军, 等, 2016. 筋–土界面循环剪切刚度和阻尼比的试验研究[J]. 岩土力学, 37(增刊 1): 159-165.

刘永绣, 2005. 板桩码头向深水化发展的方案构思和实践——遮帘式板桩码头新结构的开发[J]. 港工技术, (增刊 1): 12-15.

卢廷浩, 2005. 土力学[M]. 2 版. 南京: 河海大学出版社.

栾茂田, 林皋, 1992. 场地地震反应一维非线性计算模型[J]. 工程力学, 9(1): 94-103.

芮圣洁, 国振, 王立忠, 等, 2020. 钙质砂与钢界面循环剪切刚度与阻尼比的试验研究[J]. 岩土力学, 41(1): 78-86.

尚守平, 刘方成, 王海东, 2007. 基于阻尼的地震循环荷载作用下黏土非线性模型[J]. 土木工程学报, 40(3): 74-82.

王清山, 2020. 静动荷载作用下海上风电复合筒型基础承载特性研究[D]. 南京: 南京水利科学研究院.

徐光明, 蔡正银, 曾友金, 等, 2007. 京唐港 18#、19#泊位卸荷式地连墙板桩码头方案离心模型试验研究报告[R]. 南京: 南京水利科学研究院.

杨文保, 陈国兴, 吴琪, 等, 2020. 不同海域海洋土动剪切模量与阻尼比的比较研究[J]. 岩土工程学报, 42(增刊 2): 112-117.

殷宗泽, 1999. 土力学与地基[M]. 北京: 中国水利水电出版社.

张陈蓉, 朱治齐, 于锋, 等, 2020. 砂土中大直径单桩的长期水平循环加载累积变形[J]. 岩土工程学报, 42(6): 1076-1084.

赵丁凤, 阮滨, 陈国兴, 等, 2017. 基于 Davidenkov 骨架曲线模型的修正不规则加卸载准则与等效剪应变算法及其验证[J]. 岩土工程学报, 39(5): 888-895.

Clough G W, Duncan J M, 1971. Finite element analyses of retaining wall behavior[J]. Journal of the Soil Mechanics and Foundations Division, 97(12): 1657-1673.

Frost J D, DeJong J T, Recalde M, 2002. Shear failure behavior of granular–continuum interfaces[J]. Engineering Fracture Mechanics, 69(17): 2029-2048.

Li X S, Dafalias Y F. 2000. Dilatancy for cohesionless soils[J]. Geotechnique, 50(4): 449-460.

Shahrour I, Rezaie F, 1997. An elastoplastic constitutive relation for the soil-structure interface under cyclic loading[J]. Computers and Geotechnics, 21(1): 21-39.

Zhou P, Li J P, Dai K S, et al, 2024. Theoretical investigation on axial cyclic performance of monopile in sands using interface constitutive models[J]. Journal of Rock Mechanics and Geotechnical Engineering, 16(7): 2645-2662.